普通高等教育电子信息类系列教材

光纤通信简明教程

第 2 版

原 荣 编著

机 械 工 业 出 版 社

本书根据光纤通信技术和工程应用的最新进展，为满足一般院校教材的需求，就光纤通信系统的基本知识，以通俗易懂、简单明了的方式编写。

全书共9章，第1章概述光纤通信历史、系统构成和网络分类；第2~4章讲解光纤光缆、光无源/有源器件、光发射/接收；第5章阐述SDH、ATM、IP、HFC、波分复用和偏振复用光纤通用系统、光纤传输技术在码分复用（CDMA）和正交频分复用（OFDM）移动通信网络中的应用，以及海底光缆通信系统；第6章和第7章分别介绍了无源光网络接入技术、光纤通信测量仪器和指标测试方法；第8章和第9章分别讲解了光传输网络管理和生存性措施。

本书选取了光纤通信技术的主流素材，收录了大量有用的光纤通信工程数据和图表，反映了当前光纤通信技术的发展水平。

本书可作为通信和电子信息类相关专业一般院校的教材。教师可根据教学对象和教学时间进行适当的选取和安排。对从事光纤通信系统和网络研究教学、规划设计、管理和维护的有关人员也有一定的参考价值。

为了满足教师和工程技术人员电子教学和业务培训的需要，本书免费提供电子课件和习题题解。欢迎使用本教材的教师登录 www.cmpedu.com 免费注册，审核后下载，或联系编辑索取（微信：18515977506，电话 88379753）。

图书在版编目（CIP）数据

光纤通信简明教程/原荣编著. —2版. —北京：机械工业出版社，2024.1（2025.1重印）

普通高等教育电子信息类系列教材

ISBN 978-7-111-74142-8

Ⅰ. ①光… Ⅱ. ①原… Ⅲ. ①光纤通信-高等学校-教材 Ⅳ. ①TN929.11

中国国家版本馆 CIP 数据核字（2023）第 203347 号

机械工业出版社（北京市百万庄大街 22 号　邮政编码 100037）

策划编辑：李馨馨　　　　　　责任编辑：李馨馨　秦　菲
责任校对：贾海霞　陈　越　　封面设计：鞠　杨
责任印制：邬　敏

北京中科印刷有限公司印刷

2025 年 1 月第 2 版第 2 次印刷
184mm×260mm·13.75 印张·335 千字
标准书号：ISBN 978-7-111-74142-8
定价：59.00 元

电话服务　　　　　　　　　网络服务
客服电话：010-88361066　　机　工　官　网：www.cmpbook.com
　　　　　010-88379833　　机　工　官　博：weibo.com/cmp1952
　　　　　010-68326294　　金　书　网：www.golden-book.com
封底无防伪标均为盗版　机工教育服务网：www.cmpedu.com

前　言

　　1966 年，英籍华人高锟发表了关于通信传输新介质的论文，指出利用玻璃纤维进行信息传输的可能性和技术途径，从而奠定了光纤通信的基础。在此后短短的 50 多年中，光纤损耗由当时的 3 000 dB/km 降低到目前的 0.151 dB/km。在光纤损耗降低的同时，光纤通信用光源、探测器和无源/有源器件，无论是分立元件，还是集成器件都取得了突破性的进展。自 20 世纪 70 年代中期以来，光纤通信的发展速度之快令人震惊，可以说没有任何一种通信方式可以与之相比拟，光纤通信已成为所有通信系统的最佳技术选择。

　　目前，无论电信骨干网还是用户接入网，无论是陆地通信网还是海底光缆网，无论是看电视还是打电话，光纤无处不在、无时不用，光纤传输技术随时随地都能碰到。所以，对于从事信息技术的人员来讲，了解光纤通信的基本知识是至关重要的。

　　本书内容全，技术新，实用性强，概念解释清楚，叙述浅显易懂，前后呼应，系统连贯。比如在第 1 章，在介绍平面电磁波时，提到"光波在给定时间被一定的距离分开的两点间存在的相位差"这一概念很重要，因为以后经常会用到。果然，在以后介绍马赫-曾德尔（MZ）干涉仪构成的滤波器、复用/解复用器和调制器，以及由 AWG 构成的诸多器件时均用到这一光程差的概念，并经常使用同一个公式。比如从一根筷子插入水中似乎变得向上弯曲和水下潜水员为什么有时看不到岸上的姑娘开始，引出光纤传输光的原理；又比如从声波的干涉和夹紧弦线的固有振动开始，介绍光滤波器的工作原理；再比如从光栅衍射开始，介绍 DFB 激光器的工作原理，使读者很容易理解这些内容的机理。

　　本书选取了光纤通信技术的主流素材，收录了大量有用的光纤通信工程数据和图表，反映了当前光纤通信技术的发展水平。

　　本书自 2013 年出版以来，获得广大读者的厚爱，已印刷了 5 次。值此再版之际，笔者基于光纤通信系统技术的最新进展，对原书个别词句进行了修改，对部分章节内容进行了更新补充。在第 4 章中，增加了对光接收机和光纤通信系统性能越来越重要的 Q 参数，及其与 SNR 和 BER 的关系；将 5.6 节波分复用（WDM）系统更改为光复用光纤通信系统，增加一节偏振复用系统，因为现在的高速光纤通信系统与波分复用和偏振复用密不可分；另外，第 5 章增加了 5.8 节海底光缆通信系统，因为海底光缆通信系统容量大、可靠性高、传输质量好，独占越洋通信的鳌头，在当今信息时代起着极其重要的作用。

　　本书最后给出详尽的名词术语索引，在教学和实际工作中，可以根据需要从关键字（已给出所在章节的位置）查找到系统设计和工程计算所需要的内容、数据、图表和公式。

　　为了教师和工程技术人员电子教学和培训的需要，本书将免费提供各章的电子教学课件，包括书中所有的插图和对插图的简要说明，并提供各章习题题解。教师用户可登录机工教育服务网（www.cmpedu.com）免费注册，审核后下载使用（需填写情况调查表），欢迎任课教师及时反馈建议。

本书可作为通信和电子信息类相关专业一般院校的教材。教师可根据教学对象和教学时间进行适当的选取和安排。对从事光纤通信系统和网络研究教学、规划设计、管理和维护的有关人员也有一定的参考价值。

衷心感谢机械工业出版社李馨馨编辑和秦菲编辑为本书的出版和发行多年来所做出的贡献。

因作者水平所限，书中可能会有遗漏之处，敬请读者指出。

原　荣

2023 年 12 月于桂林

目　　录

第1章　光纤通信概述

1.1　光通信发展史

1.1.1　周幽王烽火戏诸侯——古老的光通信

什么叫光通信？光通信是利用光波作为载体来传递信息的通信。

广义地说，用光传递信息并不是什么新鲜事。早在公元前两千多年以前，我们的祖先就在都城和边境堆起一些高高的土丘，遇到敌人入侵，就在这些土丘上燃起烟火传递受到入侵的信息，各地诸侯看见烟火就立刻领兵来救援，这种土丘叫作烽火台，它就是一种古老的光通信设备。其中"周幽王烽火戏诸侯"的故事流传甚广（见图1.1.1），昏君周幽王为了让自己的爱妃开怀一笑，在无敌情的情况下，点燃烽火令各路诸侯派兵救援。然而当真正有敌人入侵时，再一次点燃烽火，却没人理会。

另外，夜间的信号灯、水面上的航标灯也是古老光通信的实例。

图1.1.1　古老的光通信设备——烽火台（周幽王烽火戏诸侯）

1.1.2　中华民族对世界光学事业的贡献

谈到中华民族对世界光学事业的贡献，我们还可以追溯到公元前三世纪，在我国周代就会用凹面镜向日取火，可以说是人类向日取火的鼻祖，而西方国家直到公元十三世纪才相传有人用了三年时间，用金属磨成一个凹面镜，在太阳光下取火，这比我国至少落后十几个世纪。还有公元前400年，我国先秦时代伟大的学者墨翟在他的《墨经》里就对光的几何性质在理论上作了比较完整的论述，它比欧几里得著的《光学》也早100多年。

1.1.3　谁发明了光电话

1876年，美国人贝尔（Bell）发明了光电话，他用太阳光作光源，通过透镜把光束聚焦在送话器前的振动镜片上。如图 1.1.2 所示，人的嘴对准橡胶管前面的送话口，一发出声音，振动镜就振动而发生变形，引起光的反射系数发生变化，使光强度随话音的强弱变化，实现话音对光强度的调制。这种已调制的反射光通过透镜 2 变成平行光束向右边传送。在接收端，用抛物面镜把从大气传来的光束反射到处于焦点的硒管上，硒的电阻随光的强弱变化，使光信号变换为电流，传送到受话器，使受话器再生出声音。在这种光波系统中，光源是太阳光，接收器是硒管，传输介质是大气。1880 年使用这种光电话传输距离最远仅 213 m，很显然这种系统没有实用价值。

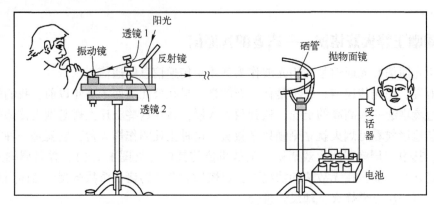

图 1.1.2　1876 年贝尔（Bell）光电话实验装置

1.1.4　谁发明了激光器

用灯泡作光源时，调制速度非常有限，只能载运一路音频信号。

1960 年，美国人梅曼（Maiman）发明了第一台红宝石激光器，之后氦-氖（He-Ne）气体激光器、二氧化碳（CO_2）激光器也先后出现，并投入实际应用，给光通信带来了新的希望。激光（LASER）是取英文 Light Amplification by Stimulated Emission of Radiation 的第一个字母组成的缩写词，其意思是受激发射的光放大。这种光与燃烧木材和钨丝灯发出的光不一样，它是由物质原子结构的本质决定的光，它的频率很高，超过微波频率一万倍，也就是说它的通信容量要比微波大一万倍，如果每个话路频带宽度为 4 kHz，则可容纳 100 亿个话路。而且，激光的频率成分单纯，方向性好，光束发散角小，几乎是一束平行的光束，所以对光通信来说很有吸引力。

1.1.5　最早的光通信系统

自贝尔发明光电话后，有人又用弧光灯代替日光作为光源延长了通信距离，但还是只限于几千米。在第一次世界大战期间，曾使用弧光灯作发射机，通过声生电流对其光强进行调制；使用硅光电池作接收器，当调制后的光信号照射到硅光电池的 PN 结上时，通过光伏效应就在外电路产生变化的光生电流，在晴好天气通信距离可达 8 km，如图 1.1.3a 所示。当光电倍增管出现后，人们又用它作为接收器，将调制后的光信号还原成电信号，如图 1.1.3b 所示。光电倍增管中有电压逐级提高的多级阳极，其工作原理就是利用电子多级加速发射使外电路的光生电流放大而工作的。

实验表明，用光波承载信息的大气传输进行点对点通信是可行的，但是通话的性能受空气的质量和气候的影响十分严重,不能实现全天候通信。

为了克服气候对激光通信的影响,人们把激光束限制在特定的空间内传输,因而在 1960 年提出了透镜波导和反射镜波导的光波传输系统,如图 1.1.3b、c 所示。这两种波导从理论上说是可行的,但是实现起来却非常困难,与图 1.1.3d 表示的现代光纤通信相比,地上人为的活动会使地下的透镜波导变形和振动,为此必须把波导深埋或选择在人车稀少的地区使用。

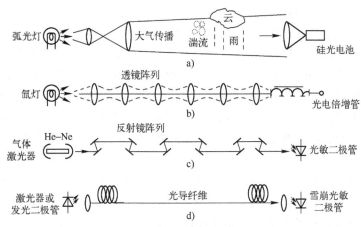

图 1.1.3　光通信发展历史

a) 大气传输光通信　b) 透镜波导　c) 反射镜波导　d) 现代光纤通信

1.1.6　光纤是怎样传光的

大气传输容易受到天气的影响,透镜波导传输又容易受外界影响产生变形和振动,由于没有找到稳定可靠和低损耗的传输介质,所以光通信的研究曾一度陷入低潮。

那么能不能找到一种介质,就像电线电缆导电那样来传光呢?

古代希腊的一位吹玻璃工匠观察到,光可以从玻璃棒的一端传输到另一端。1930 年,有人拉出了石英细丝,人们就把它称为光导纤维(简称光纤)或光纤波导,并论述了它传光的原理。接着,这种玻璃丝在一些光学机械设备和医疗设备(如胃镜)中得到应用。

现在,为了保护光纤,在它外面包上一层塑料外衣,使它可以在一定程度上弯曲,而不会轻易折断。那么,光能不能沿着弯曲的光纤波导传输呢?答案是肯定的。

光纤由纤芯和包皮两层组成,它们都是玻璃,只是材料成分稍有不同。一种光纤的芯径只有 50~100 μm,包皮直径约为 120~140 μm,所以光纤很细,比头发丝还细。假定光线对着纤维以一定入射角射入光纤,如图 1.1.4 所示,当光线传输到芯和皮的交界面上时,会发生类似镜子反射光的现象,当碰到对面的交界面时,又一次反射回来。当光线传输到光纤的拐弯处时,来回反射的次数就会增多,只要弯曲不是太厉害,光线就不会跑出光纤。光线就是这样在光纤内往返曲折地向前传输。

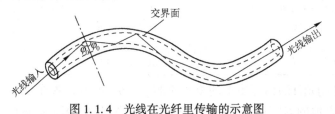

图 1.1.4　光线在光纤里传输的示意图

1.1.7　光纤通信的鼻祖——高锟

看来，用光纤来导光进行光通信的问题似乎已解决了。其实问题并没有那么简单，因为用普通玻璃制成的光纤损耗很大，每千米就有 3 000 dB，记作 3 000 dB/km。这样的光纤，当光通过 100 m 后，它的能量就只剩下了百亿分之一了。所以，要想用光纤进行通信，关键问题在于如何降低光纤的损耗。

但是，到了 20 世纪 60 年代中期，情况发生了根本性的变化，而且这种变化还是由一位华人引起的，他就是高锟。早在 1966 年 7 月，英籍华人高锟发表了具有历史意义的关于通信传输新介质的论文。当时他还是一位在英国 Harlow ITT 实验室工作的年轻工程师，他指出了利用光导纤维进行信息传输的可能性和技术途径，从而奠定了光纤通信的基础。在高锟早期的实验中，光纤的损耗约为 3 000 dB/km，他指出这么大的损耗不是石英纤维本身的固有特性，而是由于材料中的杂质离子的吸收引起的，如果把材料中金属离子含量的比重降低到 10^{-6} 以下，光纤损耗就可以减小到 10 dB/km，再通过改进制造工艺，提高材料的均匀性，可进一步把光纤的损耗减小到几 dB/km。这种想法很快就变成了现实，1970 年，光纤进展取得了重大突破，美国康宁（Corning）公司成功研制出损耗为 20 dB/km 的石英光纤。目前 G.654 光纤在 1.55 μm 波长附近仅为 0.151 dB/km，接近了石英光纤的理论损耗极限。图 1.1.3d 就是目前正在应用的利用光导纤维进行光通信的示意图。

在光纤损耗降低的同时，作为光纤通信用的光源，半导体激光器也出现了，并取得了实质性的进展。1970 年，美国贝尔实验室和日本 NEC 公司先后成功研制出室温下连续振荡的 GaAlAs 双异质结半导体激光器，1977 年半导体激光器的寿命已达到 10 万 h，完全满足实用化的要求。

低损耗光纤和连续振荡半导体激光器的研制成功，是光纤通信发展的重要里程碑。

20 世纪 90 年代，掺铒光纤放大器（EDFA）的应用迅速得到了普及，用它可替代光/电/光再生中继器，同时可对多个 1.55 μm 波段的光信号进行放大，从而使波分复用（WDM）系统得到普及。光通信发展的简史如表 1.1.1 所示。

表 1.1.1　光通信发展简史

古代光通信	烽火台，夜间的信号灯，水面上的航标灯
1880 年	美国人贝尔发明了光电话（光源为阳光，接收器为硒管，传输介质为大气）
20 世纪 60 年代	1960 年，美国发明了第一台红宝石激光器，并进行了透镜阵列传输光的实验 1961 年，制成氦-氖（He-Ne）气体激光器 1962 年，制成砷化镓半导体激光器 1966 年，英籍华人高锟就光纤传输光的前景发表了具有历史意义的论文，此时光纤损耗约为 3 000 dB/km
20 世纪 70 年代	1970 年，美国康宁公司成功研制出损耗为 20 dB/km 的石英光纤 1970 年，美国贝尔实验室和日本 NEC 公司先后成功研制出室温下连续振荡的 GaAlAs 双异质结半导体激光器
20 世纪 80 年代	提高传输速率，增加传输距离，大力推广应用，光纤通信在海底通信获得应用
20 世纪 90 年代	掺铒光纤放大器（EDFA）的应用迅速得到了普及，波分复用（WDM）系统实用化
21 世纪	先进的调制技术、超强 FEC 纠错技术、电子色散补偿技术、偏振复用相干检测技术，以及有源和无源器件集成模块大量问世，出现了以 40 Gb/s 和 100 Gb/s 为基础的 WDM 系统的应用

由于高锟在开创光纤通信历史上的卓越贡献，1998 年 IEE 授予他荣誉奖章。南京紫金山天文台 1996 年以他的名字命名了一颗小行星——高锟星（KaoKuen），如图 1.1.5 所示。

在 2009 年 10 月 6 日瑞典皇家科学院又授予高锟 2009 年度诺贝尔物理学奖。

a)　　　　　　　　　　　　　　　　　　　　　b)

图 1.1.5　光纤通信发明家高锟

a) 南京紫金山天文台 1996 年命名了一颗小行星——高锟星（Kaokuen）　b) 诺贝尔物理学奖获得者高锟（1933—2018 年）

进入 21 世纪，由于多种先进的调制技术、超强前向纠错（FEC）技术、电子色散补偿技术、偏振复用相干检测技术、扩展到长波段（L 波段）的共掺磷和铒放大器（P-EDFA）技术、低损耗和大有效面积光纤等一系列新技术的突破和成熟，以及有源和无源器件集成模块的大量问世，出现了以 40 Gbit/s 和 100 Gbit/s 为基础的 WDM 系统的应用。下一代高速相干光通信系统的目标是每信道传输容量至少超过 100 Gbit/s。2023 年 11 月央视新闻报道，我国开通 1.2 Tbit/s 超高速互联网主干线路，连接北京、武汉和广州，全长约 3 000 km，采用 3×400 Gbit/s 多种光路复用、多个电载波聚合（复用）等关键技术（见 5.1.3 节）。

1.2　光纤通信的优点

在光纤通信系统中，作为载波的光波频率比电波频率高得多，而作为传输介质的光纤又比同轴电缆损耗低得多，因此相对于电缆或微波通信，光纤通信具有许多独特的优点。

1. 频带宽、传输容量大

电缆和光纤的损耗和频带比较如表 1.2.1 所示，由表可见，电缆基本上只适用于数据速率较低的局域网（LAN），高速局域网（≥100 Mbit/s）和城域网（MAN）必须采用光纤。

表 1.2.1　电缆和光纤的损耗和频带比较

类　　　型		频带（或频率）	损耗/（dB/km）	传输容量/（话路/线）	
对称电缆		4 kHz	2.06		
细同轴电缆		1 MHz 30 MHz	5.24 28.70	960	
粗同轴电缆		1 MHz 60 MHz	2.42 18.77	1 800	
渐变折射率 多模光纤	0.85 μm 1.31 μm	200～1 000 MHz · km ≥1 000 MHz · km	≤3 ≤1.0	1 920 （140 Mbit/s）	
单模 光纤	1.31 μm 1.55 μm	>100 GHz 10～100 GHz	0.36 0.2	32 000 （2.5 Gbit/s）	491 520 （40 Gbit/s）

2. 损耗小、中继距离长

表1.2.1给出了电缆和光纤的每千米传输损耗。由表可见，电缆的损耗通常在几分贝到十几分贝，而1.55 μm光纤的损耗通常只有0.2 dB，显然，电缆的损耗明显大于光纤，有的甚至大几个数量级。

3. 重量轻、体积小

由于电缆体积和重量较大，安装时还必须慎重处理接地和屏蔽问题，在空间狭小的场合，如舰船和飞机中，这个弱点更显突出。

4. 抗电磁干扰性能好

光纤是由电绝缘的石英材料制成的，光纤通信线路不受各种电磁场的干扰和闪电雷击的损坏，所以无金属加强筋光缆非常适合于存在强电磁场干扰的高压电力线路周围以及油田、煤矿和化工等易燃易爆环境中使用。

5. 泄漏小、保密性好

在现代社会中，不但国家的政治、军事和经济情报需要保密，企业的经济和技术情报也已成为竞争对手的窃取目标。因此，通信系统的保密性能往往是用户必须考虑的一个问题。现代侦听技术已能做到在离同轴电缆几千米以外的地方窃听电缆中传输的信号，可是对光缆却困难得多。因此，要求保密性高的网络不能使用电缆。

在光纤中传输的光泄漏是非常微弱的，即使在弯曲地段也无法窃听。没有专用的特殊工具，光纤是不能分接的，因此信息在光纤中传输非常安全，对军事、政治和经济具有重要的意义。

6. 节约金属材料，有利于资源合理使用

制造同轴电缆和波导管的金属材料，在地球上的储量是有限的，而制造光纤的石英（SiO_2），在地球上的储量是多到无法估算的。

总之，由于通信用光纤都是用石英玻璃和塑料制成的，是极好的电绝缘体，而且光信号在光缆中传输时不易产生泄漏，所以不存在电气危害、电磁干扰、接地、屏蔽和保密性差等问题，再加上传输特性好的优点，使光纤成为迄今为止最好的信息传输介质，因此不管是在干线网上，还是在接入网上，光纤通信都取得了飞速的发展。

1.3　光纤通信系统

1.3.1　光纤通信系统组成

用光纤传输信息的过程如图1.3.1所示，在发送端，把用户要传送的信号（如声音）变为电信号，然后使光源发出的光强随电信号变化，这个过程称为调制，它把电信号变为光信号，最后用光纤把该光信号传送到远方；在接收端，用光探测器接收光信号，并把光信号还原为携带用户信息（如声音）的电信号，这个过程称为解调，最后再变成用户能理解的信息（如声音）。

目前，光源通常用半导体激光器及其光电集成组件。光纤短距离用多模光纤，长距离用单模光纤。光探测器用PIN光敏二极管或雪崩光敏二极管（APD）及其光电集成组件。调

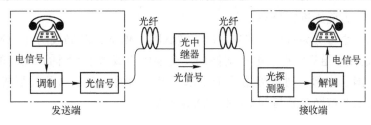

图 1.3.1　光纤通信系统的组成

制器有使光信号强度随电信号变化的直接调制，这就像调幅收音机使电载波的幅度随声音的强弱变化一样；而另外一种调制方式却不同，它不会使光信号强度随电信号强弱直接变化，而是使光源发出连续不断的光波，它的强度、频率、相位或偏振变化是通过一个外调制器实现的，这种调制方式叫外调制。光纤就像电线一样也有损耗，所以光信号在光纤内传输时，它的光强也逐渐减弱。为此，就像在电缆通信系统中有电中继器一样，在光纤通信系统中也有光中继器，使传输的光信号放大。光中继器有光/电/光中继器和直接对光放大的全光中继器。本书就对光纤通信系统所用到的各种器件和各个组成部分逐一加以介绍。

因为光纤通信总是和光打交道，所以本书首先向读者介绍光波和光波的传输特性。

1.3.2　三种基本的光纤通信系统

我们可以把光纤通信系统划分为三类，如图 1.3.2 所示。这些系统用来连接一些节点，这些节点通常可能是交换机、终端、基站、计算机、工作站等。在图 1.3.2 中，从左到右分别表示点对点系统、一点对多点系统以及网络的拓扑结构。在点对点系统中，可能是单向的，也可能是双向的，一端的发射机发送信息到另一端的接收机。在一点对多点（设有 N 个工作站）的系统中，其中站 1 可发送信息到所有其他 $N-1$ 个站，并可能收到它们的回答，但其他站之间不能相互通信。该系统的一个特殊情况是广播网络，即一个站可发送信息到所有其他 $N-1$ 个站。

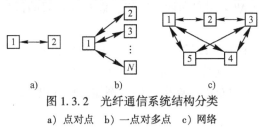

图 1.3.2　光纤通信系统结构分类
a）点对点　b）一点对多点　c）网络

点对点系统和一点对多点系统仅仅是网络的特例。在网络中，每个站可以与其他任一个站进行通信，而绝不仅仅是一个站只能与另外 $N-1$ 个站通信。有时候我们要指出它们之间的区别，有时候我们把以上三种情形统称为系统或者网络。

现在的情况是已经敷设好的长距离干线正在转变成一点对多点系统或网络。前者的应用多半是光纤到家或者是到办公室，而网络的进一步应用将变成局域网（LAN）、城域网（MAN）和广域网（WAN）。

1.4　光纤通信网络分类

光纤通信网络的分类没有统一的标准，但是通常可以从网络的主要性能、网络的技术特征以及技术体制三方面来进行分类。

依据网径的大小可分为宽域网（WAN）、城域网（MAN）和局域网（LAN）。

WAN 指的是在信道集中点、电话交换局、交换中心或者上/下话路之间的长距离传输，传输距离在一个国家内部，通常可达几千千米，可包括通信卫星以及长距离微波和光纤干线。图 1.4.1 表示宽域网及其与 MAN 和 LAN 的互联。

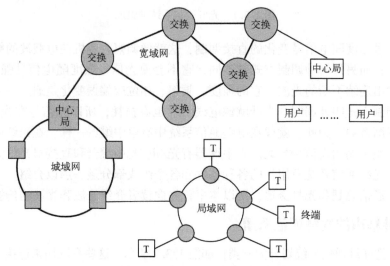

图 1.4.1　宽域网（WAN）与城域网（MAN）和局域网（LAN）的互联

MAN 是在信息量集中的区域内，例如在一个城市内，两个建筑物内，两个 LAN 之间传输信息的网络，或者用于宽域网（WAN）的本地分配网络。传输距离最远可达 100 km。这种网络通常被认为是夹在 WAN 和 LAN 之间的网络，可认为是到 WAN 的网关。它可包括电话本地网络、商业网络、CATV 用户和社区网络，以及在有限的区域内连接建筑物的专用商业网络。

LAN 是一种小范围内多用户传输网络，它可能仅仅是在一个办公室、一个建筑物内，或者在一个建筑群内的网络，其传输距离最多也只有 10 km。它包括连接主机、存储设备、数据终端以及其他外围设备的专用计算机网络，例如可包括以太网、IBM 信令环及光纤分布数据接口（FDDI）。

1.5　均匀介质中的光波——光是电磁波

光是一种电磁波，即由密切相关的电场和磁场交替变化形成的一种偏振横波，它是电波和磁波的结合。它的电场和磁场随时间不断地变化，分别用 E_x 和 H_y 表示，在空间沿着 z 方向并与 z 方向垂直向前传播，这种波称为行波（Traveling Wave），如图 1.5.1 所示。由于电磁感应，当磁场发生变化时，会产生与磁通量的变化成比例的电场；反过来，电场的变化也会产生相应的磁场。并且 E_x 和 H_y 总是相互正交传输。最简单的行波是正弦波，沿 z 方向传播的数学表达式为

$$E_x = E_o \cos(\omega t - kz + \phi_o) \tag{1.5.1}$$

式中，E_x 是时间 t 在 z 方向传输的电场；E_o 是波幅；ω 是角频率；k 是传输常数或波数，$k =$ $2\pi/\lambda$，这里 λ 是波长；ϕ_o 是相位常数，它考虑到在 $t = 0$ 和 $z = 0$ 时，E_x 可以是零也可以不是零，这要由起点决定。$(\omega t - kz + \phi_o)$ 称为波的相位，用 ϕ 来表示。式（1.5.1）描述了沿 z 方向无限传播的单色平面波，如图 1.5.2 所示。在任一垂直于传播方向 z 的平面上，由式（1.5.1）可知，波的相位是个常数，也就是说在这一平面上电磁场也是个常数，该平面称为波前。平面波的波前很显然是与传播方向正交的平面，如图 1.5.2 所示。

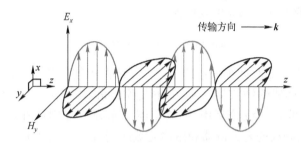

图 1.5.1　电磁波是行波，电场 E_x 和磁场 H_y 随时间不断地变化，在空间沿着 z 方向总是相互正交传输

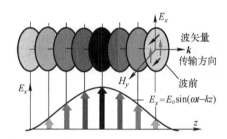

图 1.5.2　沿 z 方向传播的电磁波是平行移动的平面波，在指定平面上的任一点具有
相同的 E_x 或 H_y，所有电场（或磁场）在 xy 平面同向

　　由电磁理论可知，随时间变化的磁场总是产生同频率随时间变化的电场（法拉第定律）；同样，随时间变化的电场也总是产生同频率随时间变化的磁场。因此电场和磁场总是以同样的频率和传播常数（ω 和 k）同时相互正交存在的，如图 1.5.1 所示，所以也有与式（1.5.1）表示的 E_x 式类似的磁场 H_y 行波方程，通常我们用电场 E_x 来描述光波与非导电材料（介质）的相互作用，今后凡提到光场就是指电场。我们也可以用指数形式描述行波，因为 $\cos\phi = \mathrm{Re}[\exp(\mathrm{j}\phi)]$，这里 Re 指的是实数部分。于是式（1.5.1）可以改写为

$$E_x(z,t) = \mathrm{Re}[E_o \exp(\mathrm{j}\phi_o) \exp\mathrm{j}(\omega t - kz)]$$

或者

$$E_x(z,t) = \mathrm{Re}[E_c \exp\mathrm{j}(\omega t - kz)] \qquad (1.5.2)$$

式中，$E_c = E_o \exp(\mathrm{j}\phi_o)$ 表示包括相位常数 ϕ_o 的波幅。

　　图 1.5.2 中波前沿矢量 $\boldsymbol{k}$ 传播，$\boldsymbol{k}$ 称为波矢量，它的幅度是传播常数 $k = 2\pi/\lambda$，显然，它与恒定的相平面（波前）垂直。波矢量 $\boldsymbol{k}$ 可以是任意的方向，可以与 z 不一致。

　　根据式（1.5.1），在给定的时间（t）和空间（z），对应最大场的相位 ϕ 可用下式描述：

$$\phi = (\omega t - kz + \phi_o)$$

　　在时间间隔 δt，波前（表示具有最大场的恒定相位）移动了 δz，因此该波的相速度是 $\delta z/\delta t$。于是相速度为

$$v = \frac{dz}{dt} = \frac{\omega}{k} = v\lambda \tag{1.5.3}$$

式中，v 是频率（$\omega = 2\pi v$），单位是 Hz，两个相邻振荡波峰之间的时间间隔称为周期 T，等于光波频率的倒数，即 $v = 1/T$。

假如波沿着 z 方向依波矢量 k 传播，如式（1.5.1）所示，被 Δz 分开的两点间的相位差 $\Delta\phi$ 可用 $k\Delta z$ 简单表示，因为对于每一点 ωt 是相同的。假如相位差是 0 或 2π 的整数倍，则两个点是同相位，于是相位差 $\Delta\phi$ 可表示为

$$\Delta\phi = k\Delta z \quad \text{或} \quad \Delta\phi = \frac{2\pi\Delta z}{\lambda} \tag{1.5.4}$$

我们经常对光波上给定时间被一定的距离分开的两点间的相位差感兴趣，比如由马赫-曾德尔（MZ）干涉仪构成的滤波器、复用/解复用器和调制器，由阵列波导光栅（AWG）构成的诸多器件（滤波器、波分复用/解复用器、光分插复用器和波长可调/多频激光器等），以及由电光效应制成的外调制器和由热光效应制成的热光开关等，它们的工作原理均用到相位差这一概念，所以大家要特别关注，本书后面有关章节也会经常用到这一概念，并使用式（1.5.4）。

1867 年，麦克斯韦证实了光是一种电磁波，光的传播就是通过电场、磁场的状态随时间变化的规律表现出来。他把这种变化列成了数学方程，后来人们就叫它为麦克斯韦波动方程，这种统一电磁波的理论获得了极大的成功。

1.6　复习思考题

1-1　用光导纤维进行通信最早在哪一年由谁提出？

1-2　光纤通信有哪些优点？

1-3　简述光纤通信系统的构成及其各部分的作用。

1-4　光纤通信系统结构可以分为哪三类？

1-5　光纤通信网络通常分为哪三类？

1-6　光的本质是什么？请解释光波沿着 z 方向依波矢量 k 传播被距离 Δz 分开的两点间的相位差为什么是 $\Delta\phi = (2\pi\Delta z)/\lambda$？

1.7　习题

1-1　光程差计算

波长为 1.55 μm 的两束光沿 z 方向传输，从 A 点移动到 B 点经历的路径不同，其光程差为 20 μm，计算这两束光的相位差。

1-2　已知脉冲宽度求其包含的光振荡数

用脉冲信号对光强度调制，使用波长为 1.55 μm 的 LD，请问当脉冲宽度 1 ns 时，在"1"码时有多少个光振荡？

第2章 光纤通信传输介质

光纤是通信网络的优良传输介质，尤其以石英 SiO_2 光纤得到的应用最为广泛。和电缆相比，光纤具有信息传输容量大、中继距离长、不受电磁场干扰、保密性能好和使用轻便等优点。随着技术的进步，光纤价格逐年下降，应用范围不断扩展。光纤通信在高速率长距离干线网和用户接入网方面的发展潜力都很大。为了保证光纤性能稳定，系统运行可靠，必须根据实际使用环境设计各种结构的光纤和光缆。本章从应用的观点概述光纤的传光原理、光纤和光缆的类型和特性，以供设计光纤系统时选择。

2.1 光纤结构和类型

光纤是通信网络的优良传输介质，光纤和光缆结构如图2.1.1所示，光纤由玻璃（石英 SiO_2）制成的纤芯和包层组成，为了保护光纤，包层外面还增加尼龙外层。实际光纤通信系统使用的光纤都是包在光缆内，光缆由许多光纤组成，光纤外面是松套管，松套管内是填充物。光缆的中心是一条增加强度用的钢丝，最外面是保护用的护套。

图 2.1.1 光纤和光缆结构示意图

a) 光纤结构 b) 一种光缆结构

光纤是一种纤芯折射率 n_1 比包层折射率 n_2 大的同轴圆柱形电介质波导。纤芯材料主要成分为掺杂的二氧化硅（SiO_2），纯度达 99.999%，其余成分为极少量的掺杂剂如二氧化锗（GeO_2）等，以提高纤芯的折射率。纤芯直径 $2a$ 为 $8\sim100\ \mu m$。包层材料一般也为 SiO_2，外径 $2b$ 为 $125\ \mu m$，其作用是把光强限制在纤芯内。为了增强光纤的柔韧性、机械强度和耐老化特性，还在包层外增加一层涂覆层，其主要成分是环氧树脂和硅橡胶等高分子材料。光在纤芯与包层的界面上发生全反射而被限制在纤芯内传播，包层为光的传输提供反射面和光隔离，并起一定的机械保护作用。

根据光纤横截面上折射率的径向分布情况，光纤可以粗略地分为阶跃光纤（SI）和渐变（GI）光纤。阶跃光纤折射率在纤芯为 n_1 保持不变，到包层突然变为 n_2，如图 2.1.2a 所示。渐变光纤折射率 n_1 不像阶跃光纤是个常数，而是在纤芯中心最大，沿径向往外按抛物线形状逐渐变小，直到包层变为 n_2，如图 2.1.2b 所示。

作为信息传输波导，实用光纤有两种基本类型，即多模（MM）光纤和单模（SM）光

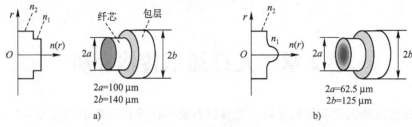

图 2.1.2　阶跃（SI）光纤和渐变（GI）光纤
a）阶跃光纤　b）渐变光纤

纤，如图 2.1.3 所示。多模光纤可以传输多个模式的光，而单模光纤只能传输一个模式的光。图 2.1.3 也表示出光线在这两种光纤内的纤芯中传播的路径，由于光线在这两种光纤中传播的路径不同，单模光纤只有一个模式，而且是直线传输；而多模光纤有多个模式，且每个模式传输的路径不同，高阶模比低阶模传输的路径长，所用的时间就长，到达终点的时间不同，几种模式的光合在一起就使输出脉冲相对于输入脉冲展宽了。

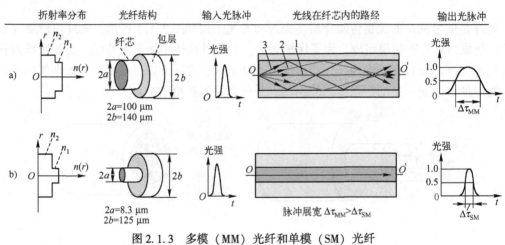

图 2.1.3　多模（MM）光纤和单模（SM）光纤
a）多模光纤　b）单模光纤

2.2　光纤传光原理

从光线理论考虑，光纤传光原理是基于光的反射和折射，所以我们首先回忆一下光的反射和折射。

2.2.1　光的反射和折射

光在同一种物质中传播时，光是直线传播的。但是光波从折射率较大的介质入射到折射率较小的介质时，在一定的入射角度范围内，光在边界会发生反射和折射，如图 2.2.1a 所示。入射光与法平面的夹角 θ_i 叫入射角，反射光与法平面的夹角 θ_r 叫反射角，折射光与法平面的夹角 θ_t 叫折射角。

把筷子倾斜地插入水中，可以看到筷子与水面的相交处发生弯折，原来的一根直直的筷子似乎变得向上弯曲了。这就是光的折射现象，如图 2.2.1b 所示。因为水的折射率要比空气的大（$n_1 > n_2$），所以折射角 θ_t 要比入射角 θ_i 大，所以我们看到水中的筷子向上翘起来了。

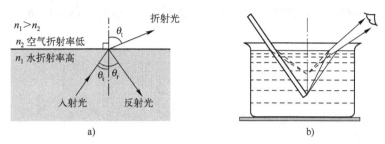

图 2.2.1　光的反射和折射
a）入射光、反射光和折射光　b）插入水中的筷子变得向上弯曲了

　　水下的潜水员在某些位置时，可以看到岸上的人，如图 2.2.2 中入射角为 θ_{i1} 的情况，但是当他离开岸边向远处移动时，当入射角 θ_{i2} 等于或大于某一角度 θ_c 时，他就感到晃眼，什么也看不见，此时的入射角 θ_c 我们就叫临界角。

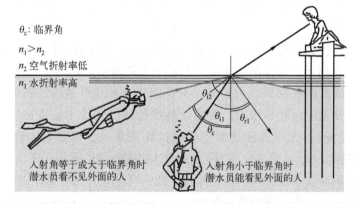

图 2.2.2　由于光线在界面的反射和折射，在水下不同位置的潜水员看到的景色是不一样的

　　在图 2.2.3a 中，从几何光学我们可以得到

$$\frac{\sin\theta_i}{\sin\theta_t} = \frac{n_2}{n_1} \qquad (2.2.1)$$

这就是斯奈尔（Snell）定律，它表示入射角、折射角与介质折射率的关系。

　　在式（2.2.1）中，因 $n_1 > n_2$，所以折射角 θ_t 要比入射角 θ_i 大，当折射角 θ_t 达到 90°时，入射光沿交界面向前传播，如图 2.2.3b 所示，由式（2.2.1）可知，此时的分母变为 1，此时的入射角称为临界角 θ_c，式（2.2.1）就变为

$$\sin\theta_c = \frac{n_2}{n_1} \qquad (2.2.2)$$

　　当入射角 θ_i 超过临界角 θ_c（$\theta_i > \theta_c$）时，没有折射光，只有反射光，这种现象叫作全反射，如图 2.2.3c 所示。这就是图 2.2.2 中入射角为 θ_{i2} 的那个潜水员，只觉得水面像镜面一样晃眼，看不见岸上姑娘的道理。也就是说，潜水员要想看到岸上的姑娘，入射角必须小于临界角，即 $\theta_i < \theta_c$。

　　由此可见，全反射就是光纤波导传输光的必要条件。光线要想在光纤中传输，必须使光

纤的结构和入射角满足全反射的条件，使光线闭锁在光纤内传输。

对于 $\theta_i > \theta_c$，不存在折射光线，即发生了全内反射。此时，$\sin\theta_t > 1$，θ_t 是一个虚构的折射角。

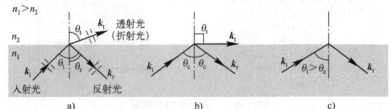

图 2.2.3   光波从折射率较大的介质以不同的入射角进入折射率较小的介质时
出现三种不同的情况

a) $\theta_i < \theta_c$ b) 临界角 $\theta_i = \theta_c$ c) 全反射 $\theta_i > \theta_c$

2.2.2 渐变多模光纤的传光原理

在 2.2.1 节，我们已用反射和折射的原理，直观地介绍了光纤中传光的原理。本节以渐变（GI）多模光纤为例，进一步介绍它的传光原理。渐变（GI）多模光纤折射率 n_1 不像阶跃多模光纤是个常数，而是在纤芯中心最大，沿径向往外按抛物线形状逐渐变小，直到包层变为 n_2，如图 2.2.5 所示。这样的折射率分布可使光纤内的光线同时到达终点，其理由是，虽然各模光线以不同的路径在纤芯内传输，但是因为这种光纤的纤芯折射率不再是一个常数，所以各模的传输速度也互不相同。沿光纤轴线传输的光线 1 速度最慢（因 $n_{1,r\to 0}$ 最大，所以速度 $c/n_{1,r\to 0}$ 最慢）；光线 3 到达末端传输的距离最长，但是它的传输速度最快（因 $n_{1,r\to a}$ 最小，所以速度 $c/n_{1,r\to a}$ 最快），这样一来到达终点所需的时间几乎相同。

为了进一步理解渐变多模光纤的传光原理，我们可把这种光纤看作由折射率恒定不变的许多同轴圆柱薄层 n_a、n_b 和 n_c 等组成，如图 2.2.4a 所示，而且 $n_a > n_b > n_c > \cdots$。使光线 1 的入射角 θ_A 正好等于折射率为 n_a 的 a 层和折射率为 n_b 的 b 层的交界面 A 点发生全反射时的临界角 $\theta_c(ab) = \arcsin(n_b/n_a)$，然后到达光纤轴线上的 O' 点。而光线 2 的入射角 θ_B 却小于在 a 层和 b 层交界面 B 点处的临界角 $\theta_c(ab)$，因此不能发生全反射，从而光线 2 以折射角 $\theta_{B'}$ 折射进入 b 层。如果 n_b 适当且小于 n_a，光线 2 就可以到达 b 和 c 界面的 B' 点，它正好在 A 点的上方（OO' 线的中点）。假如 n_c 选择适当且比 n_b 小，使光线 2 在 B' 发生全反射，即 $\theta_{B'} > \theta_C(bc) = \arcsin(n_c/n_b)$。于是通过适当地选择 n_a、n_b 和 n_c，就可以确保光线 1 和 2 通过 O'。那么，它们是否同时到达 O' 呢？由于 $n_a > n_b$，所以光线 2 在 b 层要比光线 1 在 a 层传输得快，尽管它传输的路径比较长，也能够赶上光线 1，所以几乎同时到达 O' 点。

实际上，渐变光纤的折射率是连续变化的，所以光线从一层传输到另一层也是连续的，如图 2.2.4b 和图 2.2.5 所示。当光线经多次折射后，总会找到一点，其折射率满足全反射。

本质上，光是一种电磁波，一种密切相关的电场和磁场交替变化形成的偏振横波，它是电波和磁波的结合，由麦克斯韦于 1867 年证实。光的传播就是通过电场、磁场的状态随时间变化的规律表现出来的。麦克斯韦把这种变化列成了数学方程，后来人们就叫它为麦克斯韦波动方程，这种统一电磁波的理论获得了极大的成功。同样用它也完美地解释了光波在光纤中的传输。

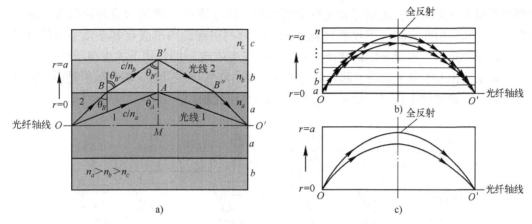

图 2.2.4　渐变（GI）多模光纤内光线传输路径不同但同时到达终点说明

a）渐变多模光纤由折射率恒定不变的许多同轴圆柱薄层 n_a、n_b 和 n_c 等组成

b）光线从一层传输到另一层，当光线经多次折射后，总会找到一点，其折射率满足全反射

c）渐变多模光纤的折射率是连续变化的，所以光线从一层传输到另一层也是连续的，
当光线经多次折射后，总会找到一点，其折射率满足全反射

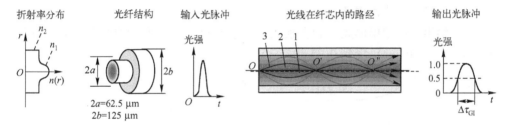

图 2.2.5　渐变折射率多模光纤的结构、折射率分布和在纤芯内的传输路径

2.3　光纤传输特性

衰减、色散和带宽是光纤最重要的传输特性。在传输高强度功率条件下，还要考虑光纤的非线性光学效应。

2.3.1　衰减

通常，光纤内传输的光功率 P 随距离 z 的衰减，可以用下式表示：

$$\frac{\mathrm{d}P}{\mathrm{d}z} = -\alpha P \qquad (2.3.1)$$

式中，α 是衰减系数。如果 P_{in} 是在长度为 L 的光纤输入端注入的光功率，根据式（2.3.1），输出端的光功率应为

$$P_{\text{out}} = P_{\text{in}} \exp(-\alpha L) \qquad (2.3.2)$$

习惯上，α 用 dB/km 表示，由式（2.3.2）得到衰减系数（单位：dB/km）为

$$\alpha = \frac{1}{L} 10 \lg \left(\frac{P_{\text{in}}}{P_{\text{out}}} \right) \qquad (2.3.3)$$

引起衰减的原因是光纤对光能量的吸收损耗、散射损耗和辐射损耗，如图 2.3.1 所示。

光纤是熔融 SiO_2 制成的，光信号在光纤中传输时，由于吸收、散射和波导缺陷等机理产生功率损耗，从而引起衰减。吸收损耗包括纯 SiO_2 材料引起的内部吸收和杂质引起的外部吸收。内部吸收是由于构成 SiO_2 的离子晶格在光波（电磁波）的作用下发生振动损失的能量。外部吸收主要由 OH 离子杂质引起。散射损耗主要由瑞利散射引起。瑞利散射是由在光纤制造过程中材料密度的不均匀（造成折射率不均匀）产生的。

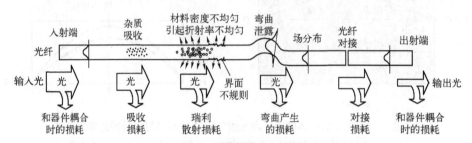

图 2.3.1　光纤传输线的各种损耗

另外还有非线性损耗，它是在 DWDM 系统中，当光纤中传输的光强大到一定程度时，就会产生受激拉曼散射、受激布里渊散射和四波混频等非线性现象，使输入光能量转移到新的频率分量上，产生非线性损耗。

图 2.3.2 给出了典型单模光纤和多模光纤的衰减谱。单模光纤衰减在 1.55 μm 已降到 0.19 dB/km，在 1.30 μm 已降到 0.35 dB/km。

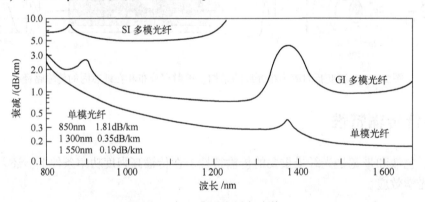

图 2.3.2　典型光纤衰减谱

2.3.2　色散

1666 年，英国物理学家牛顿做了一次非常著名的实验，他用三角棱镜将太阳白光分解为红、橙、黄、绿、青、蓝、紫的七色彩带，如图 2.3.3a 所示。

光从空气射入某种介质发生折射时，如果入射角用 θ_i 表示，折射角用 θ_r 表示，则介质的折射率为

$$n = \frac{\sin \theta_i}{\sin \theta_r} \quad 或 \quad \sin \theta_r = \frac{\sin \theta_i}{n} \tag{2.3.4}$$

我们已知道，光在介质中的速度 $\upsilon = c/n$ 比光在真空中的速度 c 要慢，所以任何介质的折射率都大于 1。并且，当光从空气射向任何介质时，入射角一定大于折射角。

　　白光是由各种单色光组成的复色光，红光波长最长，紫光波长最短。不同波长的光通过同一种介质时，折射率 $n(\lambda)$ 与波长有关。图 2.3.3b 表示用 k9 玻璃给出的不同波长下的折射率参数画出的曲线，由图可见，波长不同，折射率也不同，各单色光的偏折角 $\sin \theta_r = \sin \theta_i/n$ 也不同。其中，紫光在玻璃中的折射率在这七色中最大（$n_{紫光} = 1.532$），而红光则最小（$n_{红光} = 1.513$），所以紫光在玻璃中的折射角 $\theta_{r紫}$ 最小，因此紫光就位于光谱的下端；红光的折射角 $\theta_{r红}$ 最大，因此红光位于光谱的上端，如图 2.3.3a 所示。橙、黄、绿、青、蓝等色光，按波长的长短，依次排列在红光和紫光之间。棱镜就是这样把白光分解成七色光谱的。

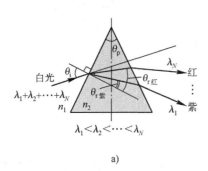
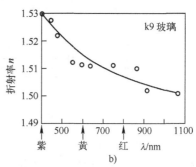

图 2.3.3　棱镜将入射白光分解成彩带

a）棱镜将入射白光解复用成七色彩带　b）玻璃折射率和波长的关系

　　可见，色散是日常生活中经常会碰到的一种物理现象。一束白光通过一块玻璃三角棱镜时，在棱镜的另一侧被散开，变成五颜六色的光带，在光学中称这种现象为色散。当光信号通过光纤时，也要产生色散现象。色散是由于不同成分的光信号在光纤中传输时，因群速度不同产生不同的时间延迟而引起的一种物理效应。光信号分量包括光发送机非单色光源谱宽中的频率分量，以及光纤中的不同模式分量。如果信号是模拟调制，色散限制了带宽；如果信号是数字脉冲，色散使脉冲展宽。色散通常用 3 dB 光带宽 $f_{3\,dB}$ 或脉冲展宽 $\Delta\tau$ 来表示，这里 $\Delta\tau$ 是输出光脉冲相对于输入光脉冲的展宽。

　　光纤色散（Fiber Dispersion）主要包括模式色散、色度色散（CD）和偏振模色散（PMD）。模式色散是由于在多模光纤中，不同模式的光信号在光纤中传输的群速度不同，引起到达光纤末端的时间延迟不同，经光探测后各模式混合使输出光生电流脉冲相对于输入脉冲展宽，如图 2.3.4 所示。它取决于光纤的折射率分布，并和材料折射率的波长特性有关。模式色散引起脉冲展宽，由它决定的光纤所能传输的最大信号比特速率 B（对 RZ 码）为

$$B < \frac{1}{2\Delta\tau_{mode}} = \frac{c}{2L\Delta n} \tag{2.3.5}$$

式中，c 为光速；L 为光纤长度；Δn 为光纤包层和纤芯折射率差；τ_{mode} 为光纤模式色散。

　　由式（2.3.5）可以得到因模式色散引起单位长度的脉冲展宽（对 RZ 码）为

$$\frac{\Delta\tau_{mode}}{L} = \frac{\Delta n}{c} \tag{2.3.6}$$

　　由于光纤色散，如图 2.3.4 所示，光脉冲经光纤传输后使输出脉冲展宽

$$\Delta\tau = DL\Delta\lambda \tag{2.3.7}$$

式中，$\Delta\lambda$ 是光源的谱宽；L 是光传输距离；D 称为色散系数，其值 $D = -(2\pi c/\lambda^2)\beta_2$，单位为 ps/(nm·km)，$\beta_2$ 是群速度色散（GVD）。

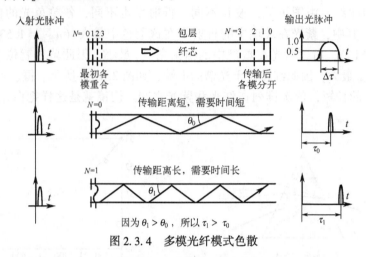

图 2.3.4　多模光纤模式色散

色散对光纤所能传输的最大比特速率 B 的影响可利用相邻脉冲间不产生重叠的原则来确定（见图 2.3.6），即 $\Delta\tau < 1/B$。利用式（2.3.7）可以求出群速度色散 β_2 对单模光纤比特率和距离乘积的限制

$$BL < \frac{1}{|D|\Delta\lambda} \tag{2.3.8}$$

这仅是一种近似的估算。对于非零色散移位光纤，在 1.55 μm 附近，$D \approx 2\sim3$ ps/(nm·km)，对于 DFB 激光器，线宽约为 20 MHz，$\Delta\lambda \approx 0.0002$ nm，则 $BL \leq 500$(Tbit/s)·km。

例 2.3.1　计算模式色散引起脉冲展宽

已知 $n_1 = 1.486$，$n_2 = 1.472$，仅考虑模式色散，计算阶跃折射率多模光纤每 1 km 的脉冲展宽。

解： 光纤长度单位和光速单位分别用 km 和 km/s 表示，利用式（2.3.5）可求得阶跃折射率光纤每 1 km 的脉冲展宽

$$\Delta\tau_{mode} = \frac{L\Delta n}{c} = \frac{1\,\text{km}\times(1.486-1.472)}{3\times10^5\,\text{km/s}} = 4.67\times10^{-8}\,\text{s} = 46.7\,\text{ns}$$

2.3.3　光纤带宽

由于光纤色散，光脉冲经光纤传输后使输出脉冲展宽，如图 2.3.4 所示，从而影响到光纤的带宽，下面分别就光纤带宽和光缆段总带宽加以分析。

1. 光纤带宽

光纤带宽的概念可用图 2.3.5 来说明，其中图 2.3.5a 表示传输模拟信号的光纤线路，图 2.3.5b 表示调制频率为 f 的光纤输入和输出光信号，图 2.3.5c 表示光纤的传输特性及由于光纤色散使输出光带宽减小的情况。

由图 2.3.5c 可知，输入信号的高频成分被光纤衰减了，所以光纤起低通滤波的作用。光纤带宽用 $f_{3dB,op}$ 表示，它对应图 2.3.5c 光纤的传输特性曲线纵坐标从 1 下降 1/2 或 3 dB 的频率。

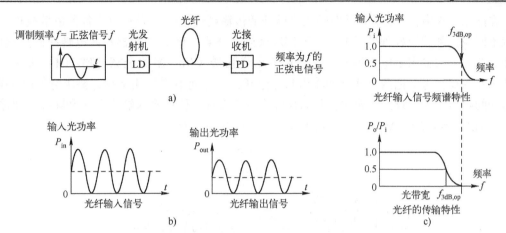

图 2.3.5 传输模拟信号的光纤线路及光纤的传输带宽

a) 传输模拟信号的光纤线路 b) 光纤输入和输出光信号 c) 光纤色散使输出光带宽减少

设输出光脉冲为高斯形状,则色散限制的光带宽为

$$f_{3\,dB,op} \approx 0.75B \qquad (2.3.9)$$

光纤带宽和比特速率的关系为 $B \leqslant 1.33 f_{3dB,o}$。我们可以近似认为光纤带宽就是色散限制光波系统的最大比特速率。

输出光脉冲为高斯形状的 3 dB 光带宽(FWHM)可用下式表示:

$$f_{3\,dB,op} = \frac{0.440}{\Delta\tau_{1/2}} \qquad (2.3.10)$$

2. 光缆段总带宽

实际光缆段是由多根光缆连接而成的,多模光纤的光缆段总带宽 B_{tot} 包括模式色散带宽 B_{mod} 和色度色散带宽 B_{chr}。设模式色散产生的频率响应和光源光谱都是高斯函数,则光缆段总带宽 B_{tot} 为

$$B_{tot} = \left[B_{mod}^{-2} + B_{chr}^{-2} \right]^{-1/2} \qquad (2.3.11)$$

在不考虑偏振模色散的条件下,单模光纤的光缆段总带宽由式(2.3.11)确定。

例 2.3.2 模式色散限制的光带宽

计算例 2.3.1 阶跃折射率多模光纤限制的光带宽。

解:由式(2.3.10)可知阶跃折射率多模光纤限制的光带宽为

$$f_{3\,dB,op} = \frac{0.440}{\Delta\tau_{1/2}} = \frac{0.440}{46.7 \times 10^{-9}\ s} = 9.42 \times 10^6\ Hz$$

2.3.4 光纤比特率

在数字通信中,通常沿光纤传输的是代表信息的光脉冲。在发射端,信息首先被转变成脉冲形式的电信号,如图 2.3.6 所示,代表信息的数字比特脉冲通常都很窄。电脉冲驱动光发射机(如 LD)使其在二进制"1"码时发光,"0"码时不发光,然后耦合进光纤,经光纤传输后到达光接收机,再还原成电脉冲,最后从中解调出发送来的信息。数字通信工程师感兴趣的是光纤能够传输的最大数字速率,这个速率称为光纤的比特率容量 B(单位:bit/s),它直接与光纤的色散特性有关。

在图2.3.6中，τ表示光纤对输入光脉冲的传输延迟，$\Delta\tau_{1/2}$表示由于各种色散机理，使光源不同波长和波导各种模式的光在不同时间到达终点，经光探测器在光电转换的过程中，因光场叠加导致输出电脉冲展宽。通常用输出光强最大值一半的全宽（FWHM）表示。由图2.3.6可知，为了把两个连续的输出脉冲分开，即码间不要互相干扰，要求它们峰–峰间的时间间隔至少为$2\Delta\tau_{1/2}$。为此，我们最好是每隔$2\Delta\tau_{1/2}$秒在输入端输入一个脉冲，即输入脉冲的周期$T = 1/B = 2\Delta\tau_{1/2}$，于是归零脉冲最大比特率$B$是

$$B = \frac{0.5}{\Delta\tau_{1/2}} \qquad\qquad (2.3.12)$$

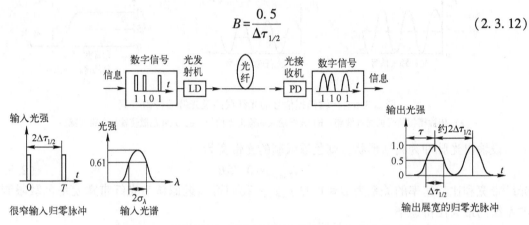

图2.3.6 数字光纤系统和光纤色散使输出脉冲展宽

注：$\sigma_\lambda = 0.425\Delta\lambda_{1/2}$是波长均方根宽度，$\Delta\tau_{1/2}$是色散引起的输出电脉冲展宽

如果输入信号是模拟信号（如正弦波），式（2.3.12）中的B就是频率f。式（2.3.12）假定代表二进制"1"的脉冲在一个周期内，下一个"1"到来前必须回到"0"，如图2.3.6所示，这种比特率称为归零比特率，否则就是非归零比特率，所以非归零比特率是归零比特率的2倍。

2.4 光纤的种类

2.4.1 多模光纤和单模光纤

当光纤的芯径很小时，光纤只允许与光纤轴线一致的光线通过，即只允许通过一个基模。只能传播一个模式的光纤称为单模光纤。标准单模（SM）光纤折射率分布和阶跃型光纤相似，只是纤芯直径比多模光纤小得多，模场直径只有$9 \sim 10\,\mu m$，光线沿轴线直线传播，传播速度最快，色散使输出脉冲信号展宽（$\Delta\tau_{1/2}$）最小。

多模光纤和单模光纤传播速度的差异可以用图2.4.1形象地表示，三种汽车各有不同的外形和速度，代表不同的模式。

2.4.2 单模光纤的种类

事实上，为调整工作波长或改变色散特性，可以设计出各种结构复杂的单模光纤。已经开发的有色散移位光纤、非零色散移位光纤、色散补偿光纤，以及在$1.55\,\mu m$衰减最小的光纤等。

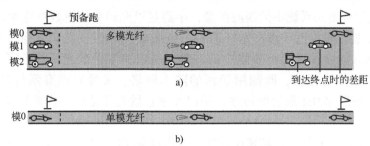

图 2.4.1　多模光纤和单模光纤传播速度的差异

a）模拟多模光纤　b）模拟单模光纤

表 2.4.1 对阶跃多模光纤、渐变多模光纤和阶跃单模光纤的特性进行了比较。

表 2.4.1　阶跃多模光纤、渐变多模光纤和阶跃单模光纤的特性比较

	阶跃多模光纤	渐变多模光纤	阶跃单模光纤
折射率差 $\Delta = (n_1 - n_2)/n_1$	0.02	0.015	0.003
芯径 $2a/\mu m$	100	62.5	8.3（MFD=9.3）
包层直径 $/\mu m$	140	125	125
数值孔径（NA）	0.3	0.26	0.1
带宽×距离 或色散	20~100 MHz·km	0.3~3 GHz·km	< 3.5 ps/(km·nm) >100(Gbit/s)·km
衰减 /(dB/km)	850 nm：4~6 1 300 nm：0.7~1	850 nm：3 1 300 nm：0.6~1 1 550 nm：0.3	850 nm：1.8 1 300 nm：0.34 1 550 nm：0.2
应用光源	LED	LED，LD	LD
典型应用	短距离或用户接入网	局域网，宽域网或中等距离	长距离通信

　　自从 1970 年美国贝尔实验室，根据英籍华人高锟提出的利用光导纤维可以进行通信的理论，成功地试制出用于通信的光纤以来，光纤光缆得到迅速的发展。近 50 年来，光纤光缆的新产品层出不穷，而且在通信行业得到了广泛的应用。多模光纤有阶跃多模光纤和性能比阶跃光纤好的渐变多模光纤；单模光纤通常使用的有标准单模光纤（G.652 光纤）、色散移位光纤（G.653 光纤）、非零色散移位光纤（G.655 光纤）等。

　　关于标准单模光纤（G.652 光纤）、色散移位光纤（G.653 光纤）我们将在 5.2.6 节（SDH 物理层）进行介绍。另外还有用于海底光缆长距离通信的衰减最小 G.654 光纤、城域网用的宽带全波 G.656 光纤、接入网用的 G.657 光纤。

　　色散移位光纤在 1.55 μm 色散为零，不利于多信道的 WDM 传输，因为当复用的信道数较多时，信道间距较小，这时就会发生一种称为四波混频（FWM）的非线性光学效应，这种效应使两个或三个传输波长混合，产生新的、有害的频率分量，导致信道间发生串扰。如果光纤线路的色散为零，FWM 的干扰就会十分严重；如果有微量色散，FWM 干扰反而还会减小。针对这一现象，科学家们研制了一种新型光纤，ITU-T 规范为 G.655 非零色散位移单模光纤（NZ-DSF），该光纤实质上是一种改进的色散移位光纤，其零色散波长不在 1.55 μm，而是在 1.525 μm 或 1.585 μm 处。在光纤的制作过程中，适当控制掺杂剂的量，使它大到足以抑制高密度波分复用系统中的四波混频，小到足以允许单信道数据速率达到 10 Gbit/s，而不需要色散补偿。非零色散移位光纤消除了色散效应和四波混频效应，而标准光纤和色散移位光纤都只能克服这两种缺陷中的一种，所以非零色散光纤综合了标准光纤和色散移位光纤最好的传输特性，既能用于新的陆上网络，又可对现有系统进行升级改造，它特别适合于高密度 WDM 系统的传输，所以非零色散光纤是新一代光纤通信系统的最佳传输介质。

图 2.4.2 表示标准光纤、色散移位光纤、非零色散移位光纤、色散平坦光纤和色散补偿光纤的色散特性和衰减特性。

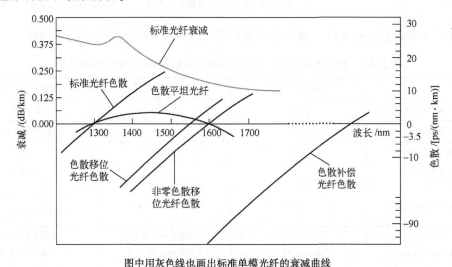

图中用灰色线也画出标准单模光纤的衰减曲线

图 2.4.2　标准光纤、色散移位光纤、非零色散移位光纤、色散平坦光纤和
色散补偿光纤的色散特性

2.5　光纤制造工艺

我们知道，光纤的纤芯折射率 n_1 比包层折射率 n_2 高。纤芯材料主要成分为 SiO_2，其余成分为极少量的掺杂剂（如 GeO_2 等），以提高纤芯的折射率。包层材料一般也为 SiO_2，作用是把光强限制在纤芯中，为了增强光纤的柔韧性、机械强度和耐老化特性，还在包层外增加一层涂覆层，其主要成分是环氧树脂和硅橡胶等高分子材料。

制造光纤时，需要先熔制出一根合适的玻璃棒，如图 2.5.1a 所示。为使光纤的纤芯折射率 n_1 比包层折射率 n_2 高，首先在制备纤芯玻璃棒时，要均匀地掺入少量比石英折射率高的材料（如锗）；接着在制备包层玻璃时，再均匀地掺入少量比石英折射率低的材料（如硼）。这就制成了拉制光纤的原始玻璃棒，通常把它叫作光纤预制棒。把预制棒放入高温（约 2 000 ℃）拉丝炉中加温软化，拉制成线径很细的玻璃丝，如图 2.5.1b 所示，同时在玻璃丝外增加一层高分子材料涂覆层，以便增强玻璃丝的柔韧性和机械强度。这种玻璃丝中的纤芯和包皮的厚度比例和折射率分布与预制棒材料的完全一样。这种只有约为 125 μm 粗细的玻璃丝就是通信用的光导纤维，简称为光纤。当然，为了使纤芯直径在拉制过程中保持一致，还需要对线径进行测量控制。

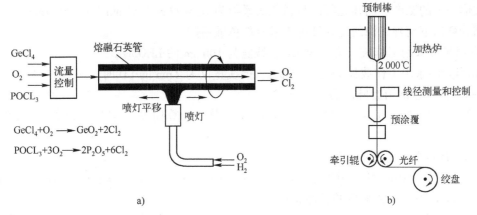

图 2.5.1 光纤预制棒制造和拉丝装置示意图

a) 预制棒制造原理图 b) 拉丝装置示意图

下一代光纤通信系统需要低损耗、大有效面积的光纤，以便增加中继距离，减小非线性影响，提高光信噪比。

2.6 复习思考题

2-1 简述光纤的结构。

2-2 根据光纤横截面上折射率的径向分布，光纤可以分为哪两类？

2-3 实用光纤分哪两类？

2-4 常用的单模光纤有哪些？

2-5 光波从折射率较大的介质以不同的入射角进入折射率较小的介质时，会出现哪三种不同的情况？

2-6 简述光纤的传光原理。

2-7 通常光纤用哪几个参数描述其特性？

2-8 光纤模式色散是如何产生的？

2.7 习题

2-1 mW 和 dBm 换算

一个 LED 的发射功率是 3 mW，如用 dBm 表示是多少？经过 20 dB 损耗的光纤传输后还有多少光功率？

2-2 光纤衰减

注入单模光纤的 LD 功率为 1 mW，在光纤输出端光探测器要求的最小光功率是 10 nW，在 1.3 μm 波段工作，光纤衰减系数是 0.4 dB/km，请问无需中继器的最大光纤长度是多少？

2-3 材料色散

光源波长谱宽 $\Delta\lambda$ 和色散 $\Delta\tau$ 指的是输出光强最大值一半的宽度，$\Delta\lambda_{1/2}$ 称为光源线宽，它是光强与波长关系曲线半最大值一半的宽度，$\Delta\tau_{1/2}$ 是光纤输出信号光强与时间关系曲线半最大值一半的宽度。已知光纤的材料色散系数为 $D_m = 22 \, ps \, km^{-1} nm^{-1}$（$1.55 \, \mu m$）。

请计算以下两种光源的硅光纤每千米材料色散系数：

① 当光源采用工作波长为 $1.55 \, \mu m$、线宽为 100 nm 的 LED 时。

② 当光源采用工作波长仍为 $1.55 \, \mu m$、但线宽仅为 2 nm 的 LD 时。

2-4　模式色散引起脉冲展宽

已知 $n_1 = 1.486$，$n_2 = 1.472$，仅考虑模式色散，计算阶跃折射率光纤每 1 km 的脉冲展宽。

2-5　计算单模光纤脉冲展宽

考虑波长 1 550 nm 处，用群速度色散 17 ps/（nm·km）的标准单模光纤传输 10 Gbit/s 的信号，计算经 100 km 传输后的脉冲展宽。

如果改用色散值为 3.5 ps/（nm·km）的色散移位单模光纤传输，脉冲展宽又是多少？

2-6　计算可传输归零脉冲信号的最大比特速率。

已知阶跃折射率光纤每 1 km 脉冲展宽为 46.6 ns，计算传输归零脉冲信号的最大比特速率。

第3章 光纤通信器件

在光纤通信系统中，除光缆外，还包括许多光无源器件和有源器件，光器件的性能直接影响着通信系统的质量和可靠性。本节先介绍光纤连接器、耦合器、光滤波器、波分复用/解复用器、光开关和光调制器等无源器件；接着介绍掺铒光纤放大器（EDFA）、光纤拉曼放大器和半导体光放大器（SOA）等有源器件。关于光分插复用器将在5.6.1节介绍。

3.1 光纤通信无源器件

3.1.1 光连接器

光连接器是把两个光纤端面结合在一起，以实现光纤与光纤之间可拆卸（活动）连接的器件，对这种器件的基本要求是使发射光纤输出的光能量最大限度地耦合进接收光纤。连接器是光纤通信中应用最广泛、最基本的光无源器件。连接器尾纤（即一端有活动连接器的光纤）用于和光源或检测器耦合，构成发射机或接收机的输出。连接器尾纤也可以用于光缆线路或各种光无源器件两端的接口。连接器跳线（两头都有光纤活动连接器的一小段光纤）用于终端设备和光缆线路及各种光无源器件之间的互连，以构成光纤传输系统。

对连接器要求主要是连接损耗（插入损耗）小、回波损耗大、多次插拔重复性好、互换性好、环境温度变化时性能保持稳定，并有足够的机械强度。因此，需要精密的机械和光学设计和加工装配，以保证两个光纤端面和角度达到高精度匹配，并保持适当的间隙。

连接器的基本结构包括接口零件、光纤插针和对中三部分。光纤插针的端面有平面、球面（PC）或斜面（APC）三种，如图3.1.1a所示。对中可以采用套管结构、双锥结构、V形槽结构或透镜耦合结构。光纤插针可以采用微孔结构、三棒结构或多层结构，因此连接器的结构是多种多样的。采用套管结构对中和微孔结构光纤插针固定效果最好，又适合大批量生产，因此得到了广泛的应用，如图3.1.1b所示。两插头与转接器的连接有FC型、SC型和ST型。FC表示用螺纹连接，SC表示轴向插拔矩形外壳结构，ST表示弹簧带键卡口结构。连接器的插头和插座结构如图3.1.1c所示。

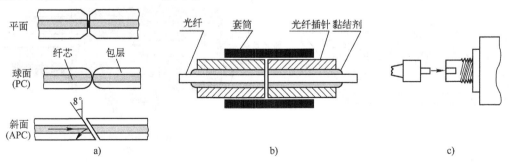

图3.1.1 常用连接器物理接触和插座

a）三种常见的物理接触 b）光纤插针与套筒连接示意图 c）连接器插头和插座

3.1.2 光耦合器

光耦合器的功能是把一个或多个光输入分配给多个或一个光输出。光耦合器对线路的影响是插入损耗，可能还有一定的反射和串音。选择光耦合器的主要依据是实际应用场合。有四种基本类型的光耦合器，它们是 T 形耦合器、星形耦合器、方向耦合器和波分耦合器，其基本结构如图 3.1.2 所示。

方向耦合器是构成光纤分配网络的基础，它是一种 2×2 光纤耦合器，如图 3.1.2c 所示。图中用箭头表示允许光纤功率通过的方向。2×2 光纤耦合器是一种与波长无关的方向耦合器，它是通过热熔拉伸把扭合在一起的两根光纤加工成双锥形状做成的耦合波导。

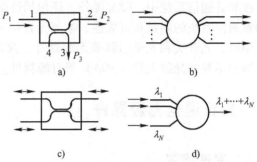

图 3.1.2　光耦合器的基本结构

a) T 形耦合器　b) 星形耦合器
c) 方向耦合器　d) 波分耦合器

图 3.1.2a 表示少用 1 个端口的 3 端口 2×2 方向耦合器，即变成 T 形耦合器，它的功能是把一根光纤输入的光功率分配给两根光纤。这种耦合器可以用做不同分光比的功率分路器。T 形耦合器可以是与波长无关的耦合器，也可以是与波长有关的耦合器，如图 3.1.3a 所示。为了描述该耦合器的特性，我们假定入射到端口 1 的功率为 P_1，根据所需要的分光比，把 P_1 功率在端口 2 和 3 之间分配。理想情况下，同侧输入的光功率不能耦合到同侧的端口（如端口 4，为此称其为隔离端口），所以这种耦合器称为方向耦合器。

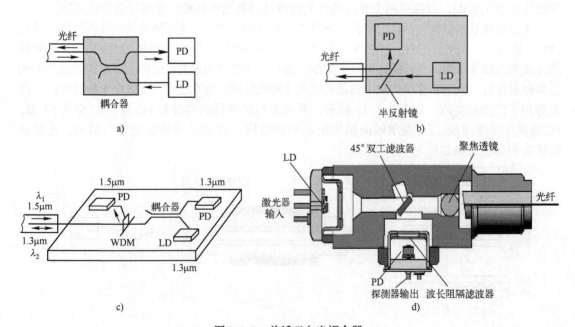

图 3.1.3　单纤双向光耦合器

a) 1×2 耦合器　b) 2×2 双向耦合器　c) 与波长有关的 WDM 耦合器　d) 实用 2×2 双向耦合器

3.1.3　光滤波器

电子滤波器是从包含多个频率分量的电子信号中提取出所需要频率的信号。与此类似，光滤波器是从包含多个波长的输入光信号中提取出所需要波长的信号。它是光通信系统，特别是 WDM 网络中非常重要的器件。人们可以把这种光滤波器放在光探测器的前端构成一个调谐接收机；也可把滤波器放在激光腔体内，构成波长可调光源。

光频滤波根据其机理可分为干涉（衍射）型和吸收型两类，每一类根据其实现的原理又可以分为若干种，根据其调谐的能力又可分为光频固定滤波器和可调谐滤波器。

可调谐光滤波器是一种波长（或频率）选择器件，它的功能是从许多不同频率的输入光信号中选择一个特定频率的光信号。图 3.1.4 给出可调谐光滤波器的基本功能，图中 Δf_s 为输入的最高频率信道和最低频率信道之间的频率差，Δf_{ch} 为信道间隔。如果调谐范围覆盖的 Δf_L 等于光纤整个 1.3 μm 或 1.5 μm 低损耗窗口，那么调谐范围应为 200 nm（25 000 GHz），实际系统的要求往往小于这个数值。$T(f)$ 为滤波器的传输函数。

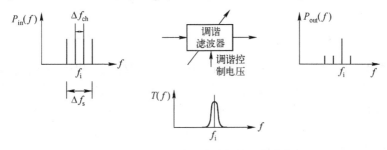

图 3.1.4　可调谐光滤波器的基本功能

在 WDM 系统中，每个接收机都必须选择所需要的信道。信道的选择可以采用相干检测或直接检测技术来实现。若采用相干检测，则要求有可调谐本地振荡器；若采用直接检测，则要求在接收机前放置可调谐光滤波器。

对可调谐滤波器的要求是：调谐范围宽，滤波器带宽必须足够大，以传输所选择信道的全部频谱成分，但又不能太大，以避免邻近信道的串扰。可调谐光滤波器还要求调谐范围宽（覆盖整个系统的波长复用范围），调谐速度快，插入损耗小，对偏振不敏感，另外还要求稳定性好，以免受环境温度、湿度和震动的影响，当然成本还要低。

通常使用的光滤波器有法布里-珀罗（F-P）滤波器、马赫-曾德尔（M-Z）干涉滤波器和光栅滤波器，近来出现的阵列波导光栅（AWG）滤波器也更受人们的关注。

光滤波器机理总与光的干涉密切相关，所以我们在解释它的工作原理前，首先介绍光的干涉。

1. 光的干涉

干涉就是两列波或多列波叠加时因为相位关系有时相互加强，有时相互削弱的一种波的基本现象。例如，在水池中相隔不远的两处同时投进一块石头，就会产生同样的水波，都向四周传播，仔细观察两列水波会合处的情景，即可发现其幅度时而因相长干涉增大，时而因相消干涉减小，如图 3.1.5 所示。这就是波的干涉现象，光作为一种电磁波也有这种现象。

在了解光波的干涉现象之前，让我们再回忆一个已知的力学问题：长 L 的一根弦线两端被夹住时所做的各种固有振动方式，如图3.1.6所示。
在振动弦线中，边界条件要求弦线两端各有一个节点，
也就是说，选择波长λ时一定要使

$$L=m\frac{\lambda}{2} \quad 或 \quad \lambda=\frac{2L}{m} \quad m=1,2,3,\cdots \quad (3.1.1)$$

或者说，由于波长λ要满足式（3.1.1）被整数化了。
弦线的波扰动可用驻波来描述，图3.1.6表示 $m=1,2,3$
这三种振动方式驻波的振幅函数曲线。

图3.1.5　水池中两列水波的干涉波纹

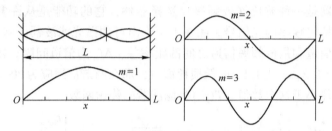

图3.1.6　一根长为 L 的绷紧弦线及其三种可能的振动方式

　　与机械谐振类似，电波也有谐振，收音机选台用的电感电容串联回路，就是电感充电和
电容放电交替进行，磁场能和电场能相互转换，此增彼减，往复运动维持的电谐振状态。

　　与机械谐振和电谐振一样，光也有谐振，光波在谐振腔内也存在相长干涉和相消干涉，
谐振时也可以通过谐振腔存储能量和选出所需波长的光波。光波通过双缝产生明亮相间的光
带也是一种典型的光波干涉现象（见文献［P］）。

　　基本的谐振腔是由置于自由空间的两块平行镜面 M_1 和 M_2 组成，如图3.1.7a所示。光
波在 M_1 和 M_2 间反射，导致这些波在空腔内相长干涉和相消干涉。从 M_1 反射的 A 光向右传
输，先后被 M_2 和 M_1 反射，也向右传输变成 B 光，它与 A 光的相位差是 $k(2L)$，式中 k 为波
矢量（见式（1.5.4））。如果 $k(2L)=2m\pi$（m 为整数），则 B 光和 A 光发生相长干涉，其结
果是在空腔内产生了一列稳定不变的电磁波，我们把它称为驻波。因为在镜面上（假如镀
金属膜）的电场必须为零，所以谐振腔的长度是半波长的整数倍，即

$$m\left(\frac{\lambda}{2}\right)=L, \quad m=1,2,3\cdots \quad (3.1.2)$$

　　由式（3.1.2）可知，不是任意一个波长都能在谐振腔内形成驻波，对于给定的 m，只
有满足式（3.1.2）的波长才能形成驻波，并记为 λ_m，称为腔模式，如图3.1.7b所示。因
为光频和波长的关系是 $v=c/\lambda$，所以对应这些模式的频率 v_m 是谐振腔的谐振频率，即

$$v_m=m\left(\frac{c}{2L}\right)=mv_f, \quad v_f=\frac{c}{2L} \quad (3.1.3)$$

式中，v_f 是基模（$m=1$）的频率，在所有模式中它的频率最低。两个相邻模式的频率间隔是
$v_m=v_{m+1}-v_m=v_f$，称为自由频谱范围（FSR）。图3.1.7c说明了谐振腔允许形成驻波模式的相对
强度与频率的关系。假如谐振腔没有损耗，即两个镜面对光全反射，那么式（3.1.3）定义的
频率 v_m 的峰值将很尖锐。如果镜面对光不是全反射，一些光将从谐振腔辐射出去，v_m 的峰值
就不尖锐，而具有一定的宽度。显然，这种简单的镀有反射镜面的光学谐振腔只有在特定的频
率内能够存储能量，这种谐振腔就叫作法布里-珀罗（Fabry-Perot）光学谐振器，它是由法国

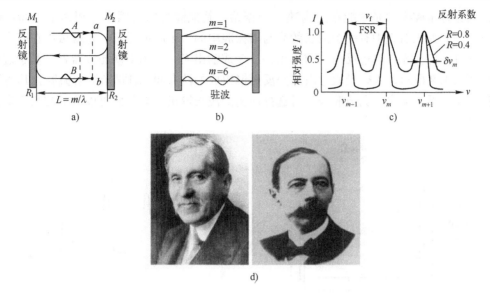

图 3.1.7 法布里-珀罗 (F-P) 谐振腔及其特性

a) 反射波干涉 b) 只有特定波长的驻波才能在谐振腔内存在 c) 不同反射系数的驻波电场强度和频率的关系
d) 法布里-珀罗谐振腔发明家法国物理学家法布里 (Fabry, 1867-1945 年) 和珀罗 (Perot, 1863-1925 年)

物理学家法布里 (Fabry, 1867-1945 年) 和珀罗 (Perot, 1863-1925 年) 发明的。

利用式 (1.5.4) 表示的光波在传输过程中两点间相位差的概念，可以得到图 3.1.7a 中反射波与入射波的相位差是 $kL = (2\pi/\lambda)L = m\pi$。谐振腔内的电场强度和频率的关系如图 3.1.7c 所示，其峰值位于波矢量 $k = k_m$ 处，k_m 是满足 $k_m L = m\pi$ 的 k 值，因 $k = 2\pi/\lambda$，所以由 $k_m L = m\pi$ 可以直接得出式 (3.1.2) 和式 (3.1.3)。

镜面反射系数 R 越小，意味着谐振腔的辐射损耗越大，从而影响到腔体内电场强度的分布。R 越小，峰值展宽越大，如图 3.1.7c 所示，该图也定义了法布里-珀罗谐振腔的频谱宽度 δv_m，它是单个腔模式曲线半最大值的全宽 (FWHM)，当 $R > 0.6$ 时，可用下面的简单表达式计算：

$$\delta v_m = \frac{v_f}{F}$$

$$F = \frac{\pi R^{1/2}}{1-R}$$

$$(3.1.4)$$

式中，F 称为谐振腔的精细度，它随着谐振腔损耗的减小而增加 (因 R 增加)。精细度越高，模式峰值越尖锐。精细度是模间隔 Δv_m 对频谱宽度 δv_m 的比。

2. 法布里-珀罗 (F-P) 滤波器

法布里-珀罗光学谐振腔已广泛应用于激光器、干涉滤波器和分光镜中。

基本法布里-珀罗 (F-P) 干涉仪 (见图 3.1.8) 是由两块平行镜面组成的谐振腔构成的，一块镜面固定，另一块可移动，以改变谐振腔的长度。镜面是经过精细加工并镀有金属反射膜或多层介质膜的玻璃板。

考虑一束光入射进法布里-珀罗谐振腔，如图 3.1.8 所示。谐振腔由部分反射和透射的两个相互平行的平板镜组成，因此入射光的一部分进入腔长为 L 的谐振腔。由式 (3.1.2)

可知，只有特定腔模的光才能在腔内建立起振荡，其他波长的光因产生相消干涉而不能存在。于是，假如入射光中有一个波长的光与谐振腔中的一个腔模对应，它就可以在腔内维持振荡，并有一部分光从右边反射镜透射出去，变成输出光。商用干涉滤波器就是基于这种原理，如图3.1.8所示。入射光通过由部分反射镜组成的法布里–珀罗光学谐振腔，其透射光可以作为滤波器的输出，调节腔长 L 可选择所需的波长输出，即我们可以调节腔长 L 来扫描不同的波长，从而实现调谐。

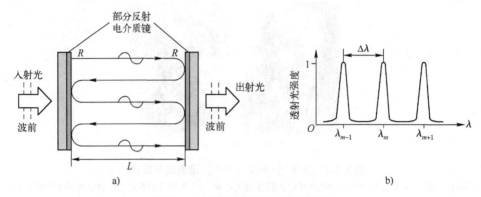

图3.1.8　商用干涉滤波器的原理
a) 由部分反射电介质镜组成的法布里–珀罗光学谐振腔　b) 透射光强度和波长的关系

以上的谐振腔腔体是空气，如果是介质（折射率为 n），那么要用 nk 代替 k，则 $kL = (2\pi/\lambda)L = m\pi$ 也可以使用。如果入射角不是法线入射，而是有一个入射角 θ，只要用 $k\cos\theta$ 代替 k 即可。

这种结构的干涉仪构成的滤波器体积大，使用不便。但光纤法布里–珀罗（F-P）干涉仪（见图3.1.9），光纤端面本身就充当两块平行的镜面。如果将光纤（即 F-P 的反射镜面）固定在压电陶瓷上，通过外加电压使压电陶瓷产生电致伸缩作用来改变谐振腔的长度，同样可以从复用信道中选取所需要的信道。这种结构可实现小型化。

3. 马赫–曾德尔（M-Z）滤波器

图3.1.10给出了马赫–曾德尔（Mach-Zehnder）干涉滤波器的示意图，它由两个3 dB耦合器串联组成一个马赫–曾德尔干涉仪，干涉仪的两臂长度不等，光程差为 ΔL。

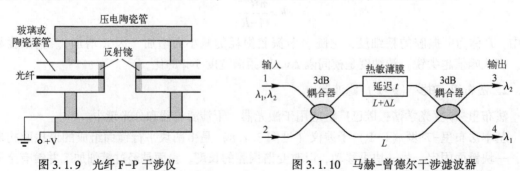

图3.1.9　光纤 F-P 干涉仪　　　　图3.1.10　马赫–曾德尔干涉滤波器

马赫–曾德尔干涉滤波器的原理是基于两个相干单色光经过不同的光程传输后的干涉理论。考虑两个波长 λ_1 和 λ_2 复用后的光信号由光纤送入马赫–曾德尔干涉滤波器的输入端1，两个波长的光功率经第一个 3 dB 耦合器均匀地分配到干涉仪的两臂上，由于两臂的长度差为 ΔL，所以经两臂传输后的光，在到达第二个 3 dB 耦合器时就产生相位差。由式（1.5.4）可知，该相位差是 $\Delta\phi = 2\pi f(\Delta L)n/c$，式中 n 是波导折射率指数，复合后每个波长的信号光在满足一定的相位条件下，在两个输出光纤中的一个相长干涉，而在另一个相消干涉。如果在输出端口 3，λ_2 满足相长条件，λ_1 满足相消条件，则输出 λ_2 光；如果在输出端口 4，λ_2 满足相消条件，λ_1 满足相长条件，则输出 λ_1 光。

表 3.1.1 给出了几种常用调谐滤波器的一般特性。

表 3.1.1　几种常用调谐滤波器的一般特性

类　　型	F-P 滤波器	介质薄膜滤波器	M-Z 滤波器	（AWG+SOA）滤波器
调谐范围/nm	60~500		10	10~12
3 dB 带宽/nm	0.5	1	0.01	0.5~0.68
信道数目	100 以上	40	100	15~64
调谐速度	1 μs	ms	1~10 ns	ns
插入损耗/dB	2~3	1.5	3~5	1.3
调谐方式	压电	不能调谐	热敏或电	SOA 通或断

3.1.4　波分复用/解复用器

波分复用器（WDM）的功能是把多个不同波长的发射机输出的光信号复合在一起，并注入一根光纤，如图 3.1.11a 所示。解复用器（DEMUX）的功能与波分复用器的正好相反，它是把一根光纤输出的多个波长的复合光信号，用解复用器还原成单个不同波长信号，并分配给不同的接收机，如图 3.1.11b 所示。由于光波具有互易性，改变传播方向，解复用器可以作为复用器，但解复用器要求有波长选择元件，而复用器则不需要这种元件。根据波长选择机理的不同，波分解复用器件可以分为无源和有源两种类型。无源波分解复用器件又可以分为棱镜型、光栅型和光滤波器型。

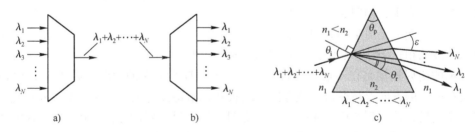

图 3.1.11　波分复用/解复用器
a）波分复用器　b）波分解复用器　c）棱镜型分解复用器

在图 3.1.11c 中，WDM 光是由各种单色光组成的复色光，并且 $\lambda_1 < \lambda_2 \cdots < \lambda_N$，$\lambda_1$ 光波长最短，λ_N 光波长最长。不同波长的光通过同一种介质时，因折射率 $n(\lambda)$ 与波长有关。各单色光的偏折角 $\sin\theta_r = \sin\theta_i/n$ 也不同。其中，λ_1 光在玻璃中的折射率在该 WDM 信号中最大，而 λ_N 光则最小。λ_1 光在玻璃中的折射角最小，而 λ_N 光则最大。所以，λ_1 光就位于解复用光谱的下端，λ_N 光位于光谱的上端。其他单色光，按波长的长短，依次排列在 λ_1 光和 λ_N 光之间。棱镜就是这样完成解复用的。

1. 衍射光栅解复用器

在解释衍射光栅解复用器的工作原理时，离不开光的衍射现象。为此，我们先来介绍光的衍射和衍射光栅。光的衍射和干涉是同一个物理现象，两者没有本质上的区别。

光的衍射是指直线传播的光实际上绕射到障碍物背后去的一种现象。这是波的一种共性，例如用防洪堤围成一个入口很窄的渔港，港外的水波会从入口处绕到堤内来传播，这种现象就是一种衍射现象。

波的一个重要特性是它的衍射效应，例如声波在传播过程中可以弯曲和偏转，光波也有类似的特性，一束光在遇到障碍物时也会弯曲传播，尽管这种弯曲很小。图 3.1.12a 表示准直光通过孔径为 a 的小孔时产生光的偏转，产生明暗相间的光强花纹，称为弥散（爱里）环，这种现象称为光的衍射，光强的分布图案称为衍射光斑。显然，衍射光束的光斑与光通过小孔时产生的几何阴影并不相符。

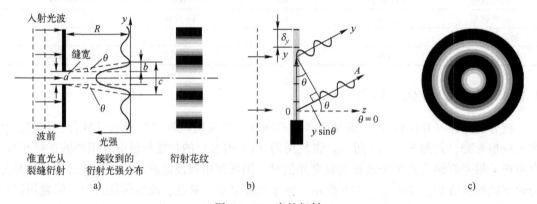

图 3.1.12　光的衍射

a) 裂缝衍射　b) 裂缝 a 可分成 N 个孔径为 δy 的点光源　c) 小孔衍射光斑

我们可以把裂缝宽度 a 划分成 N 个相干的光源，每个长 $\delta_y = a/N$，如果 N 足够大，就可把该光源看作点光源，如图 3.1.12b 所示。

小孔衍射的光斑是明暗相间的衍射花纹，如图 3.1.12c 所示。明亮区对应从裂缝上发出的所有球面波的相长干涉，黑暗区对应它们的相消干涉。

最简单的衍射光栅是在不透明材料上具有一排周期性分布的裂缝，如图 3.1.13a 所示。入射光波在一定的方向上被衍射，该方向与波长和光栅特性有关。图 3.1.13b 表示光通过有限数量的裂缝后，接收到的衍射光强分布。由图可见，沿一定的方向（θ）具有很强的衍射光束，根据它们出现位置的不同分别标记为零阶（中心）及其分布在其两侧的一阶和二阶等。假如光通过无限数量的裂缝，则衍射光波具有相同的强度。事实上，任何折射率的周期性变化，都可以作为衍射光栅。

我们假定入射光束是平行波，因此裂缝变成相干光源。并假定每个裂缝的宽度 a 比把裂缝分开的距离 d 更小，如图 3.1.13a 所示。从两个相邻裂缝以角度 θ 发射的光波间的路径差是 $d\sin\theta$。很显然，所有这些从一对相邻裂缝发射的光波相长干涉的条件是路径差 $d\sin\theta$ 一定是波长的整数倍，即

$$d\sin\theta = m\lambda \quad m = 0, \pm 1, \pm 2, \cdots \tag{3.1.5}$$

很显然，相消干涉的条件是路径差 $d\sin\theta$ 一定要等于半波长的整数倍，即

$$d\sin\theta = \left(m + \frac{1}{2}\right)\lambda \quad m = 0, \pm 1, \pm 2, \cdots$$

式（3.1.5）就是著名的衍射方程，也称为布拉格衍射条件，式中 m 值决定衍射的阶数，$m=0$ 对应零阶衍射，$m=\pm1$ 对应一阶。当 $a<d$ 时，衍射光束的幅度被单个裂缝的衍射幅度调制，如图 3.1.13b 所示。式（3.1.5）由澳大利亚生出的英国物理学家布拉格（Bragg，1890-1971 年）于 25 岁时发明，获得了诺贝尔奖。

由式（3.1.5）可见，不同波长的光对应不同长度的距离 d，因此，衍射光栅可以把不同波长的入射光分开，它已被广泛应用到光谱分析仪中。

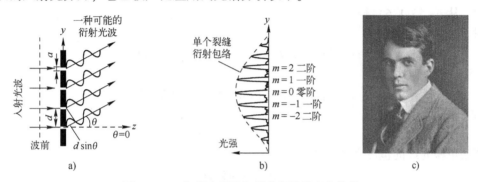

图 3.1.13　衍射光栅及衍射方程发明家布拉格

a) 有限裂缝衍射光栅　b) 接收到的衍射光强分布　c) 布拉格（1862-1942 年）

对于 $m=1$ 的一阶衍射

$$\sin\theta_i = \lambda_i / d \tag{3.1.6}$$

这就意味着每个波长在一定的角度出现最大值，如图 3.1.14a 所示。

图 3.1.14b 为反射光栅解复用器原理图。输入的多波长复合信号聚焦在反射光栅上，光栅对不同波长光的衍射角不一样，从而把复合信号分解为不同波长的分量，然后由透镜聚焦在每根输出光纤上。所以这种以角度分开波长的器件也叫作角色散器件。使用渐变折射率透镜可以简化装置，使器件相当紧凑，如图 3.1.14c 所示。如果用凹面光栅，可以省去聚焦透镜，并可集成在硅片波导上。波长数为 5～10 时的插入损耗为 2.5～3 dB，波长间隔 20～30 nm，串扰 25～30 dB。

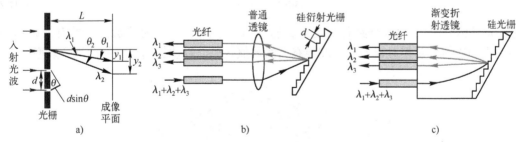

图 3.1.14　光栅型解复用器

a) 透射光栅　b) 普通透镜反射光栅　c) 渐变折射率透镜反射光栅

对式（3.1.5）微分，可以得到

$$\Delta\theta / \Delta\lambda = m / (d\cos\theta) \tag{3.1.7}$$

式中，$\Delta\theta$ 表示分开两个波长间距为 $\Delta\lambda$ 的光信号角度。将角度分开转变成距离分开，由图 3.1.14a 可知

$$y_i = L\tan\theta_i \tag{3.1.8}$$

例 3.1.1 光栅解复用器

(1) 如果光栅间距 $d = 5\,\mu m$，需要分开的波长是 1 540.56 nm 和 1 541.35 nm，请问要想把它们分开需要多大的角度？

(2) 使用相同的光栅，把它们分开时，透射衍射光栅和光纤端面间的距离 L 是多少？

解：这是 ITU-T 推荐的 DWDM 系统波长，我们可以近似认为波长间距为 0.8 nm。

(1) 从式 (3.1.6) 得到

对于 $\lambda_1 = 1\,540.56\,nm$

$$d = 5\,\mu m, \quad \theta_1 = \arcsin(\lambda_1/d) = 17.945°$$

对于 $\lambda_2 = 1\,541.35\,nm$

$$d = 5\,\mu m, \quad \theta_2 = \arcsin(\lambda_2/d) = 17.955°$$

(2) 由式 (3.1.8) 可得

$$L = (y_2 - y_1)/(\tan\theta_2 - \tan\theta_1)$$

如果普通单模光纤的包皮直径是 245 μm，相邻两根光纤的最小间距

$$y_2 - y_1 = 245\,\mu m$$

所以

$$L = (y_2 - y_1)/(\tan\theta_2 - \tan\theta_1) = 1.323\,m$$

显然用这么长的距离来制作 WDM 器件是不现实的，所以，通过本例说明必须采用透镜来缩短相邻两根光纤的最小间距。

2. 阵列波导光栅（AWG）复用/解复用器

另一种适合大规模集成、很有发展前途的制造单模光纤波分复用/解复用器的方法是平板阵列波导光栅（AWG）结构，如图 3.1.15 所示。这种器件由 N 个输入波导、N 个输出波导、两个具有相同结构的 $N \times N$ 平板波导星形耦合器以及一个平板阵列波导光栅组成。这种阵列波导光栅中的矩形波导尺寸约为 $6\,\mu m \times 6\,\mu m$，相邻波导间具有恒定的路径长度差 ΔL，其相邻波导间的相位差由式（1.5.4）决定，其值为

$$\Delta\phi = \frac{2\pi n_{\text{eff}} \Delta L}{\lambda} \tag{3.1.9}$$

式中，λ 是信号波长；ΔL 是路径长度差，通常为几十微米；n_{eff} 为信道波导的有效折射率，它与包层的折射率差相对较大，使波导有大的数值孔径，以便提高与光纤的耦合效率。

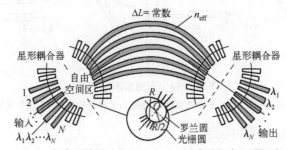

图 3.1.15 由阵列波导光栅（AWG）组成的解复用器/路由器

输入光从第一个星形耦合器输入，在输入平板波导区（即自由空间耦合区）模式场发散，把光功率几乎平均地分配到波导阵列输入端中的每一个波导，由阵列波导光栅的输入孔阑捕捉。由于阵列波导中的波导长度不等，由式（3.1.9）可知，不同波长的输入信号产生的相位延迟也不等。随后，光场在输出平板波导区衍射汇聚，不同波长的信号光经过干涉聚焦在像平面的不同位置，通过合理设计输出波导端口的位置，实现不同波长的信号就出现在不同的输出口。此处设计采用对称结构，根据互易性，同样也能实现复用（合波）的功能。

AWG 光栅工作原理是基于马赫-曾德尔干涉仪的原理，即多个相干单色光经过不同的光程传输后的干涉理论，所以输出端口与波长有一一对应的关系，也就是说，由不同波长组成的入射光束经阵列波导光栅传输后，依波长的不同就出现在不同的波导出口上。

在图 3.1.15 中，自由空间区两边的输入/输出波导的位置和弯曲阵列波导的位置满足罗兰圆（Rowland）和光栅圆规则，即输出波导的端口以等间距设置在半径为 R 的光栅圆周上，而输入波导的端口等间距设置在半径为 $R/2$ 的罗兰圆的圆周上。光栅圆周的圆心在中心输入/输出波导的端部，并使阵列波导的中心位于光栅圆与罗兰圆的切点处。

关于 AWG 的进一步介绍见文献 [2] 的 4.4.3 节。

3. 介质薄膜光滤波解复用器

介质薄膜光滤波解复用器由多层电介质镜组成，电介质镜由数层折射率交替变化的电介质材料组成，如图 3.1.16a 所示，并且 $n_1 < n_2$，每层的厚度为 $\lambda_L/4$，λ_L 是光在电介质层传输的波长，且 $\lambda_L = \lambda_o/n$，λ_o 是光在自由空间的波长，n 是光在该层传输的介质折射率。从界面上反射的光相长干涉，使反射光增强，如果层数足够多，波长为 λ_o 的反射系数接近 1。图 3.1.16b 表示典型的多层电介质镜反射系数与波长的关系。

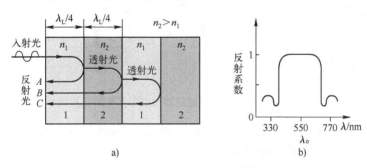

图 3.1.16　多层电介质镜工作原理
a）反射光相长干涉　b）反射系数与波长的关系

对于介质 1 传输的光在介质 1 和 2 的界面 1-2 反射的反射系数是 $r_{12} = (n_2 - n_1)/(n_1 + n_2)$，而且是正数，表明没有相位变化。对于介质 2 传输的光在介质 2 和 1 的界面 2-1 反射的反射系数是 $r_{21} = (n_1 - n_2)/(n_2 + n_1)$，其值是负数，表明相位变化了 π。于是通过电介质镜的反射系数的符号交替发生变化。考虑两个随机的光波 A 和 B 在两个前后相邻的界面上反射，由于在不同界面上反射，所以具有相位差 π。反射光 B 进入介质 1 时已经历了两个（$\lambda_L/4$）距离，即 $\lambda_L/2$，相位差又是 π。此时光波 A 和 B 的相位差已是 2π。于是光波 A 和 B 是同相，产生相长干涉。与此类似，我们也可以推导出光波 B 和 C 产生相长干涉。因此，所有从前后相邻的两个界面上反射的波都具有相长干涉的特性，经过几层这样的反射后，透射光强度将很小，而反射系数将达到1。电介质镜原理已广泛应用到垂直腔表面发射激光器中。

　　介质薄膜光滤波器解复用器利用光的干涉效应选择波长。可以将每层厚度为1/4波长，高、低折射率材料（例如 TiO_2 和 SiO_2）相间组成的多层介质薄膜，用作干涉滤波器，如图3.1.17a所示。在高折射率层反射光的相位不变，而在低折射率层反射光的相位改变180°。连续反射光在前表面相长干涉复合，在一定的波长范围内产生高能量的反射光束，在这一范围之外，则反射很小。这样通过多层介质膜的干涉，就使一些波长的光通过，而另一些波长的光透射。用多层介质膜可构成高通滤波器和低通滤波器。两层的折射率差应该足够大，以便获得陡峭的滤波器特性。用介质薄膜滤波器可构成WDM解复用器，如图3.1.17b和图3.1.18所示。

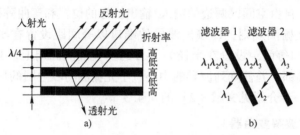

图3.1.17　用介质薄膜滤波器构成解复用器

a）介质薄膜滤波器　b）解复用器

图3.1.18表示用介质薄膜滤波器构成的几种解复用器。

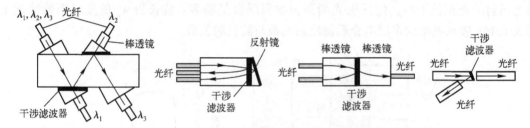

图3.1.18　用介质薄膜滤波器构成的几种解复用器

　　由介质薄膜滤波器构成的解复用器，其插入损耗：2波复用为1.5 dB，6波复用为2 dB，所以插入损耗很低，但是波长不能微调。

　　表3.1.2给出几种常用波分复用器的性能比较。

表3.1.2　几种常用波分复用器性能比较

器件类型	工作机理	特　点	通道间隔/nm	通　道　数	串扰/dB	插入损耗/dB	主　要　缺　点
棱镜	角色散	结构简单	20	>3	≤-30	5	自由度小
衍射光栅	干涉	结构简单	0.5~10	4~131	≤-30	3~6	温度敏感
介质薄膜	干涉	插入损耗低	1~100	2~6	≤-25	1.5~3	路数少，不能调
AWG	干涉	易集成，可重复	0.4, 0.8, 5	4, 8, 16, 64, 128	≤-35	3	温度敏感

3.1.5　光开关

　　我们知道，构成一个电交换系统最简单的方法是用电开关。每个电开关都可以在控制信号的控制下，使它的入线和出线接通或断开。用这样的一些电开关排成阵列，并在控制端加上控制信号, 就可以使有些开关接通, 有些开关断开, 相应的入线和出线就可以连接起来了, 如图 3.1.19a 所示。

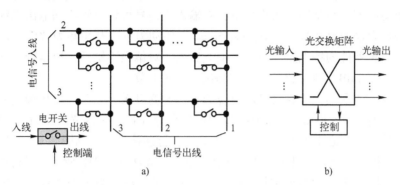

图 3.1.19 电交换系统和光交换系统

a) 电交换系统和电开关　b) 光交换系统组成

同样, 构成一个光交换系统最简单的方法是用光开关。与电开关不同的是, 光开关接通或断开的是光信号, 其功能是转换光路, 实现光信号的交换。对光开关的要求是插入损耗 (IL) 小、串音低、重复性高、开关速度快、回波损耗 (ORL) 小、消光比 (EXR) 大、寿命长、结构小型化和操作方便。

光开关可以分为两大类: 一类是利用电磁铁或步进电动机驱动光纤或透镜来实现光路转换的机械式光开关, 这类光开关技术比较成熟, 在插入损耗、消光比和偏振敏感性方面具有良好的性能, 也不受调制速率和方式的限制, 但开关时间较长 (几十毫秒到毫秒量级), 开关尺寸较大, 而且不易集成。而微机电系统 (MEMS) 光开关, 采用机械光开关的原理, 但又能像波导开关那样, 集成在单片硅基底上, 所以很有发展前途。另一类光开关是利用固体物理效应 (如电光、磁光、热光和声光效应) 的固体光开关, 其中电光式、磁光式光开关突出的优点是开关速度快 (毫秒到亚毫秒量级), 体积非常小, 而且易于大规模集成, 但其插入损耗、隔离度 (ISO)、消光比和偏振敏感性指标都比较差。

机械光开关有移动光纤式光开关、移动套管式光开关和移动透镜 (包括反射镜、棱镜和自聚焦透镜) 式光开关。图 3.1.20a 表示 1×N 移动光纤式机械光开关, 它用电磁铁驱动活动臂移动, 切换到不同的固定臂光纤。图 3.1.20b 表示 1×2 移动反射镜光开关。光开关有 1×1、1×N 和 M×N 等几种。

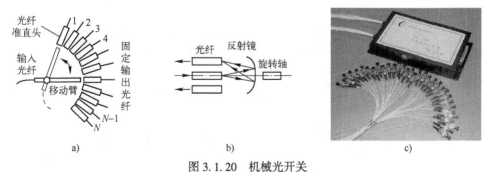

图 3.1.20 机械光开关

a) 1×N 移动光纤式机械光开关　b) 1×2 移动反射镜光开关　c) 1×N 多通道光开关

微机电系统（MEMS）构成的微机电光开关已成为 DWDM 网中大容量光交换技术的主流，它是一种在半导体衬底材料上，用传统的半导体工艺制造出可以前倾后仰、上下移动或旋转的微反射镜阵列。在驱动力的作用下，对输入光信号可切换到不同输出光纤的微机电系统。通常，微反射镜的尺寸只有 140 μm×150 μm，驱动力可以利用热力效应、磁力效应和静电效应产生。这种器件的特点是体积小、消光比大、对偏振不敏感、成本低，其开关速度适中，插入损耗小于 1 dB。消光比的定义和测试见 7.4.1 节。

图 3.1.21 表示一种可上下移动微反射镜的 MEMS 光开关，它有一个用镍制成的微反射镜（高 80 μm×宽 120 μm×厚 30 μm），装在用镍制成的悬臂（长 2 mm×宽 100 μm×厚 2 μm）末端。当悬臂升起来时，入射光可以直通过去，开关处于平行连接状态，如图 3.1.21a 所示；当悬臂放下时，入射光被反射出去，开关处于交叉连接状态，如图 3.1.21b 所示。平行连接状态转变到交叉连接状态是靠静电力将悬臂吸引到衬底上实现的，静电力由加在悬臂和衬底间的电压（30~40 V）产生。衬底上有一个宽约 50 μm 的沟渠，以便让悬臂上的微反射镜插入。

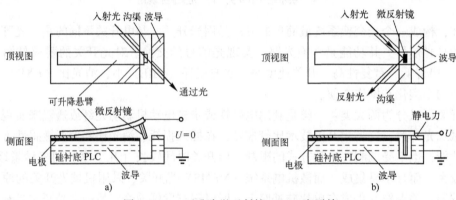

图 3.1.21　可升降微反射镜 MEMS 光开关
a）平行连接状态　b）交叉连接状态

3.1.6　光调制器

调制有直接调制和外调制两种方式。前者是信号直接调制光源的输出光强，后者是信号通过外调制器对连续输出光进行调制。直接调制是激光器的注入电流直接随承载信息的信号而变化，如图 3.1.22a 所示，但是用直接调制来实现调幅（AM）和幅移键控（ASK）时，

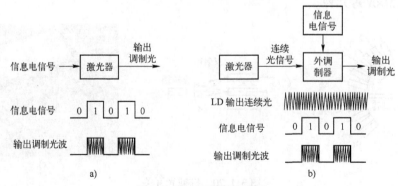

图 3.1.22　调制方式比较
a）直接调制　b）外调制

注入电流的变化要非常大，并会引入不希望有的线性调频（啁啾）。

在直接检测接收机中，光检测之前没有光滤波器，在低速系统中，较大的瞬时线性调频影响还可以接受；但是在高速系统、相干系统或用非相干接收的波分复用系统中，激光器可能出现的线性调频使输出线宽增大，使色散引入脉冲展宽较大，信道能量损失，并产生对邻近信道的串扰，从而成为系统设计的主要限制。

如果把激光的产生和调制过程分开，就完全可以避免这些有害影响。外调制方式是让激光器连续工作，把外调制器放在激光器输出端之后，如图 3.1.22b 所示，用承载信息的信号通过调制器对激光器的连续输出进行调制。只要调制器的反射足够小，激光器的线宽就不会增加。为此，通常要插入光隔离器，最有用的调制器是电光调制器和电吸收调制器，本节将对利用电光效应制成的马赫−曾德尔强度调制器进行介绍。

最常用的强度调制器是在 $LiNbO_3$ 晶体表面用钛扩散波导构成的马赫−曾德尔（M−Z）干涉型调制器，如图 3.1.23 所示。使用两个频率相同但相位不同的偏振光波，进行干涉的干涉仪，外加电压引入相位的变化可以转换为强度的变化。在图 3.1.23a 表示的由两个 Y 形波导构成的结构中，在理想的情况下，输入光功率在 C 点平均分配到两个分支传输，在输出端 D 干涉，所以该结构起到了干涉仪的作用，其输出强度与两个分支光通道的相位差有关。两个理想的背对背相位调制器，在外电场的作用下，能够改变两个分支中待调制传输光的相位。由于加在两个分支中的电场方向相反，如图 3.1.23a 的右上方的截面图所示，所以在两个分支中的折射率和相位变化也相反，例如若在 A 分支中引入 $\pi/2$ 的相位变化，那么在 B 分支则引入 $-\pi/2$ 相位的变化，因此 A、B 分支将引入相位 π 的变化。假如输入光功率在 C 点平均分配到两个分支传输，其幅度为 E，在输出端 D 的光场为

$$E_{output} \propto E\cos(\omega t+\phi)+E\cos(\omega t-\phi)=2E\cos\phi\cos(\omega t) \qquad (3.1.10)$$

输出功率与 E_{output}^2 成正比，所以由式（3.1.10）可知，当 $\phi=0$ 或 π 时，输出功率最大；当 $\phi=\pi/2$ 时，两个分支中的光场相互抵消干涉，使输出功率最小，在理想的情况下为零。于是

$$\frac{P_{out}(\phi)}{P_{out}(0)}=\cos^2\phi \qquad (3.1.11)$$

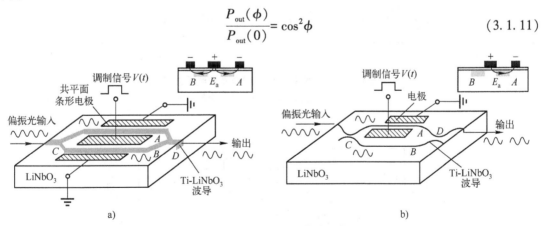

图 3.1.23　马赫−曾德尔强度调制器

a）调制电压施加在两臂上　　b）调制电压施加在单臂上

由于外加电场控制着两个分支中干涉波的相位差，所以外加电场也控制着输出光的强度，虽然它们并不呈线性关系。

在图3.1.23b表示的强度调制器中，在外调制电压为零时，马赫-曾德尔干涉仪A、B两臂的电场表现出完全相同的相位变化；但当加上外电压后，电压引起A波导折射率变化，从而破坏了该干涉仪的相长特性，因此在A臂上引起了附加相移，结果使输出光的强度减小。作为一个特例，当两臂间的相位差等于π时，在D点出现了相消干涉，输入光强为零；当两臂的光程差为0或2π的倍数时，干涉仪相长干涉，输出光强最大。当调制电压引起A、B两臂的相位差在0～π时，输出光强将随调制电压而变化。由此可见，加到调制器上的电比特流在调制器的输出端产生了波形相同的光比特流复制。

有关MZ强度调制器传输特性和应用见文献〔1〕中的6.3.1节和6.3.7节。

3.2　光纤通信有源器件——光放大器

3.2.1　光放大器概述

任何光纤通信系统的传输距离都受光纤损耗或色散限制，因此，传统的长途光纤传输系统需要每隔一定的距离就增加一个再生中继器，以保证信号的质量。这种再生中继器的基本功能是进行光/电/光转换，并在光信号转换为电信号时进行整形、再生和定时处理，恢复信号形状和幅度，然后再转换回光信号，沿光纤线路继续传输，如图3.2.1a所示。这种方式有许多缺点。首先，通信设备复杂，系统的稳定性和可靠性不高，特别是在波分复用（WDM）通信系统中更为突出，因为每个信道均需要进行波分解复用，然后进行光/电/光转换，经波分复用后再送回光纤信道传输，如图3.2.2所示，所需设备更复杂，费用更昂贵；其次，传输容量受到一定的限制。

光放大中继器的作用是在光路上对光信号进行直接放大，然后再传输，即用一个全光传输中继器代替目前的这种光/电/光再生中继器，如图3.2.1b所示。

图3.2.1　光/电/光中继系统和全光中继系统的比较

a）光/电/光中继系统　b）全光中继系统

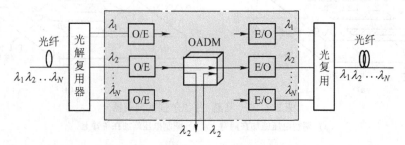

图3.2.2　中间含有光分插复用（OADM）器的光/电/光点对点

波分复用（WDM）系统结构

科学家们已经发明了几种光放大器，其中掺铒光纤放大器（EDFA）、分布光纤拉曼放大器（DRA）和半导体光放大器（SOA）技术已经成熟，众多公司已有商品出售。共掺磷和铒的放大器（P-EDFA）可使 WDM 系统的带宽扩展到长波段（L 波段）。

光放大器增益 G（有时也称放大倍数）为

$$G = P_{out}/P_{in} \tag{3.2.1}$$

式中，P_{in} 和 P_{out} 分别是正在放大的连续波（CW）信号的输入和输出功率。

由于自发辐射噪声在信号放大期间叠加到了信号上，所以对于所有的放大器，信号放大后的信噪比（SNR）均有所下降。与电子放大器类似，用光放大器噪声指数 F_n 来量度 SNR 下降的程度，并定义为

$$F_n = \frac{(SNR)_{in}}{(SNR)_{out}} \tag{3.2.2}$$

式中，SNR 指的是由光探测器将光信号转变成电信号的信噪比；$(SNR)_{in}$ 表示光放大前的光电流信噪比；$(SNR)_{out}$ 表示放大后的光电流信噪比。通常，F_n 与探测器的参数，如散粒噪声和热噪声有关，对于性能仅受限于散粒噪声的理想探测器，同时考虑到放大器增益 $G \gg 1$，就可以得到 F_n 的简单表达式

$$F_n = 2n_{sp}(G-1)/G \approx 2n_{sp} \tag{3.2.3}$$

式中，n_{sp} 为自发辐射系数或粒子数反转系数。

该式表明，即使对于理想的放大器（$n_{sp} = 1$），放大后信号的 SNR 也要比输入信号的 SNR 低 3 dB；对于大多数实际的放大器，F_n 超过 3 dB，可能降低到 5～8 dB。在光通信系统中，光放大器应该具有尽可能低的 F_n。

例 3.2.1　光放大器噪声指数计算

假如输入信号功率为 300 μW，在 1 nm 带宽内的输入噪声功率是 30 nW，输出信号功率是 60 mW，在 1 nm 带宽内的输出噪声功率增大到 20 μW，计算光放大器的噪声指数。

解：光放大器的输入信噪比为 $(SNR)_{in} = 300 \times 1000/30$，输出信噪比为 $(SNR)_{out} = 60 \times 1000/20$，所以噪声指数为

$$F_n = \frac{(SNR)_{in}}{(SNR)_{out}} = \frac{10 \times 10^3}{3 \times 10^3} = 3.33 \text{ 或 } 5.2 \text{ dB}$$

从该例中我们得到一个重要的概念：光放大器使输出信噪比下降了，但是同时也使输出功率增加了，所以我们可以容忍输出 SNR 的下降。

本节介绍掺铒光纤放大器（EDFA）、光纤拉曼放大器和半导体光放大器（SOA）。

3.2.2　掺铒光纤放大器（EDFA）的构成

使用铒离子作为增益介质的光纤放大器称为掺铒光纤放大器（EDFA）。铒离子在光纤制作过程中被掺入光纤芯中，使用泵浦光直接对光信号放大，提供光增益。这种放大器的特性（如工作波长、带宽）由掺杂剂所决定。掺铒光纤放大器因为工作波长在靠近光纤损耗最小的 1.55 μm 波长区，比其他光放大器更引人注意。

图 3.2.3a 为一个实用光纤放大器的构成框图。光纤放大器的关键部件是掺铒光纤和高功率泵浦源，作为信号和泵浦光复用的波分复用器（WDM），以及为了防止光反馈和减小系统噪声在输入和输出端使用的光隔离器。图 3.2.3b 为 980 nm 大功率输出泵浦激光器。

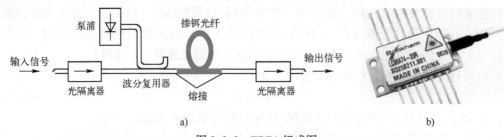

图 3.2.3　EDFA 组成图

a) EDFA 组成图　b) 980 nm 大功率输出泵浦激光器

3.2.3　EDFA 的工作原理及其特性

1. 泵浦特性

EDFA 的增益特性与泵浦方式与光纤掺杂剂（如锗和铝）有关。图 3.2.4a 为硅光纤中铒离子的能级图。可使用多种不同波长的光来泵浦 EDFA，但是 0.98 μm 和 1.48 μm 的半导体激光泵浦最有效。使用这两种波长的光泵浦 EDFA 时，只用几毫瓦的泵浦功率就可获得高达 30~40 dB 的放大器增益。

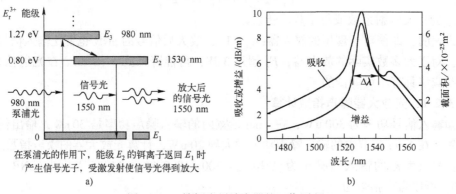

图 3.2.4　掺铒光纤放大器的工作原理

a) 光纤中铒离子的能级图　b) EDFA 的吸收和增益光谱

现在我们具体说明泵浦光是如何将能量转移给信号的。若掺铒离子的能级图用三能级表示，如图 3.2.4a 所示，其中能级 E_1 代表基态，能量最低，能级 E_2 代表中间能级，能级 E_3 代表激发态，能量最高。若泵浦光的光子能量等于能级 E_3 与 E_1 之差，掺杂离子吸收泵浦光后，从基态 E_1 升至激活态 E_3。但是激活态是不稳定的，激发到激活态能级 E_3 的铒离子很快返回到能级 E_2。若信号光的光子能量等于能级 E_2 和 E_1 之差，则当处于能级 E_2 的铒离子返回基态 E_1 时就产生信号光子，这就是受激发射，使信号光放大、获得增益。图 3.2.4b 表示 EDFA 的吸收和增益光谱。为了提高放大器的增益，应尽可能使基态铒离子激发到能级 E_3。从以上分析可知，能级 E_2 和 E_1 之差必须是相当于需要放大信号光的光子能量，而泵浦光的光子能量也必须保证使铒离子从基态 E_1 跃迁到激活态 E_3。

图 3.2.5 为输出信号功率与泵浦功率的关系，由图可见，能量从泵浦光转换成信号光的效率很高，因此 EDFA 很适合作为功率放大器。泵浦光功率转换为输出信号光功率的效率为 92.6%，60 mW 功率泵浦时，吸收效率[（信号输出功率−信号输入功率)/泵浦功率]为 88%。

图 3.2.6 为小信号输入时，实际掺铒光纤增益和泵浦功率的关系，1.48 μm 泵浦时的增益系数是 6.3 dB/mW。

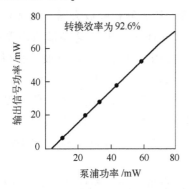

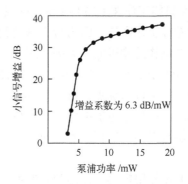

图 3.2.5　输出信号功率与泵浦功率的关系　　　　图 3.2.6　小信号增益与泵浦功率的关系

例 3.2.2　EDFA 增益

铒光纤的输入光功率是 300 μW，输出功率是 60 mW，EDFA 的增益是多少？假如放大自发辐射噪声功率是 $P_{ASE} = 30\ \mu W$，EDFA 的增益又是多少？

解：由式（3.2.1）可知，EDFA 增益

$$G = P_{out}/P_{in} = 60 \times 10^3/300 = 200$$

或

$$G_{dB} = 10 \lg(P_{out}/P_{in}) = 23\ dB$$

当考虑放大自发辐射噪声功率时，EDFA 增益为

$$G_{dB} = 10 \lg\left[(P_{out} - P_{ASE})/P_{in}\right] = 23\ dB$$

请注意，以上结果是单个波长光的增益，不是整个 EDFA 带宽内的增益。

2. 增益频谱

EDFA 的增益频谱曲线形状取决于光纤芯内掺杂剂的浓度。图 3.2.4b 为纤芯掺锗的 EDFA 的增益频谱和吸收频谱。从图中可知，掺铒光纤放大器的带宽［曲线半最大值带宽（FWHM）］大于 10 nm。

图 3.2.7 和图 3.2.8 分别表示将铝与锗同时掺入铒光纤的小信号增益频谱和大信号增益频谱特性，与图 3.2.4b 比较可见，将铝与锗同时掺入铒光纤可获得比纯掺锗更平坦的增益频谱。

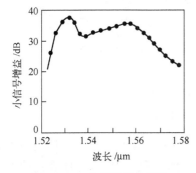

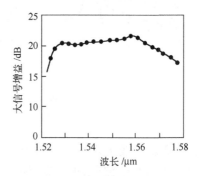

图 3.2.7　小信号增益频谱　　　　　　　　图 3.2.8　大信号增益频谱

3.2.4　光纤拉曼放大器

EDFA 只能工作在 1 530~1 564 nm 之间的 C 波段，而光纤拉曼放大器（FRA）则可以工作在全波光纤工作窗口。因为分布式光纤拉曼放大器（DRA）的增益频谱只由泵浦波长决定，而与掺杂物的能级电平无关，所以只要泵浦波长适当，就可以在任意波长获得信号光的增益。正是由于 DRA 在光纤全波段放大的这一特性，以及可利用传输光纤做在线放大实现光路的无损耗传输的优点，自 1999 年在 DWDM 系统上获得成功应用以来，就立刻再次受到人们的关注。如果用色散补偿光纤作放大介质构成拉曼放大器，那么光传输路径的色散补偿和损耗补偿可以同时实现。光纤拉曼放大器已成功地应用于 DWDM 系统和无中继海底光缆系统中。

与 EDFA 利用掺铒光纤作为它的增益介质不同，分布式光纤拉曼放大器（DRA）利用系统中的传输光纤作为它的增益介质。研究发现，石英光纤具有很宽的受激拉曼散射（SRS）增益谱。光纤拉曼放大器（FRA）基于非线性光学效应的原理，利用强泵浦光束通过光纤传输时产生受激拉曼散射，使组成光纤的石英晶格振动和泵浦光之间发生相互作用，产生比泵浦光波长 ω_P 还的散射光（斯托克斯光 $\omega_P-\Omega_R$），这里 Ω_R 是硅分子振动能级，$\Omega_R=\omega_P-\omega_s$，称为斯托克斯频差。该散射光与待放大的信号光频谱（$\omega_s=\omega_P-\Omega_R$）重叠，从而使弱信号光放大，获得拉曼增益，如图 3.2.9 所示。就石英玻璃而言，泵浦光波长与待放大信号光波长之间的频率差大约为 13 THz，在 1.5 μm 波段，它相当于约 100 nm 的波长差，即有 100 nm 的增益带宽。

采用拉曼放大时，放大波段只依赖于泵浦光的波长，没有像 EDFA 那样的放大波段的限制。从原理上讲，只要采用合适的泵浦光波长，就完全可以对任意输入光进行放大。

图 3.2.9 为采用前向泵浦的分布式光纤拉曼放大器的构成。分布式光纤拉曼放大器（DRA）采用强泵浦光对传输光纤进行泵浦，可以采用前向泵浦，也可以采用后向泵浦，因后向泵浦减小了泵浦光和信号光相互作用的长度，从而也就减小了泵浦噪声对信号光的影响，所以通常采用后向泵浦，如图 3.2.10a 所示。

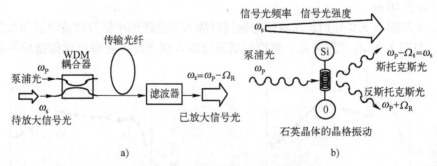

图 3.2.9　分布式光纤拉曼放大器

注：强泵浦光经光纤传输时产生受激拉曼散射使泵浦光的能量转移到信号光上

为了使增益曲线平坦，可以改变泵浦光的波长，或者采用多个不同波长的泵浦光。图 3.2.10b 表示 5 个波长的光泵浦的增益曲线，由图可见，其合成的增益曲线要平坦得多。

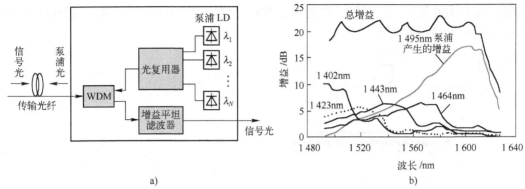

a)　　　　　　　　　　　　　　　　b)

图 3.2.10　为获得平坦的光增益采用多个波长泵浦

a）后向泵浦分布式拉曼放大器　b）拉曼总增益是各泵浦波长光产生的增益之和

3.2.5　半导体光放大器（SOA）

半导体光放大器（SOA）通过受激发射，使入射光信号放大，其机理与激光器相同。光放大器只是一个没有反馈的激光器，其核心是当放大器被光或电泵浦时，使粒子数反转获得光增益，如图 3.2.11a 所示。

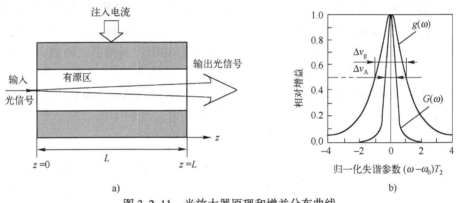

a)　　　　　　　　　　　　　　　　b)

图 3.2.11　光放大器原理和增益分布曲线

a）行波半导体光放大器　b）光放大器增益分布曲线 $g(\omega)$ 和相应的放大器增益频谱曲线 $G(\omega)$

但是，半导体激光器在解理面存在反射（反射系数 R 约为 32%），具有相当大的反馈。当偏流低于阈值时，半导体激光器可作为放大器使用，但是必须考虑在法布里-珀罗（F-P）腔体界面上的多次反射。这种放大器就称为 F-P 放大器。

当 $R_1 = R_2$，并考虑到 $\omega = \omega_m$ 时，使用 F-P 干涉理论可以求得 F-P 光放大器的放大倍数 $G_{\mathrm{FPA}}(\omega)$ 为

$$G_{\mathrm{FPA}}^{\max}(\omega) = \frac{(1-R)^2 G(\omega)}{[1-RG(\omega)]^2} \tag{3.2.4}$$

式中，$G(\omega)$ 是半导体激光器偏流低于阈值时的半导体放大器增益（与频率 ω 有关），当入射光信号的频率 ω 与腔体谐振频率中的一个 ω_0 相等时，归一化失谐参数 $(\omega - \omega_0)T_2 = 0$，由图 3.2.11b 和图 3.2.12b 可见，增益 $g(\omega)$ 就达到峰值，当 ω 偏离 ω_0 时，$g(\omega)$ 下降得很快，如图 3.2.12b 所示。由图可见，当半导体解理面与空气的反射系数 $R = 0.3$ 时，F-P 放大器

在谐振频率处的峰值最大；反射系数越小，增益也越小；当 $R=0$ 时，就变为行波放大器，其增益频谱特性是高斯曲线。

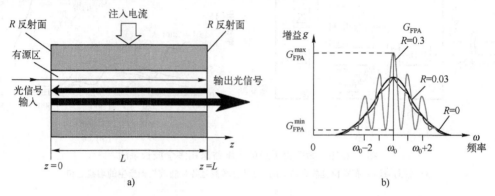

图 3.2.12　法布里-珀罗（F-P）半导体光放大器（SOA）

a）SOA 的结构和原理图　b）SOA 不同反射系数的增益频谱曲线

由以上的讨论我们知道，增大提供光反馈的 F-P 谐振腔的反射系数 R，可以显著地增加 SOA 的增益，反射系数 R 越大，在谐振频率处的增益也越大。但是，当 R 超过一定值后，光放大器将变为激光器。当 $GR=1$ 时，式（3.2.4）将变为无限大，此时 SOA 产生激光发射。

减小 LD 解理面反射反馈，使 $\sqrt{R_1 R_2} < 0.17 \times 10^{-4}$，就可以制出行波半导体光放大器（SOA）。使条状有源区与正常的解理面倾斜或在有源层端面和解理面之间插入透明窗口区，如图 3.2.13 所示，就可以减小 LD 解理面的反射反馈。在图 3.2.13b 的输出透明窗口区，光束在到达半导体和空气界面前，在该窗口区已发散，经界面反射的光束进一步发散，只有极小部分光耦合进薄的有源层。当与抗反射膜一起使用时，反射系数可以小至 10^{-4}，从而使 LD 变为 SOA。

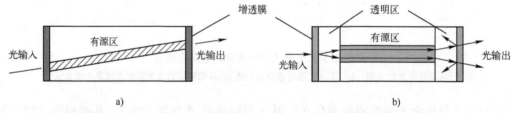

图 3.2.13　减小反射使 LD 近似变为行波（TW）半导体光放大器（SOA）

a）条状有源区与解理面成倾斜结构　b）窗口解理面结构

例 3.2.3　F-P 半导体光放大器增益

如果 F-P 半导体光放大器解理面的反射系数为 $R=0.32$，估计它的增益是多少。

解：在 $RG<1$ 前 F-P 是一个放大器，此时 $G<1/R$，因为 $R \leq 0.32$，所以 G 必须小于 3。假定 $G=2$，由式（3.2.4）得到 $G_{FPA}=7.1$，即 8.5 dB。如果 $G=3$，$G_{FPA}=867$，即 29.4 dB。由此可见，改变 G 就可以得到不同大小的 F-P 光放大器增益。

3.2.6　光放大器应用

在光纤通信系统的设计中，光放大器通常有四种用途，如图 3.2.14 所示。在长距离通信系统中，光放大器的一个重要应用就是取代电中继器。只要系统性能没被色散效应和自发辐射噪声所限制，这种取代就是可行的。在多信道光波系统中，使用光放大器特别具有吸引力，因为光/电/光中继器要求在每个信道上使用各自的接收机和发射机，对复用信道进行解复用，这是一个相当昂贵、麻烦的转换过程。而光放大器可以同时放大所有的信道，可省去信道解复用过程。用光放大器取代光/电/光中继器就称为在线放大器。

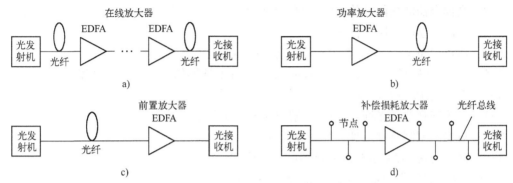

图 3.2.14　光放大器在光纤通信系统中的四种用途

a）在线放大器　b）光发射机功率增强器　c）接收机前置放大器　d）在局域网中用于补偿分配损耗

光放大器的另一种应用是把它插在光发射机之后，来增强光发射机功率，称这样的放大器为功率放大器或功率增强器。使用功率放大器可使传输距离增加 10~100 km，其长短与放大器的增益和光纤损耗有关。为了提高接收机的灵敏度，也可以在接收机之前，插入一个光放大器，对微弱光信号进行预放大，这样的放大器称为前置放大器，它也可以用来增加传输距离。光放大器的另一种应用是用来补偿局域网（LAN）的分配损耗，分配损耗常常限制网络的节点数，特别是在总线拓扑结构的情况下。

表 3.2.1 给出了三种常用光放大器的工作原理、性能指标和特点比较。

表 3.2.1　光放大器性能比较

放大器特性	掺铒光纤放大器（EDFA）	半导体光放大器（SOA）	光纤拉曼放大器（FRA）
激活介质	硅中的铒离子	半导体中的电子–空穴对	传输光纤受激拉曼散射
工作原理	铒离子吸收泵浦光跃迁到高能级，返回低能级发出信号光子	减小 F–P 腔界面反射系数到 10^{-4} 以下，泵浦电流可使 LD 变为 SOA	泵浦光通过受激拉曼散射把能量转移到较长的信号光波长
典型长度	几米	500~1 000 μm	传输光纤长度
泵浦方式	光学泵浦	电流泵浦	光学泵浦
增益谱/nm	1 530~1 565（C 波段）	1 300~1 500	全波段（S、C、L 波段）
增益带宽/nm	25~35	75	56~64（单泵浦 7~8 THz）
弛豫时间	0.1~1 ms	<10~100 ps	
最大增益/dB	30~50	25~30	20~40
饱和功率/dBm	>10	9~14	20
偏振特性	不敏感	敏感	不敏感
噪声指数/dB	5~7	6~9	4.2
插入损耗/dB	<1	4~6	/
耦合方式	熔接或活动连接器	防反射镀膜的光纤–波导耦合	熔接或活动连接器
光电子集成	不能	可与 LD、电光调制器集成	不能

3.3 复习思考题

3-1 连接器和跳线的作用是什么？接头的作用又是什么？

3-2 光耦合器的功能是什么？有哪几种结构？

3-3 光滤波器的作用是什么？

3-4 简述法布里–珀罗（F-P）滤波器的构成和工作原理。

3-5 简述马赫–曾德尔（Mach-Zehnder）干涉滤波器的构成和工作原理。

3-6 波分复用/解复用器的作用是什么？

3-7 简述阵列波导光栅（AWG）解复用器的工作原理。

3-8 对光的调制有哪两种？简述它们的区别。

3-9 简述马赫–曾德尔幅度调制器的工作原理。

3-10 光开关的作用是什么？主要分为哪两类？

3-11 光放大中继器的作用是什么？

3-12 简述 EDFA 的构成、工作原理和特性。

3-13 简述光纤拉曼放大器的工作原理和特性。

3-14 什么是半导体光放大器（SOA）？如何使激光器（LD）变成光放大器（SOA）？

3.4 习题

3-1 光栅解复用器

如果光栅间距 $d = 5\ \mu m$，需要分开的波长是 1 540.56 nm 和 1 541.35 nm，请问要想把它们分开需要多大的角度？

3-2 AWG 光程差和相位差计算

一个阵列波导光栅包括 M 个石英波导，其相邻波导光程差是 ΔL，在自由空间波长 1 550 nm 处相邻波导间的相位差是 $\pi/8$。计算其长度差。由 ΔL 值计算自由空间波长分别为 1 548 nm、1 549 nm、1 550 nm、1 551 nm 和 1 552 nm 时的相位差。

3-3 EDFA 增益

铒光纤的输入光功率是 200 μW，输出功率是 50 mW，EDFA 的增益是多少？

3-4 F-P 半导体光放大器增益

如果 F-P 半导体光放大器解理面的反射系数为 $R = 0.28$，估计它的增益是多少，如果 $R = 0.001$，它的增益又是多少？

3-5 计算光放大器的噪声指数

假如输入信号功率为 400 μW，在 1 nm 带宽内的输入噪声功率是 35 nW，输出信号功率是 70 mW，在 1 nm 带宽内的输出噪声功率增大到 25 μW，计算光放大器的噪声指数。

第4章 光发射和接收

4.1 激光器和光发射机

在光纤通信网络中，将电信号转变为光信号是由光发射机来完成的。光发射机的关键器件是光源。本节介绍发光器件的发光机理、器件种类和高速光发射机。

一提到光，人们会立刻联想到太阳光和电灯光。光是一种电磁波，太阳光和电灯光可以看作是波长在可见光范围内的电磁波的混合体，自然中的各种光源如图4.1.1所示。与此相反，光纤通信使用的激光器发出的光则是单色光，具有极窄的光谱宽度。点光源是只有几何位置而没有大小的光源。在自然界，理想的点光源是不存在的，但是对于均匀发光的小球体，如果它本身的大小和它到观察点的距离相比小得多，我们就可以近似地把它看作点光源。来自遥远星球并经单色滤光片分出来的光，以及现在所讲的激光器发出的光，其空间相干性都非常好，可认为是近似于从点光源发出的光，如图4.1.1c所示。由于非相干光是不同方向的波面的叠加，所以散发到各个方向的光不能聚焦成一点，而是成了光源的实像。

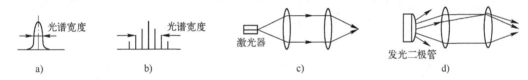

图4.1.1 各种光源比较

a) 近乎单色的光源 b) 含有多个波长的光源 c) 近乎点光源的光源 d) 空间相干性差的光源

光纤通信中最常用的光源是半导体激光器（LD），尤其是单纵模（或单频）半导体激光器，在高速率、大容量的数字光纤系统中得到广泛应用。近年来逐渐成熟的波长可调谐激光器是多信道WDM光纤通信系统的关键器件。

对激光器可以进行直接调制，即注入调制电流实现光波强度调制，如图4.1.2a所示。响应速度快、输出波形好的调制电路是获得好的光调制波形的前提条件。信号经复用和编码

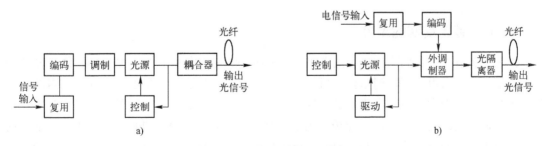

图4.1.2 光数字发射机原理框图

a) 直接调制光发射机 b) 外调制光发射机

后，通过调制器对光源进行光强度调制。发送光的一部分反馈到光源的输出功率稳定电路，即进行光功率控制（AGC）。因为输出光功率与温度有关，一般还加有自动温度控制（ATC）电路。

图4.1.2b是采用外部调制器的光发射机电路，光源发出的连续光信号，送入外调制器，信息信号经复用、编码后通过外调制器对连续光的强度、相位或偏振进行调制。尽管大多数情况均采用直接调制光载波的幅度，但是在高速率DWDM系统和相干检测系统中必须采用光的外调制。

4.1.1　发光机理

我们知道，白炽灯是把被加热钨原子的一部分热激励能转变成光能，发出宽度为1 000 nm以上的白色连续光谱。

在构成半导体晶体的原子内部，存在着不同的能带。如果占据高能带（导带）E_c 的电子跃迁到低能带（价带）E_v 上，就将其间的能量差（禁带能量）$E_g = E_c - E_v$ 以光的形式放出，如图4.1.3所示。这时发出的光，其波长基本上由能带差 ΔE 所决定。能带差 ΔE 和发出光的振荡频率 ν 之间有 $\Delta E = h\nu$ 的关系，h 是普朗克常数，其值为 6.625×10^{-34} J·s。由 $\lambda = c/\nu$ 得出

$$\lambda = \frac{hc}{\Delta E} = \frac{1.239\ 8}{\Delta E}\ \mu m \qquad (4.1.1)$$

式中，c 为光速；ΔE 取决于半导体材料的本征值，单位是电子伏特（eV）。

发光过程，除自发辐射外，还有受能量等于能级差 $\Delta E = E_c - E_v = h\nu$ 的光所激发而发出与之同频率、同相位的光，即受激发射，如图4.1.4所示。

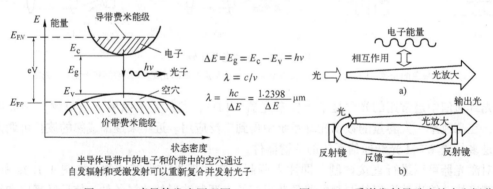

半导体导带中的电子和价带中的空穴通过
自发辐射和受激发射可以重新复合并发射光子

图4.1.3　半导体发光原理图　　　　　　图4.1.4　受激发射导致光放大和振荡

4.1.2　LD激光发射的条件

在3.1.3节中，我们已讨论了法布里-珀罗谐振腔的构成和工作原理。半导体激光器的结构就是一个法布里-珀罗谐振腔，如图4.1.5所示。激光器工作在正向偏置下，当注入正向电流时，高能带中的电子密度增加，这些电子自发地由高能带跃迁到低能带发出光子，形成激光器中初始的光场。在这些光场作用下，受激发射和受激吸收过程同时发生，受激发射和受激吸收发生的概率相同。用 N_c 和 N_v 分别表示高、低能带上的电子密度。当 $N_c < N_v$ 时，受激吸收过程大于受激发射，增益系数 $g < 0$，只能出现普通的荧光，光子被吸收得多，发射得少，光场减弱。若注入电流增加到一定值后，使 $N_c > N_v$，增益系数 $g > 0$，受激发射占主导

地位，光场迅速增强，此时的 PN 结区成为对光场有放大作用的区域（称为有源区），从而形成受激发射，如图 4.1.4 和图 4.1.7 所示。

半导体材料在通常状态下，总是 $N_c < N_v$，因此称 $N_c > N_v$ 的状态为粒子数反转。使有源区产生足够多的粒子数反转，这是使半导体激光器产生激光的首要条件。

半导体激光器产生激光的第 2 个条件是半导体激光器中必须存在光学谐振腔，并在谐振腔里建立起稳定的振荡。有源区里实现了粒子数反转后，受激发射占据了主导地位，但是，激光器初始的光场来源于导带和价带的自发辐射，频谱较宽，方向也杂乱无章。初始光场在谐振腔体内移动 δx，获得了增益 δg，如图 4.1.5b 所示。为了得到单色性和方向性好的激光输出，必须构成光学谐振腔。在半导体激光器中，用晶体的天然解理面构成法布里-珀罗谐振腔，如图 4.1.5 所示。要使光在谐振腔里建立起稳定的振荡，必须满足一定的相位条件和阈值条件。相位条件使谐振腔内的前向光波 A 和后向光波 B 发生相干（见图 3.1.7a），阈值条件使腔内获得的光增益 $g(v)$ 正好与腔内损耗相抵消，此时的纵模就变成发射主模，如图 4.1.6 所示。谐振腔里存在着损耗，如镜面的反射损耗、工作物质的吸收和散射损耗等。只有谐振腔里的光增益和损耗值保持相等，并且谐振腔内的前向和后向光波发生相干时，才能在谐振腔的两个端面输出谱线很窄的相干光束。前端面发射的光约有 50% 耦合进入光纤，如图 4.1.5a 所示。后端面发射的光，由封装在内的光检测器接收变为光生电流，经过反馈控制回路，使激光器输出功率保持恒定。

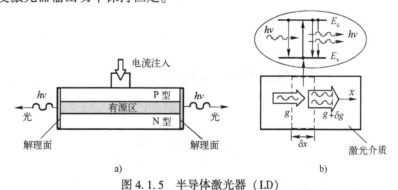

图 4.1.5 半导体激光器（LD）

a）LD 相当于法布里-珀罗（F-P）谐振腔　b）初始光场在谐振腔体内移动 δx 获得增益 δg

图 4.1.7 是对激光器起振阈值条件的简化描述，由图可见，只有当泵浦电流达到阈值时，高、低能带上的电子密度差 $(N_c - N_v)$ 才达到阈值 $(N_c - N_v)_{th}$，此时就产生稳定的连续输出相干光。当泵浦超过阈值时，$(N_c - N_v)$ 仍然维持 $(N_c - N_v)_{th}$，因为 g_{th} 必须保持不变，所以多余的泵浦能量转变成受激发射，使输出功率增加。

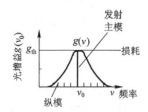

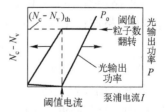

图 4.1.6　激光器增益谱和损耗曲线　　　　图 4.1.7　激光器起振阈值条件的简化描述

（阈值增益为两曲线相交时的增益值）

4.1.3 半导体激光器

在光纤通信网络中，最常用的激光器是分布反馈（DFB）激光器，它是一种单纵模（SLM）或单频半导体激光器，单频激光器是指半导体激光器的频谱特性只有一个纵模（谱线）的激光器，它可以工作在光纤最小损耗窗口（1.55 μm）的光纤系统中。

在 DFB 激光器中，因为除有源区外，还在其上面或其侧面并紧靠着它增加了一层对从有源区辐射进入该区的光波产生部分反射的导波区，所以可认为波纹介质也具有增益，因此部分反射波获得了增益。

在解释 DFB 激光器工作原理的过程中，离不开 3.1.4 节已介绍过的光的衍射现象。除小孔衍射、裂缝衍射外，事实上，任何物质折射率的周期性变化，都可以作为衍射光栅。

衍射光栅可以分为传输光栅和反射光栅。入射光波和衍射光波在光栅两侧的是传输光栅，如图 4.1.8a 所示；同在光栅一侧的是反射光栅，如图 4.1.8b 所示。光栅是由周期性变化的反射表面构成的，这可通过在金属薄膜上刻蚀平行的凹槽得到。没有刻蚀表面的反射可作为同步的二次光源，它们发射的光波沿一定的方向干涉就产生零阶、一阶和二阶等衍射光波，如图 4.1.8c 所示。

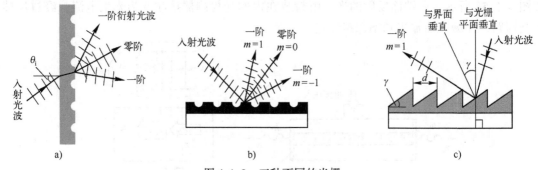

图 4.1.8 三种不同的光栅

a) 传输光栅 b) 反射光栅 c) 阶梯面反射光栅

图 4.1.9 表示分布布拉格反射（DBR）激光器的结构和工作原理，它是 DFB 激光器的一种。在普通 LD 中，只有有源区在其界面提供必要的光反馈；但在 DFB 激光器内，光的反馈就像 DFB 名称所暗示的那样，不仅在界面上，而且分布在整个腔体长度上。这是通过在腔体内构成折射率周期性变化的反射衍射光栅实现的。衍射光栅产生布拉格衍射，DFB 激光器的输出是反射光相长干涉的结果。只有当波长等于两倍光栅间距 Λ 时，反射波才相互加强，发生相长干涉，如图 4.1.9b 所示。例如，当部分反射波 A 和 B 的路程差为 2Λ（即相当于图 3.1.13 中的路径差 $d\sin\theta$）时，它们才发生相长干涉。DFB 的模式选择性来自布拉格条件，即只有当布拉格波长 λ_B 满足以下同相干涉条件时，相长干涉才会发生：

$$m(\lambda_B/\bar{n}) = 2\Lambda \tag{4.1.2}$$

式中，Λ 为光栅间距（衍射周期）；$\bar{n}$ 为介质折射率；整数 m 为布拉格衍射阶数。因此 DFB 激光器围绕 λ_B 具有高的反射，离开 λ_B 则反射就减小。其结果是只能产生特别的 F-P 腔模式，在图 4.1.9c 中，只有靠近 λ_B 的波长才有激光输出。一阶布拉格衍射（$m=1$）的相长干涉最强。假如在式（4.1.2）中，$m=1$，$\bar{n}- = 3.3$，$\lambda_B = 1.55$ μm，此时 DFB 激光器的 Λ 只有 235 nm。这样细小的光栅可使用全息技术来制作。

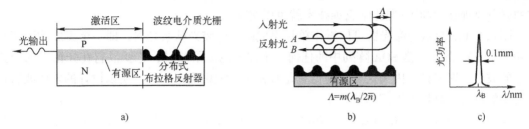

图 4.1.9　DBR 激光器结构及其工作原理

a) 分布布拉格反射（DBR）激光器　b) DFB 部分反射波 A 和 B 的路径差

为 2Λ 时才发生相长干涉　c) 典型的输出频谱

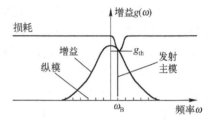

图 4.1.10　单纵模 DFB 激光器
增益和损耗曲线

DFB 激光器与法布里-珀罗激光器相比，它的谐振腔损耗不再与模式无关，而是设计成对不同的纵模具有不同的损耗，图 4.1.10 为这种激光器的增益和损耗曲线。由图可见，增益曲线首先和模式具有最小损耗的曲线接触的 ω_B 模开始起振，并且变成主模。其他相邻模式由于其损耗较大，不能达到阈值，因而也不会从自发辐射中建立起振荡。

LED 和 LD 光源的输出功率-驱动电流的 $(P\text{-}I)$ 特性、光谱特性和调制响应特性及其测量方法见 7.3.1 节。

例 4.1.1　DFB 激光器

DFB 激光器的波纹（光栅节距）$\Lambda = 0.22\,\mu m$，光栅长 $L = 400\,\mu m$，介质的有效折射系数为 3.5，假定是一阶光栅，计算布拉格波长、模式波长和它们的间距。

解：由式（4.1.2）可知，布拉格波长是

$$\lambda_B = \frac{2\Lambda n}{m} = \frac{2 \times 0.22\,\mu m \times 3.5}{1} = 1.540\,\mu m$$

在 λ_B 两侧的对称模式波长是

$$\lambda_m = \lambda_B \pm \frac{\lambda_B^2}{2nL}(m+1) = 1.540\,\mu m \pm \frac{1.540^2}{2 \times 3.5 \times 400}(0+1)\,\mu m = 1.540 \pm 8.464 \times 10^{-4}\,\mu m$$

因此，$m = 0$ 的模式波长是

$$\lambda_0 = 1.539\,\mu m\ 或\ 1.5408\,\mu m$$

两个模式的间距是 $0.0018\,\mu m$（或者 $1.8\,nm$）。由于一些非对称因素，只有一个模式出现，大多数实际应用中可把 λ_B 当作模式波长。

4.1.4　波长可调半导体激光器

波长可调激光器即多波长激光器是 WDM、分组交换和光分插复用网络重构的最重要器件，因为它的实现可以有效地使用波长资源，减少设备费用。波长可调激光器主要有耦合腔波导型、衍射光栅型和阵列波导光栅（AWG）型三种。

下面介绍阵列半导体光放大器（SOA）集成光栅腔体激光器，其发射波长可以精确设置在指定位置。借助激活该器件的不同 SOA，不同波长梳的任一波长均可发射，其波长间距也可以精确地预先确定，而且该器件的制造也比较简单，除半绝缘电流阻挡层外，仅使用标

准的光刻掩埋技术和干/湿化学腐蚀技术就可以实现。

图 4.1.11a 表示的激光器可以看作单片集成两元外腔光栅激光器,即一个集成的固定光栅和一个 SOA 阵列。当 SOA 阵列中的任何一个注入电流泵浦时,它就以它在光栅中的位置确定的波长发射光谱。因为这种几何位置是被光刻掩埋精确定位的,所以设计的发射波长在光梳中的位置也是精确确定的。

阵列 SOA 集成光栅腔体波长可调激光器,其谐振腔类似于图 3.1.15 所示的星形耦合器。在这种激光器中,右边的平板衍射光栅和左边 InP/InGaAsP/InP 双异质结有源波导条(SOA)之间构成了该激光器的主体。有源条的外部界面和光栅共同构成了谐振腔的反射边界。右边的光栅由垂直向下蚀刻波导芯构成的凹面反射界面组成,以便聚焦衍射返回的光到有源条的内部端面上。这些条是直接位于波导芯上部的 InGaAs/InGaAsP 多量子阱(MQW)有源区。这种激光器面积只有 $14 \times 3 \text{ mm}^2$,有源条和光栅的间距为 10 mm,有源条长 2 mm,宽 6~7 μm,条距 40 μm,衍射区是标准的半径 9 mm 的罗兰(Rowland)圆。

由图 4.1.11 可见,从 O 点发出的光经光栅的 P_N 和 P_O 点反射后回到 O 点,产生的路径差 $\Delta L = 2L_N - 2L_O$,为了使从 P_N 和 P_O 点反射回到 O 点的光发生相长干涉,其相位差必须是 2π 的整数倍,由式(1.5.4)可以得到与路径差有关的相位差是

$$\Delta\phi = k_1 \Delta L = m(2\pi), \quad m = 0,1,2,\cdots \tag{4.1.3}$$

因为 $k_1 = 2\pi n/\lambda$,式中 n 是波导的折射率,所以可以得到与路径差有关(即与 SOA 位置有关)的波长为

$$\lambda = \frac{n\Delta L}{m} \tag{4.1.4}$$

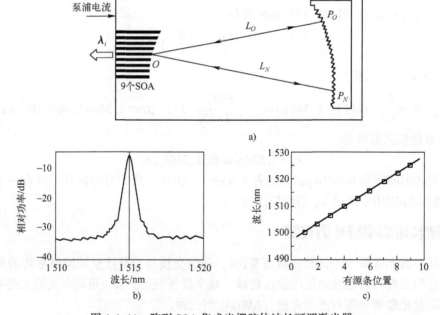

图 4.1.11 阵列 SOA 集成光栅腔体波长可调激光器

a) 阵列 SOA 集成光栅腔体 LD 原理图　b) 一个 SOA 的典型发射光谱　c) 波长和有源条位置的关系

一个 SOA 的典型发射光谱如图 4.1.11b 所示。测量得到的激光输出的纵模间距和谱宽分别与设计的腔体长度和有源条位置和宽度一致，如图 4.1.11c 所示。

4.1.5 高速光发射机

这里介绍单芯片 40 个信道的 40×40 Gbit/s WDM 光发射机。

图 4.1.12 为每信道 40 Gbit/s、有 40 个信道的光子集成电路（PIC）发送机原理图，每个发送信道包含一个具有后向功率监控的调谐 DFB 激光器、一个电吸收调制器（EAM）、一个功率平坦元件（PEE）和前向功率监控器。PEE 用来均衡每个信道的输出功率，阵列波导光栅（AWG）用来复用 40 个 WDM 波长信道。图 4.1.12b 为包含 PIC 芯片的模块，图 4.1.12c 为所有 40 个信道的 L-I-V 曲线。由图可见，激光器的输出功率随所加的偏置电流线性增加。工作电压在偏置电流为 80 mA 时约 1.4 V。PIC 的温度控制在 25℃，测出 40 个信道归一化光纤耦合输出功率，并画出频谱曲线，如图 4.1.12d 所示。图 4.1.12e 为激光器输出频率和信道数的关系，信道间距是 50 GHz，设计制造的 40 信道的 AWG 满足这种要求。

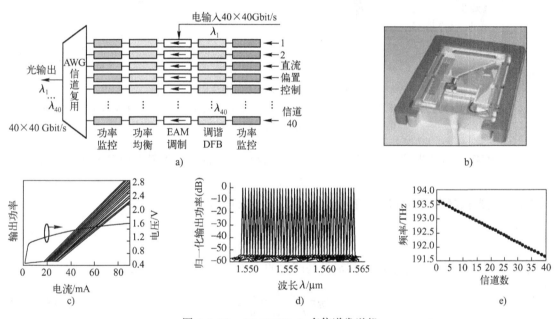

图 4.1.12 40×40 Gbit/s 多信道发送机

a) 40×40 Gbit/s 多信道光发送机结构原理图 b) 10×10 Gbit/s 多信道发送机模块 c) 40 个信道的 P-I-V 曲线
d) 40 个信道归一化频谱曲线 e) 40 个信道的光谱安排

4.2 光探测器和光接收机

发射机发射的光信号经光纤传输后，不仅幅度衰减了，而且脉冲波形也展宽或畸变了。光接收机的作用就是检测经过传输后的微弱光信号，并放大、整形、再生成原输入信号。它的主要器件是利用光电效应把光信号转变为电信号的光探测器。对光探测器的要求是灵敏度高、响应快、噪声小、成本低和可靠性高，并且它的光敏面应与光纤芯径匹配。用半导体材料制成的光探测器正好满足这些要求。

4.2.1　光探测原理

光探测过程的基本机理是吸收光子产生电子。假如入射光子的能量 $h\nu$ 超过禁带能量 E_g，只有几微米宽的耗尽区每次吸收一个光子，将产生一个电子-空穴对，发生受激吸收，如图 4.2.1a 所示。在 PN 结施加反向电压的情况下，受激吸收过程生成的电子-空穴对在电场的作用下，分别离开耗尽区，电子向 N 区漂移，空穴向 P 区漂移，空穴和从负电极进入的电子复合，电子则离开 N 区进入正电极。从而在外电路形成光生电流 I_P。当入射功率变化时，光生电流也随之线性变化，从而把光信号转变成电流信号。

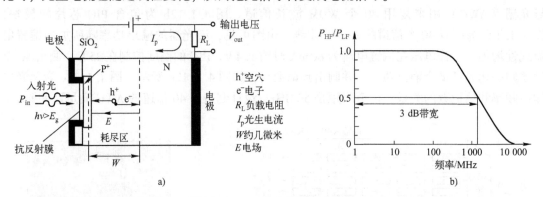

图 4.2.1　PN 结光探测原理说明

a) 反向偏置的 PN 结，在耗尽区产生线性变化的电场，当光入射时，光生电子-空穴对分别向 N 区和 P 区漂移，在外电路产生光生电流　b) 探测器的频率响应带宽

光生电流 I_P 与产生的电子-空穴对有关，也就是说，直接与入射光功率 P_{in} 成正比，即

$$I_P = R P_{in} \tag{4.2.1}$$

式中，R 是光探测器的响应度（单位为 A/W），由此式可以得到

$$R = \frac{I_P}{P_{in}} \tag{4.2.2}$$

响应度 R 可用量子效率 η 表示，其定义是产生的电子数与入射光子数之比，即

$$\eta = \frac{I_P/q}{P_{in}/h\nu} = \frac{h\nu}{q}R \tag{4.2.3}$$

式中，$q = 1.6 \times 10^{-19}$ C，是电子电荷；$h = 6.63 \times 10^{-34}$ J·s，是普朗克常数；ν 是入射光频率。由此式可以得到响应度

$$R = \frac{\eta q}{h\nu} \approx \frac{\eta \lambda}{1.24} \tag{4.2.4}$$

式中，$\lambda = c/\nu$ 是入射光波长，用微米表示，$c = 3 \times 10^8$ m/s 是真空中的光速。式（4.2.4）表示光探测器响应度随波长增长而增加，这是因为光子能量 $h\nu$ 减小（波长增加）时可以产生与减少的能量相等的电流。R 和 λ 的这种线性关系不能一直保持下去，因为光子能量太小时将不能产生电子。当光子能量变得比禁带能量 E_g 小时，无论入射光多强，光电效应也不会发生，此时量子效率 η 下降到零，也就是说，光电效应必须满足条件

$$h\nu > E_g \text{ 或者 } \lambda < hc/E_g \tag{4.2.5}$$

光敏二极管的本征响应带宽由载流子在电场区的渡越时间 t_{tr} 决定，而载流子的渡越时间与电场区的宽度 W 和载流子的漂移速度 v_d 有关。由于载流子渡越电场区需要一定的时间 t_{tr}，对于高速变化的光信号，光敏二极管的转换效率就相应降低。定义光敏二极管的本征响应带宽 Δf 为，在探测器入射光功率相同的情况下，接收机输出高频调制响应与低频调制响应相比，电信号功率下降 50%（3 dB）时的频率，如图 4.2.1b 所示，则 Δf 与上升时间 τ_{tr} 成反比

$$\Delta f_{3dB} = \frac{0.35}{\tau_{tr}} \tag{4.2.6}$$

式中，上升时间 τ_{tr} 定义为输入阶跃光脉冲时，探测器输出光电流最大值的 10% 上升到 90% 所需的时间（见图 7.3.6b）。

4.2.2 PIN 光敏二极管

光纤通信中，最常用的光探测器是 PIN 光敏二极管和雪崩光敏二极管（APD），以及高速接收机用到的波导光探测器（WG-PD）和行波光探测器（TW-PD）。

简单的 PN 结光敏二极管具有两个主要缺点：一是它的结电容或耗尽区电容较大，RC 时间常数较长，不利于高频接收；二是它的耗尽层宽度最大也只有几微米，此时长波长的穿透深度比耗尽层宽度 W 还大，所以大多数光子没有被耗尽层吸收，而是进入不能将电子-空穴对分开的电场为零的 N 区，因此长波长的量子效率很低。为了克服以上问题，人们采用 PIN 光敏二极管。

PIN 二极管与 PN 二极管的主要区别是：在 P^+ 和 N^- 之间加入一个在 Si 中掺杂较少的 I 层，作为耗尽层，如图 4.2.2 所示。I 层的宽度较宽，为 5~50 μm，可吸收绝大多数光子。

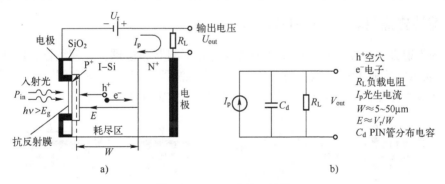

图 4.2.2 PIN 光敏二极管

a）PIN 光敏二极管结构   b）PIN 光敏二极管等效电路

注：反向偏置的 PN 结，在耗尽区产生不变的电场。因耗尽区较宽，
可以吸收绝大多数光生电子-空穴，使量子效率提高

4.2.3 雪崩光敏二极管（APD）

雪崩光敏二极管（APD）是一种内部提供增益的光敏二极管。其基本原理是光生的电子-空穴对经过 APD 的高电场区时被加速，从而获得足够的能量，它们在高速运动中与 P 区晶格上的原子碰撞，使晶格中的原子电离，从而产生新的电子-空穴对，如图 4.2.3 所示。

这种通过碰撞电离产生的电子-空穴对，称为二次电子-空穴对。新产生的二次电子和空穴在高电场区里运动时又被加速，又可能碰撞别的原子，这样多次碰撞电离的结果，使载流子迅速增加，反向电流迅速加大，形成雪崩倍增效应。APD就是利用雪崩倍增效应使光电流得到倍增的高灵敏度探测器。

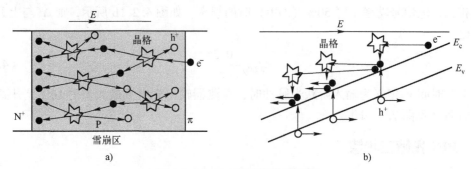

图4.2.3　APD雪崩倍增原理图

a）离子碰撞过程释放电子-空穴对，导致雪崩

b）具有能量的导带电子与晶格碰撞，转移该电子动能到一个原子价的电子上，并激发它到导带上

雪崩倍增过程是一个复杂的随机过程，通常用平均雪崩增益 M 来表示 APD 的倍增大小，M 定义为

$$M = I_M / I_P \tag{4.2.7}$$

式中，I_P 是初始的光生电流；I_M 是倍增后的总输出电流的平均值；M 与结上所加的反向偏压有关。

探测器的响应度、量子效率、光谱响应、响应带宽、ADD 的倍增因子等的测量见 7.3.2 节。

4.2.4　波导光探测器（WG-PD）

按光的入射方式，光探测器可以分为面入射光探测器和边耦合光探测器，图 4.2.4a 和图 4.2.4b 表示的普通 PIN 光敏二极管是面入射光探测器，图 4.2.4c 和图 4.2.4d 是本节将要介绍的波导光探测器（WG-PD）和行波光探测器（TW-PD），它们是边耦合探测器。

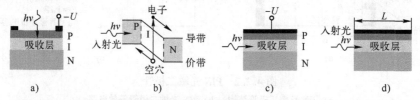

图4.2.4　面入射光探测器和边耦合光探测器（WG-PD、TW-PD）的比较

a）PIN-PD　b）PIN 探测器能带图　c）波导光探测器（WG-PD）　d）行波光探测器（TW-PD），L 远大于吸收长度

1. 面入射光探测器

在面入射光探测器中，光从正面或背面入射到光探测器的 $In_{0.53}Ga_{0.47}As$ 光吸收层中，产生电子-空穴对，并激发价带电子跃迁到导带，产生光电流，如图 4.2.4a 和图 4.2.4b 所示。所以，在面入射光探测器中，如一般的 PIN 探测器（PIN-PD），光行进方向与载流子的渡越方向平行。PIN 光探测器的响应速度受到 PN 结电阻电容（RC）数值、I 吸收层厚度和载流

子渡越时间等的限制。在正面入射光探测器中，光吸收区厚度一般在 $2\sim3\,\mu m$，而 PN 结直径一般大于 $20\,\mu m$。这样最高光响应速率小于 20 Gbit/s。为此，提出了高速光探测器实现的解决方案——边耦合光探测器。

2. 边耦合光探测器

在（侧）边耦合光探测器中，光行进方向与载流子的渡越方向互相垂直，如图 4.2.4c 和图 4.2.4d 所示，吸收区长度沿光的行进方向，吸收效率提高了；而载流子渡越方向不变，渡越距离和所需时间不变，这样就很好地解决了吸收效率和电学带宽之间对吸收区厚度要求的矛盾。边耦合光探测器比面入射探测器可以获得更高的 3 dB 响应带宽。边耦合光探测器分波导探测器（WG-PD）和行波探测器（TW-PD）。

3. 波导光探测器（WG-PD）

面入射光探测器的固有弱点是量子效率和响应速度相互制约，一方面可以采用减小其结面积来提高它的响应速度，但是这会降低器件的耦合效率；另一方面也可以采用减小本征层（吸收层）的厚度的方法来提高器件的响应速度，但是这会减小光吸收长度，降低内量子效率，因此这些参数需折中考虑。

波导探测器正好解除了 PIN 探测器的内量子效率和响应速度之间的制约关系，极大地改善了其性能，在一定程度上满足了光纤通信对高性能探测器的要求。

图 4.2.4c 为 WG-PD 的结构图，光垂直于电流方向入射到探测器的光波导中，然后在波导中传播，传播过程中光不断被吸收，光强逐渐减弱，同时激发价带电子跃迁到导带，产生光生电子-空穴对，实现了对光信号的探测。在 WG-PD 结构中，吸收系数是 $In_{0.53}Ga_{0.47}As$ 本征层厚度的函数，选择合适的本征层厚度可以得到最大的吸收系数。其次，WG-PD 的光吸收是沿波导方向进行的，其光吸收长度远大于传统型光探测器。WG-PD 的吸收长度是探测器波导的长度，一般可大于 $10\,\mu m$，而传统型探测器的吸收长度是 InGaAs 本征层的厚度，仅为 $1\,\mu m$。所以 WG-PD 结构的内量子效率高于传统型结构 PD。另外，WG-PD 还很容易与其他器件集成。

但是，和面入射探测器相比，WD-PD 的光耦合面积非常小，导致光耦合效率较低，同时也增加了和光纤耦合的难度。为此，可采用分支波导结构增加光耦合面积，如图 4.2.5a 所示。在图 4.2.5a 的分支波导探测器（Tapered WG-PD）的结构中，光进入折射率为 n_1 的单模波导，当传输到 n_2 光匹配层的下面时，由于 $n_2>n_1$，所以光向多模波导匹配层偏转，

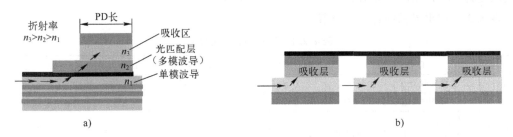

图 4.2.5 增加光耦合面积的分支波导探测器

a）单模波导光经过光匹配层进入 PD 吸收层（分支波导）

b）串行光反馈速度匹配周期分布式行波探测器（VMP TW-PD）

又因 $n_3 > n_2$，所以光就进入 PD 的吸收层，转入光生电子的过程。分支波导探测器各层折射率的这种安排正好和渐变多模光纤的折射率结构相反，渐变多模光纤是把入射光局限在纤芯内传输，很容易理解，分支波导探测器就应该把光从入射波导中扩散出去。在这种波导结构中，永远不会发生全反射现象。

图 4.2.6 为一种平面折射 UTC 光探测器（RF UTC-PD）的结构，由图可见，光入射到斜面上产生折射，改变方向后到达吸收光敏区。利用这种方式工作的器件，耦合面积非常大，垂直方向和水平方向的耦合长度分别达到了 9.5 μm 和 47 μm，即使在没有偏压的情况下，外部量子效率也达到了 91%。在 0.5 V 偏压下，它的响应度达到了 0.96 A/W。RF UTC-PD 和 WG-PD 相比，前者的耦合面积要远大于后者，外量子效率也要比后者高得多。从结构图中可以看出，器件的另外一个显著特征是光在斜面上折射后斜入射到光吸收区，增大了光吸收长度和光吸收面积，提高了内量子效率，同时分散光吸收可以增大探测器的饱和光电流。

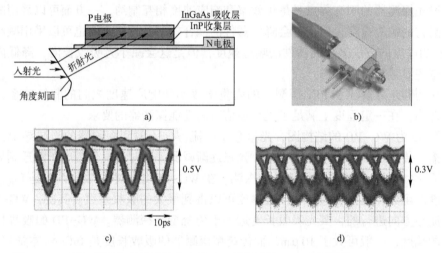

图 4.2.6　增加光耦合面积的斜边入射平面折射波导 UTC 光探测器（RF UTC-PD）

a）RF-UTC 芯片结构图　b）模块组件　c）RZ 码 100 Gbit/s 测量到的眼图　d）RZ 码 160 Gbit/s 测量到的眼图

目前市场上已有 50 GHz、70 GHz 和 100 GHz 的波导集成 PIN 光探测器，通常 1 550 nm 波长的响应度为 0.4~0.6 A/W，允许平均入射光功率为 -20~13 dBm。市场上也出售 43 Gbit/s 单端和差分/平衡光接收机，在芯片上除 PIN PD 外，还集成了转移阻抗前置放大器（TIA），接收灵敏度为 -8~11 dBm，差分输出电压 500~1 200 mV。

表 4.2.1 列出光探测器性能比较。

表 4.2.1　光探测器性能比较

	工作原理	响应度/(A/W)	最大带宽/GHz	输出电功率	特　点
PIN	受激吸收光子，产生电流	0.5~0.8	1.4~40	-9.5 dBm	
APD	雪崩倍增光生电子-空穴对	0.5~0.8	1.5~3.5	小	倍增系数 10~40
WG-PD	斜入射分支波导结构，边传输边被吸收，吸收长度长、面积大	0.96	160	大	效率高，饱和电流大
TW-PD	光并行馈送，响应不受 RC 常数限制	0.24	150（7 dB 带宽）	-2.5 dBm	响应带宽积大

注：所比较的器件均为 InGaAs 器件，除标明者外带宽均为 3 dB 带宽，波导探测器（WG-PD）是平面折射电子载流子光探测器（UTC-PD），行波探测器（TW-PD）是指由 4 个 PIN 构成光并行馈送阵列探测器。

4.2.5 光接收机的组成

接收机的设计在很大程度上取决于发射端使用的调制方式,特别是与传输信号的种类,即模拟或数字信号有关。因为大多数光波系统使用数字调制方式,所以在本节中,我们只简要介绍数字光接收机。

图 4.2.7a 为数字光接收机的原理组成图,它由三部分组成,即光探测器和前置放大器部分、主放大(线性信道)部分以及数据恢复部分。图 4.2.7b 为 100 GHz 波导探测器的外形图。下面分别介绍每一部分的作用。

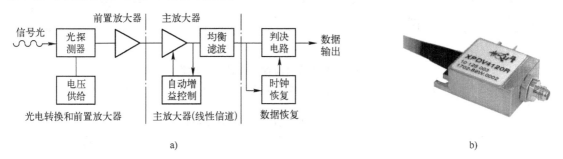

图 4.2.7 数字光接收机原理组成框图

a)原理组成图 b)100 GHz 波导探测器

接收机的前端是光探测器,它是实现光/电转换的关键器件,直接影响光接收机的灵敏度。紧接着就是低噪声前置放大器,其作用是放大光敏二极管产生的微弱电信号,以供主放大器进一步放大和处理。接收机不是对任何微弱信号都能正确接收的,这是因为信号在传输、检测及放大过程中总会受到一些干扰,并不可避免地要引进一些噪声。虽然来自环境或空间无线电波及周围电气设备所产生的电磁干扰,可以通过屏蔽等方法减弱或防止,但随机噪声是接收系统内部产生的,是信号在检测、放大过程中引进的,人们只能通过电路设计和工艺措施尽量减小它,却不能完全消除它。虽然放大器的增益可以做得足够大,但在弱信号被放大的同时,噪声也被放大了,当接收信号太弱时,必定会被噪声淹没。前置放大器在减少或防止电磁干扰和抑制噪声方面起着特别重要的作用,所以精心设计前置放大器就显得特别重要。

前置放大器的设计要求在带宽和灵敏度之间进行折中。光敏二极管产生的信号光电流在流经前置放大器的输入阻抗时,将产生信号光电压。最简单的前置放大器是双极晶体管放大器和场效应晶体管放大器,分别如图 4.2.8a 和图 4.2.8b 所示。使用大的负载电阻 R_L,可使光生信号电压增大,可减小热噪声和提高接收机灵敏度,因此常常使用高阻抗型前置放大器,如图 4.2.8c 所示。高输入阻抗前置放大器的主要缺点是它的带宽窄,因为 $\Delta f = (2\pi R_L C_T)^{-1}$,$C_T$ 是总的输入电容,包括光敏二极管结电容和前置放大器输入级晶体管输入电容。假如 Δf 小于比特率 B,就不能使用高阻抗型前置放大器。为了扩大带宽,有时使用均衡技术。均衡器扮演着滤波器的角色,它衰减信号的低频成分多,衰减信号的高频成分少,从而有效地增大了前置放大器的带宽。假如接收机灵敏度不是主要关心的问题,人们可以简单地减小 R_L,增加接收机带宽,这样的接收机就是低阻抗型前置放大器。

转移阻抗型前置放大器具有高灵敏度、宽频带的特性,它的动态范围比高阻抗型前置放大器的大。如图 4.2.8d 所示，负载电阻跨接到反向放大器的输入和输出端，尽管 R_L 仍然很大，但是负反馈使输入阻抗减小了 G 倍，即 $R_{in}=R_L/G$，这里 G 是放大器增益。于是，带宽也比高阻抗型前置放大器的扩大了 G 倍，因此，光接收机常使用这种结构的前置放大器。它的主要设计问题是反馈环路的稳定性。表 4.2.2 为 4 种光前置放大器的特性比较。

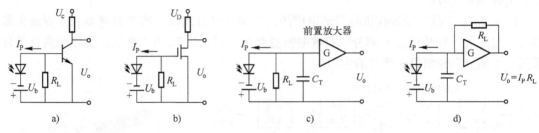

图 4.2.8　光接收机前置放大器等效电路

a）双极晶体管放大器　b）场效应晶体管（FET）放大器　c）高阻抗型放大器　d）转移阻抗型放大器（使用广泛）

表 4.2.2　光接收机前置放大器性能比较

	双极型	FET 型	高阻抗型	转移阻抗型
电路复杂程度	简单	简单	复杂	中等
是否需要均衡	不需要	不需要	需要	不需要
相对噪声	中	中	很低	低
带宽	宽	窄	中	宽
动态范围	中	中	小	大

　　线性放大器由主放大器、均衡滤波器和自动增益控制电路组成。自动增益控制电路的作用是在接收机平均入射光功率很大时把放大器的增益自动控制在固定的输出电平上。低通滤波器的作用是减小噪声，均衡整形电压脉冲，避免码间干扰。我们知道，接收机的噪声与其带宽成正比，使用带宽 Δf 小于比特率 B 的低通滤波器可降低接收机噪声（通常 $\Delta f = B/2$）。因为接收机其他部分具有较大的带宽，所以接收机带宽将由低通滤波器带宽所决定。此时，由于 $\Delta f < B$，所以滤波器使输出脉冲发生展宽，使前后码元波形互相重叠，在检测判决时就有可能将"1"码错判为"0"码或将"0"码错判为"1"码，这种现象就叫作码间干扰。均衡滤波的作用就是将输出波形均衡成具有升余弦频谱函数特性，做到判决时无码间干扰。因为前置放大器、主放大器以及均衡滤波电路起着线性放大的作用，所以有时也称为线性信道。

　　光接收机的数据恢复部分包括判决电路和时钟恢复电路，它的任务是把均衡器输出的升余弦波恢复成数字信号。

4.2.6　光接收机的性能——SNR、BER、性能参数 Q 和眼图

1. 接收机信噪比（SNR）

　　由于电子在光敏二极管负载电阻 R_L 上随机热运动，即使在外加电压为零时，也会产生电流的随机起伏。这种附加的噪声成分就是热噪声电流。

光生电流是一种随机产生的电流，这种无规则的起伏就是散粒噪声，散粒噪声是由探测器本身引起的，它围绕着一个平均统计值而起伏。

光接收机除散粒噪声和热噪声这两种基本的噪声外，还有激光器引起的强度噪声。半导体激光器输出光的强度、相位和频率，即使在恒流偏置时也总是在变化，从而形成噪声。半导体激光器的两种基本噪声是自发辐射噪声和电子–空穴复合噪声。在半导体激光器中，噪声主要由自发辐射构成。每个自发辐射光子加到受激发射建立起的相干场中，因为这种增加的信号相位是不定的，所以随机地干扰了相干场的相位和幅值。

定义信噪比（SNR）为平均信号功率和噪声功率之比，它决定了光接收机的性能。考虑到电功率与电流的平方成正比，这时 SNR 可由下式给出：

$$\mathrm{SNR}=\frac{I_\mathrm{P}^2}{\sigma^2}=\frac{R^2 P_\mathrm{in}^2}{\sigma_\mathrm{T}^2+\sigma_\mathrm{s}^2} \qquad (4.2.8)$$

式中，I_P 是光生信号电流，其值 $I_\mathrm{P}=RP_\mathrm{in}$，这里 R 是探测器的响应度；P_in 是入射信号光功率；σ_T^2 是均方热噪声电流；σ_s^2 是均方散粒噪声电流，其值分别为

$$\sigma_\mathrm{T}^2=(4k_\mathrm{B}T/R_\mathrm{L})\Delta f \qquad (4.2.9)$$

$$\sigma_\mathrm{s}^2=2qI_\mathrm{P}\Delta f \qquad (4.2.10)$$

式中，Δf 是接收机带宽；q 是电子电荷；k_B 是玻尔兹曼常数；T 是热力学温度；R_L 是探测器负载电阻。

SNR 可用单个比特时间内（即"1"码内）接收到的平均光子数 N_p 表示。当 PIN 接收机受限于散粒噪声时，SNR 可用简单的表达式表示为

$$\mathrm{SNR}=\eta N_\mathrm{P} \qquad (4.2.11)$$

式中，η 是量子效率；N_p 是"1"码中包含的光子数。在散粒噪声受限系统中，$N_\mathrm{p}=100$ 时，$\mathrm{SNR}=20\,\mathrm{dB}$。相反，在热噪声受限系统中，几千个光子才能达到 20 dB 的信噪比。

2. 接收机比特误码率（BER）和性能参数 Q

数字接收机的性能指标由比特误码率（BER）决定，定义 BER 为码元在传输过程中出现差错的概率，工程中常用一段时间内出现误码的码元数与传输的总码元数之比来表示。例如，$\mathrm{BER}=10^{-6}$，表示每传输百万比特只允许错 1 bit；$\mathrm{BER}=10^{-9}$，则表示每传输 10 亿比特只允许错 1 bit。通常，数字光接收机要求 $\mathrm{BER}\leqslant10^{-9}$。此时，定义接收机灵敏度为保证比特误码率为 10^{-9} 时，要求的最小平均接收光功率（$\overline{P}_\mathrm{rec}$）。假如一个接收机用较少的入射光功率就可以达到相同的性能指标，那么就说该接收机更灵敏。影响接收机灵敏度的主要因素是各种噪声。

图 4.2.9 为噪声引起信号误码的图解说明。由图可见，由于叠加了噪声，使"1"码在判决时刻变成"0"码，经判决电路后产生了一个误码。

图 4.2.9c 表示判决电路接收到的信号，由于噪声的干扰，在信号波形上已叠加了随机起伏的噪声。判决电路用恢复的时钟在判决时刻 t_D 对叠加了噪声的信号取样。等待取样的"1"码信号和"0"码信号分别围绕着平均值 I_1 和 I_0 摆动，如图 4.2.10 所示。判决电路把取样值与判决门限 I_D 进行比较，如果 $I>I_\mathrm{D}$，认为是"1"码；如果 $I<I_\mathrm{D}$，则认为是"0"码。由于接收机噪声的影响，可能把"1"码判决为 $I<I_\mathrm{D}$，误认为是"0"码；同样也可能把"0"码错判为"1"码。误码率包括这两种可能引起的误码，因此误码率为

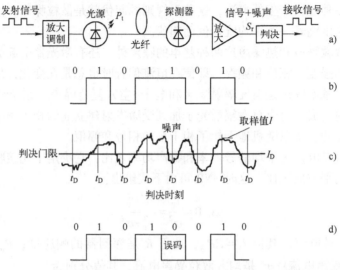

图 4.2.9　噪声引起信号误码的图解说明

a) 系统构成　b) 发射信号 $P_t(t)$　c) 在接收端探测到的带有噪声的近乎升余弦波形信号 $S_r(t)$

d) 由于噪声叠加，使"1"码在判决时刻变成"0"码，经判决电路后产生了一个误码

$$\text{BER} = P(1)P(0|1) + P(0)P(1|0) \tag{4.2.12}$$

式中，$P(1)$ 和 $P(0)$ 分别是接收"1"和"0"码的概率；$P(0|1)$ 是把"1"判为"0"的概率；$P(1|0)$ 是把"0"判为"1"的概率。对脉冲编码调制（PCM）比特流，"1"和"0"发生的概率相等，$P(1) = P(0) = 1/2$。因此比特误码率为

$$\text{BER} = \frac{1}{2}\left[P(0|1) + P(1|0)\right] \tag{4.2.13}$$

图 4.2.10a 表示判决电路接收到的叠加了噪声的 PCM 比特流，图 4.2.10b 表示"1"码信号和"0"码信号在平均信号电平 I_1 和 I_0 附近的高斯概率分布，阴影区表示当 $I_1 < I_D$ 或 $I_0 > I_D$ 时的错误识别概率。

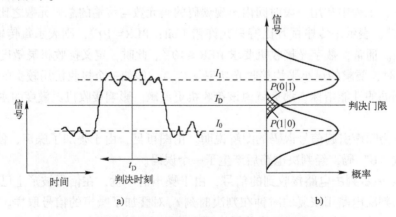

图 4.2.10　二进制信号的误码概率计算

a) 判决电路接收到的叠加了噪声的 PCM 比特流，判决电路在判决时刻 t_D 对信号取样

b) "1"码信号和"0"码信号在平均信号电平 I_1 和 I_0 附近的高斯概率分布，阴影区表示当 $I_1 < I_D$ 或 $I_0 > I_D$ 时的错误识别概率

可以证明，最佳判决值的比特误码率为

$$BER = \frac{1}{2}erfc\left(\frac{Q}{\sqrt{2}}\right) \approx \frac{\exp(-Q^2/2)}{Q\sqrt{2\pi}} \tag{4.2.14}$$

式中性能参数 Q 为

$$Q = \frac{I_1 - I_0}{\sigma_1 + \sigma_0} \tag{4.2.15}$$

式中，σ_1 表示接收 "1" 码的噪声电流；σ_0 表示接收 "0" 码时的噪声电流；erfc 代表误差函数 erf (x) 的互补函数。

3. 性能参数 Q 与 SNR 和 BER 的关系

在受热噪声限制的接收机中，$\sigma_1 \approx \sigma_0$，使用 $I_0 = 0$，式（4.2.15）变为 $Q = I_1/2\sigma_1$，式（4.2.8）变为

$$SNR = \frac{I_1^2}{\sigma_1^2} = 4\left(\frac{I_1}{2\sigma_1}\right)^2 = 4Q^2 \tag{4.2.16}$$

因为 BER $= 10^{-9}$ 时，$Q = 6$，所以 SNR 必须至少为 144 或 21.6 dB。

在散粒噪声受限的系统中，$\sigma_0 \approx 0$，假如暗电流的影响可以忽略，"0" 码的散粒噪声也可以忽略，此时 $Q = I_1/\sigma_1 = (SNR)^{1/2}$，或

$$Q^2 = SNR \tag{4.2.17}$$

于是，可得到信噪比与 Q 的简单表达式。

为了使 BER $= 10^{-9}$，SNR $= 36$ 或 15.6 dB 就足够了。我们知道，当 PIN 接收机受限于散粒噪声时，用式（4.2.11）可简单表示为 SNR $= \eta N_P$，所以 $Q = (\eta N_P)^{1/2}$，将此式代入式（4.2.14）中，得到受散粒噪声限制的系统比特误码率为

$$BER = \frac{1}{2}erfc\left(\frac{Q}{\sqrt{2}}\right) = \frac{1}{2}erfc\left(\sqrt{\frac{\eta N_P}{2}}\right) \tag{4.2.18}$$

对于 100% 量子效率的接收机（$\eta = 1$），当 $N_P = 36$ 时，BER $= 10^{-9}$。实际上，大多数受热噪声限制的系统，要想达到 BER $= 10^{-9}$，N_P 必须接近 1000。

由式（4.2.14）、式（4.2.18）和图 4.2.11 可知，BER 与 Q 值有关。由式（4.2.17）可知，Q^2 正好等于 SNR。所以，通常使用 Q 值的大小来衡量系统性能的好坏。在工程应用中，通过测量 BER 来计算 Q 值，Q 值与 BER 换算见表 4.2.3。

表 4.2.3 Q 值与 BER 对照表

BER	2.67×10^{-3}	8.5×10^{-4}	2.1×10^{-4}	3.6×10^{-5}	4.2×10^{-6}	2.8×10^{-7}
Q/dB	9	10	11	12	13	14
BER	9.6×10^{-9}	1.4×10^{-10}	7.4×10^{-13}	4.1×10^{-13}	2.2×10^{-13}	1.2×10^{-13}
Q/dB	15	16	17	17.1	17.2	17.3

图 4.2.11 表示 Q 参数和比特误码率（BER）及接收到的信噪比（SNR）的关系，信号用峰值（pk）功率表示，噪声用均方根噪声（rms）功率表示。由图可见，随 Q 值的增加，BER 下降，当 $Q > 7$ 时，BER $< 10^{-12}$。因为 $Q = 6$ 时，BER $= 10^{-9}$，所以 $Q = 6$ 时的平均接收光功率就是接收机灵敏度。近年来，由于超强前向纠错（SFEC）和电子色散补偿的应用，使

纠错能力大为提高，当 $Q = 6.3$ dB 时，容许系统送入纠错模块前的 BER 甚至可以达到 2×10^{-2}。

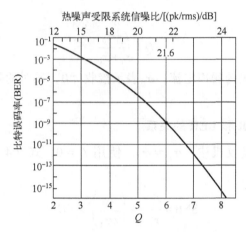

图 4.2.11 Q 参数和比特误码率及接收到的信噪比的关系

4. 数字光接收机眼图

在实验室观察码间干扰、判断系统性能好坏的最直观、最简单的方法是眼图分析法，如图 4.2.12 所示。将均衡滤波器输出的随机脉冲信号输入到示波器的 Y 轴，用时钟信号作为外触发信号，就可以观察到眼图。眼图的张开度受噪声和码间干扰的影响，当输出端信噪比很大时，张开度主要受码间干扰的影响。因此，观察眼图的张开度就可以估计出码间干扰的大小，这给均衡电路的调整提供了简单而适用的观测手段。

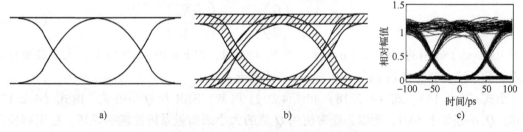

图 4.2.12 NRZ 码数字光接收机眼图

a）理想的眼图　b）因噪声恶化的眼图　c）实测眼图

4.2.7 相干光接收机

过去，几乎所有实用化的光纤通信系统都采用非相干的强度调制-直接检测（IM-DD）方式，这类系统成熟、简单、成本低、性能优良，已经在电信网中获得了广泛的应用，并仍将继续扮演主要的角色。然而，这种 IM-DD 方式没有利用光载波的相位和频率信息，无法像传统的无线电通信那样实现外差检测，从而限制了其性能的进一步改进和提高。

IM-DD 方式是用电子数据脉冲直接调制光载波的强度，在接收端，光信号被光敏二极管直接探测，从而恢复最初的数字信号。相干检测系统，就像传统的无线电和微波通信一样，用光载波的频率或相位发送信息，在接收端，使用外差检测技术恢复原始的数字信号。因为光载波相位在这种方式中扮演着重要的角色，所以称为相干通信，基于这种技术的光纤通信系统称为相干通信系统。

相干检测可使接收机灵敏度提高，与 IM-DD 系统相比可以改进 20 dB，从而在相同发射机功率下，允许传输距离增加 100 km；另外使用相干检测也可以有效地利用光纤带宽，因为可以使波分复用（WDM）各载波的波长间距减小。

在原理上，激光外差检测与无线电外差接收机的相似，都是基于无线电波或光波的相干性和检测器的平方律特性的检测。

相干光波系统是信号光在接收端入射到光探测器之前，用另外一个称为本地振荡器产生的窄线宽光波与它相干混频，如图 4.2.13 所示，光探测器的输出是一个微波中频信号，典型值为 1~5 GHz，然后再把该中频信号转变为基带信号。

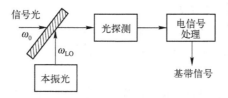

图 4.2.13　相干检测原理框图

对于外差检测接收机，用单个比特时间内（即"1"码内）接收到的平均光子数 N_P 表示的 SNR 为

$$SNR = 2\eta N_P \tag{4.2.19}$$

对于直接检测接收机，BER 为 10^{-9} 时，要求每比特光子数为 $\overline{N}_P \approx 1\,000$。但对于相干检测接收机，$\overline{N}_P < 100$ 是很容易实现的，因为借助增加本振光功率，使散粒噪声占支配地位，其他噪声均可以忽略不计。

4.3　复习思考题

4-1　光纤通信常用什么光源？

4-2　直接强度光调制和外腔调制有何不同？

4-3　简述发光机理？

4-4　LD 激光发射的条件是什么？

4-5　简述 DFB 激光器的结构和工作原理。

4-6　简述阵列 SOA 集成光栅腔体波长可调激光器的工作原理。

4-7　简述 PIN 光敏二极管的工作原理。

4-8　简述 APD 光敏二极管的工作原理。

4-9　简述波导探测器（WG-PD）的工作原理。

4-10　数字光接收机由哪三部分组成？各起什么作用？

4-11　接收机灵敏度的定义是什么？

4-12　简述性能参数 Q 的定义，它与信噪比（SNR）和比特误码率（BER）有什么关系?

4-13　为什么要用相干检测?

4.4　习题

4-1　DFB 激光器

DFB 激光器的波纹（光栅节距）$\Lambda = 0.22\,\mu m$，光栅长 $L = 200\,\mu m$，介质的有效折射率指数为 3.5，假定是一阶光栅，计算布拉格波长、模式波长和它们的间距。

4-2　计算 AWG 的阶数和波导长度

已知工作在 1 560 nm 波长的阵列波导光栅（AWG）的波导有效折射率 $n = 3.3$，相邻光栅臂通道长度差 $\Delta L = 61.5\,\mu m$，计算 AWG 的阶数和波导长度。

4-3　PIN 光敏二极管的灵敏度

Si PIN 光敏二极管具有直径为 0.4 mm 的光接收面积，当波长 700 nm 的红光以强度 $0.1\,mW/cm^{-2}$ 入射时，产生 56.6 nA 的光电流。请计算它的灵敏度和量子效率。

4-4　PIN 光敏二极管带宽

PIN 光敏二极管的分布电容是 5 pF，由电子-空穴渡越时间限制的上升时间是 2 ns，计算 3 dB 带宽和不会显著增加上升时间的最大负载电阻。已知线性系统电阻 R 和电容 C 决定的电路上升时间为 $2.2RC$。

4-5　InGaAs APD 灵敏度

InGaAs APD 没有倍增时（$M = 1$），波长 $1.55\,\mu m$ 处的量子效率为 60%，当反向偏置时的倍增系数是 12。假如入射功率为 20 nW，光生电流是多少？当倍增系数是 12 时，灵敏度又是多少？

4-6　Si APD 光生电流与 PIN 光生电流比较

Si APD 在 830 nm 没有倍增即 $M = 1$ 时的量子效率为 70%，反偏工作倍增系数 $M = 100$，当入射功率为 10 nW 时，光生电流是多少？

4-7　从 Q 值计算受热噪声限制接收机的 SNR

在受热噪声限制的接收机中，为了使 $BER = 10^{-9}$，Q 值必须为 6，请计算此时的 SNR。

4-8　从 Q 值计算散粒噪声限制接收机的 SNR

在散粒噪声受限的系统中，为了使 $BER = 10^{-9}$，Q 值必须为 6，请计算此时的 SNR。

4-9　从测量到的性能参数 Q 值计算或查表获得 BER

通过测量，已知超强前向纠错（SFEC）和电子色散补偿系统的 Q 值为 16，请计算该系统的 BER。

第5章 光纤通信系统

至此，我们已介绍了构成光纤传输系统所必需的传输介质——光纤和光缆，用于发射光信号的激光器和光发射机，用于接收光信号的光探测器和光接收机，在传输线路中对光信号进行放大的光放大器，以及光纤传输系统经常用到的光无源器件。

本章将首先简要介绍数字通信的基础——脉冲编码（PCM），光纤传输系统用到的调制、编码和复用技术；接着讲解光纤通信系统或网络，如同步数字制式（SDH）系统、异步传输模式（ATM）技术和国际互联网协议（IP）；然后介绍光纤/电缆混合（HFC）网、波分复用（WDM）和偏振复用系统、光纤传输技术在移动通信系统中的应用，最后给出海底光缆通信系统。

5.1 光纤通信系统基础

5.1.1 脉冲编码——将模拟信号变为数字信号

光纤通信系统光源的发射功率和线性都有限，因此通常选择二进制脉冲传输，因为传输二进制脉冲信号对接收机 SNR 的要求非常低（15.6 dB），对光源的非线性要求也不苛刻。

脉冲编码调制（PCM）是光纤传输模拟信号的基础。解码后的基带信号质量几乎只与编码参数有关，而与接收到的 SNR 关系不大。假如接收到的信号质量不低于一定的误码率，此时解码 SNR 只与编码比特数有关。图 5.1.1 表示 PCM 通信的 3 个最基本的过程，即取样、量化和编码。

1. 取样

取样是分别以固定的时间间隔 T 取出模拟信号的瞬时幅度值（简称样值）的过程，如图 5.1.1b 所示。要想实现模拟/数字（A/D）变换，首先要进行取样。

取样定理：若取样频率不小于模拟信号带宽的两倍，则取样后的样值波形只需通过低通滤波器即可恢复出原始的模拟信号波形。

图 5.1.1b 表示具体的取样过程，由图可见，时间上连续的信号变成了时间上离散的信号，因而给时分多路复用技术奠定了基础。但这种样值信号，本身在幅度取值上仍是连续的，称为脉冲幅度调制（PAM）信号，因此仍属模拟信号，它不仅无法抵御噪声的干扰，而且也不能用有限位数的二进码组加以表示。

2. 量化

所谓量化指的是将幅度为无限多个连续样值变成有限个离散样值的处理过程。

具体来说，就是将样值的幅度变化范围划分成若干个小间隔，每一个小间隔称为一个量化级，当某一样值落入某一个小间隔内时，可采用"四舍五入"的方法分级取整，

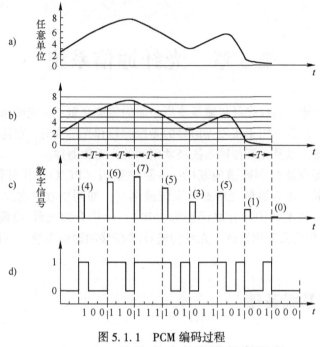

图 5.1.1　PCM 编码过程

a) 模拟信号　b) 取样　c) 量化　d) 编码

近似看成某一规定的标准数值。这样一来，就可以用有限个标准数值来表示样值的大小。当然量化后的信号和原来的信号是有差别的，称为量化误差，对于图 5.1.1c 所示的均匀量化，各段的量化误差均为 ±0.5。经过量化后的各样值可用有限个值来表示，进而即可进行编码。

3. 编码

所谓编码指的是用一组组合方式不同的二进制码来替代量化后的样值信号的处理过程。

我们知道，二进制码与状态"电平值"的关系为

$$N = 2^n \tag{5.1.1}$$

其中，n 为二进制码所包含的比特个数，N 为所能表示的不同状态（电平值）。换句话说，当样值信号被划分为 N 个不同的电平幅度时，每一个样值信号需要用

$$n = \log_2 N \tag{5.1.2}$$

个二进制码元表示。

在图 5.1.1c 和图 5.1.1d 中，每一样值划分为 8 种电平幅度（0~7），即 $N = 8$，所以每一样值需用 $n = 3$ 个码元表示，对于 3 位二进制码而言，与各样值的对应关系如表 5.1.1 所示。

表 5.1.1　8 个样值电平值与二进制码的对应关系

样值电平值	0	1	2	3	4	5	6	7
二进制码	000	001	010	011	100	101	110	111

至此，将一路模拟信号变成用二进制代码表示的脉冲信号的处理过程就结束了。所产生的信号称之为 PCM 信号。而描述所含信息量的大小，可用传输速率来表示，即每秒钟所传输的码元（比特）数目（单位：比特/秒，bit/s）。我国 PCM 通信制式的基础速率是 2 048 kbit/s，其计算过程见 5.2.1 节。

4. PCM 编码

现在我们再来说明图 5.1.2 表示的 PCM 编码的实现过程。首先在输入端用基带滤波器滤除叠加在模拟信号上的噪声。然后信号幅度被等于或大于奈奎斯特（Nyquist）频率 f_s 取样，并使取样频率 f_s 满足条件

$$f_s \geq 2(\Delta f)_b \tag{5.1.3}$$

式中，$(\Delta f)_b$ 为模拟基带信号带宽。

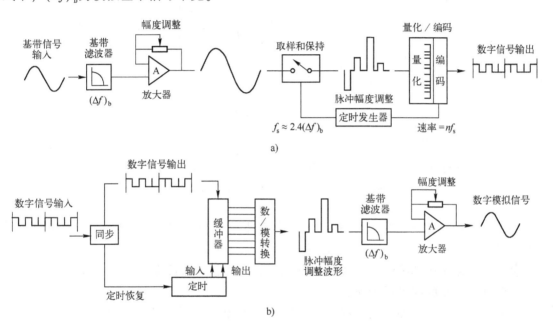

图 5.1.2　PCM 编码过程的实现

a）发送端　b）接收端

幅度电平被取样器记忆并选通到量化/编码器，在这里每个取样值的幅度与一个 2^n 个离散参考电平比较。该量化器输出一串 $N = 2^n$ 个二进制代码，它代表每个取样间隔内（$1/f_s$）测量到的取样幅度电平。每个代码具有 n 个码元（比特）。然后，把帧和同步比特插入二进制代码比特流中，重新组成串联数据流以便于传输。因此，传输速率要比 Nf_s 稍高。

在接收端，为了解码的需要，恢复出定时信号并分解取样代码。每个代码进入一个数/模（D/A）转换器。该数/模转换器输出与接收到的二进制代码相对应的离散电压值。它是一系列脉冲幅度调制（PAM）波形。为了重新恢复原来的模拟波形，PAM 波形需要经基带滤波器 $(\Delta f)_b$ 滤波。

5.1.2　信道编码——减少误码方便时钟提取

信道编码的目的是使输出的二进制码不要产生长连"1"或长连"0"，而是使"1"码和"0"码尽量相间排列，这样既有利于时钟提取，也不会产生如图 5.1.3 所示的因长连零信号幅度下降过大使判决产生误码的情况。采用下面的几种编码方式就可以基本达到以上的目的：

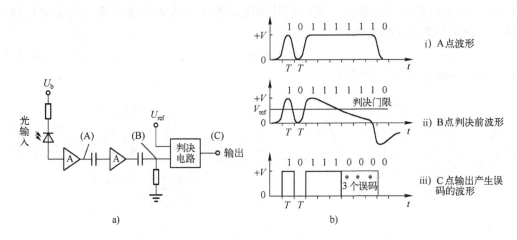

图 5.1.3　光接收机电容耦合使长连零信号幅度下降导致判决产生误码
a) 电容耦合放大判决电路　b) 电容耦合放大判决电路各点波形

使非归零码（NRZ）的"1"码在 $T/2$ 周期时，由高电平变成低电平，即由非归零码变成归零码（RZ），使图 5.1.4a 变为图 5.1.4b。

使用产生随机码的编码多项式对 NRZ 码进行扰码，确保长连"1"（高电平）或长连"0"（低电平）光脉冲串不出现。

使用相位调制码，如曼彻斯特（Manchester）编码，不管输入信号如何，输出占空比总是 50%，如图 5.1.4c 所示。

在 $P\text{-}I$ 特性的线性部分的半功率点偏置 LED 或 LD，这样发射光脉冲是双极性码，相当于三电平编码，如图 5.1.4d 所示。

在半功率点偏置光源，并用差分输入信号驱动它，发射脉冲总是正负相间变化，因此减小了所有的低频分量，如图 5.1.4e 和图 5.1.4f 所示。

使用很高电平的窄脉冲进行脉冲位置调制（PPM），在判决前进行积分和再生，以便恢复输入信号，如图 5.1.4g 所示。

图 5.1.4 除给出各种二进制编码的波形外，还给出了各自的频谱图。由图 5.1.4 的频谱图可知，NRZ 和 RZ 码都具有较大的直流和低频分量，所以不经扰码是不能用来传输的，除非直流耦合的情况。所有其他的编码方式，虽然减小了直流分量，却增加了传输带宽或减小了信号功率。然而对 NRZ 码扰码，既保持了最初的基带信号带宽，也没有减小信号功率。这是以增加设备复杂性为代价的，同时因增加了一些开销比特，使带宽略有增加。

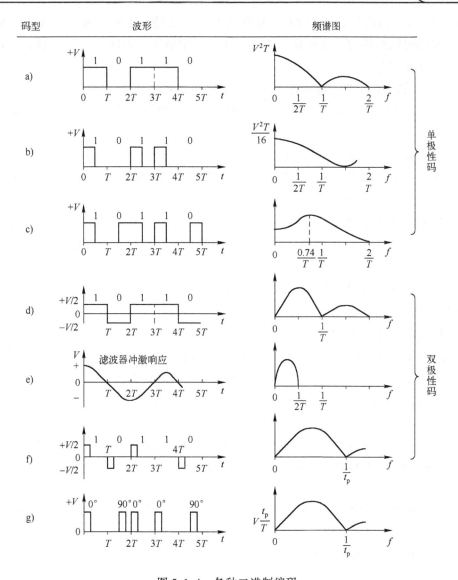

图 5.1.4　各种二进制编码

a）二进制非归零码（NRZ）　b）归零码（RZ）　c）曼彻斯特编码　d）HDB3 双极性码

e）双二进制码（DB）　f）NRZ 变换编码　g）脉冲位置编码

大多数高性能干线系统使用扰码的 NRZ 码，如 SDH 干线。这种码型最简单，带宽窄，SNR 高，线路速率不增加，没有光功率代价，无需编码。在发送端只要一个扰码器，在接收端增加一个解扰码器即可，使其适合长距离系统应用。扰码和解扰可由反馈移位寄存器和对应的前馈移位寄存器实现。通过扰码器可将简单的二进制序列的 "0" 码和 "1" 码的分布打乱，并按照一定的规律重新排列，从而减少长串连 "0"，或长串连 "1"，并使 "0" 码和 "1" 码的分布均匀，使定时提取容易。但是，扰码没有引入冗余度，还不能根本解决问题，所以在现代通信系统中，还需要进行码变换。$mBnB$ 编码就是一种码变换。

$mBnB(n=m+1)$编码，如5B6B码是将输入的m比特一组码作为一个码字，按变换码表在同样长的时间间隔内，变换成n比特一组的输出码字，如输入码字为000，变换后的输出码字为0100等。

另一种在ITU-T G.703建议中规定PDH接口速率139.264 Mbit/s和SDH接口速率155.520 Mbit/s的物理/电接口码型是CMI码，它规定输入码字为"0"时，输出为01；输入码字为"1"时，输出为00或11。

数据总线通常使用编码简单的相位编码（如曼彻斯特编码），这时因距离短，带宽不是主要的限制。由于恒定的50%的脉冲占空比和使用差分接收机，检测和再生易于实现，其SNR也与扰码的NRZ相当。

双极性编码通常很难在光纤通信系统中找到它的应用，因为它的SNR低，但是图5.1.4f所示的差分变换编码例外，虽然它的SNR低，但是编码简单，所以在短距离计算机外围设备互连和工业应用中使用。

脉冲位置调制（PPM）是一种独特的编码方式，大部分能量集中在很容易通过耦合电容的高频端。从接收到的脉冲位置信号，根据解码定时关系，或者简单地对其积分，就很容易恢复出发送端的双极信号。

双二进制编码（DB）技术能使"0"和"1"的数字信号，经低通滤波后转换为具有三个电平"1"、"0"和"−1"的信号。这种技术与一般的幅度调制技术比较，信号谱宽减小一半，这就使相邻信道的波长间距减小，可扩大信道容量，近来受到人们的高度重视。

光纤通信系统光源的发射功率和线性都有限，因此通常选择二进制脉冲传输，因为传输二进制脉冲信号对接收机SNR的要求非常低（15.6 dB），对光源的非线性要求也不苛刻。

脉冲编码调制（PCM）是光纤传输模拟信号的基础。解码后的基带信号质量几乎只与编码参数有关，而与接收到的SNR关系不大。假如接收到的信号质量不低于一定的误码率，此时解码$(SNR)_b$只与编码比特数有关。

5.1.3　信道复用——提高信道容量，充分利用光纤带宽

为了提高信道容量，充分利用光纤带宽信道，方便光纤传输，把多个低容量信道以及开销信息，复用到一个大容量传输信道。可以在电域和光域同时复用多个信道到一根光纤上。因此，复用后的多个信道共享光源的光功率和光纤的传输带宽。在电域内，信道复用有时分复用（TDM）、频分复用（FDM）和正交频分复用（OFDM）、微波副载波复用（SCM）和码分复用（CDM）；与此相对应，在光域内，信道复用也有光时分复用（OTDM）、光频分复用即波分复用（WDM）、光偏振复用，以及利用光纤传输的光纤/电缆混合有线电视网络（O-HFC）、微波副载波复用（O-SCM）系统、正交频分复用（O-OFDM）系统和码分复用（O-CDM）系统，如图5.1.5所示。光纤传输的TDM系统就是大家熟悉的SDH网络。此外，还有空分复用，比如双纤双向传输就是空分复用。

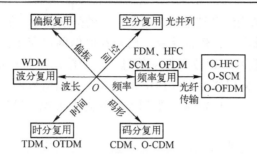

图 5.1.5　光纤通信系统利用的各种复用技术

5.1.4　光调制——让光携带声音和数字信号

在无线电广播通信系统中，调制是用数字或模拟信号改变电载波的幅度、频率或相位的过程。改变载波的幅度调制叫非相干调制，而改变载波的频率或相位的调制叫相干调制。调幅收音机是非相干调制，而调频收音机是相干调制。与无线电通信类似，在光通信系统中，也有非相干调制和相干调制。非相干调制有直接调制和外调制两种，前者是信息信号直接调制光源的输出光强，后者是信息信号通过外调制器对连续输出光的幅度或相位或偏振进行调制。

激光器发出的光波是一种平面电磁波，式（1.5.1）描述沿 z 方向传输的电场，也可以写成

$$E_x(t) = E_0(t)\cos\left[2\pi f(t)t + \varphi(t)\right] \tag{5.1.4}$$

如图 5.1.6b 所示，这里 $E_0(t)$ 是以光频 $f(t)$ 振荡的光波电场振幅包络，$\varphi(t)$ 是它的相位。从原理上讲，不论改变这 3 个参数中的哪一个，都可以实现调制。改变 $E_0(t)$ 的调制是幅度调制，如图 5.1.6c 和图 5.1.6d 所示；改变 $f(t)$ 的调制是频率调制，如图 5.1.6f 所示；改变 $\varphi(t)$ 的调制是相位调制，如图 5.1.6g 所示。另外还有一种调制，那就是改变光的偏振方向，如图 5.1.6e 所示。图 5.1.6a 表示用快速上下移动快门，使光波间断通过遮光板的孔洞，从而实现光的脉冲调制。

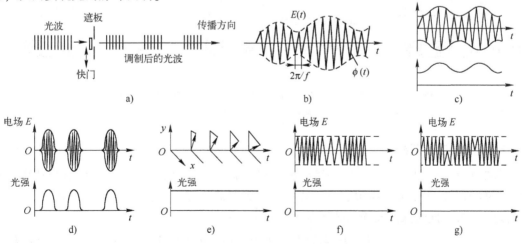

图 5.1.6　光的各种调制方式

a）脉冲调制　　b）光波的振荡波形　　c）幅度调制　　d）脉冲调制　　e）偏振调制　　f）频率调制　　g）相位调制

早期，所有实用化的光纤系统都是采用非相干的强度调制-直接检测（IM-DD）方式，这类系统成熟，简单，成本低，性能优良，已经在电信网中获得广泛的应用。然而，这种IM-DD方式没有利用光载波的相位和频率信息，从而限制了其性能的进一步改进和提高。近来，调制信号相位的正交相移键控（DQPSK）和既利用信号偏振又调制信号相位的偏振复用差分正交相移键控（PM-DQPSK）受到人们的高度重视，进行了深入的研究，并在高速系统中得到了应用。

IM-DD方式是用电信号直接调制光载波的强度，在接收端，光信号被光敏二极管直接探测，从而恢复发射端的电信号。直接强度调制有模拟和数字强度调制，以及副载波调制。副载波调制是首先用输入信号对高频电磁波（相对于光载波是副载波）进行调制，然后再用该副载波对光波进行二次调制。副载波又有模拟和数字之分，有时将副载波调制简称为载波调制。图5.1.7为光通信调制方式分类，图5.1.8为几种调制方式的实现和示意图解。

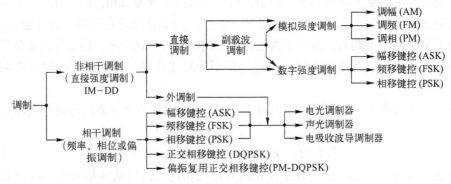

图5.1.7　光通信采用的调制方式

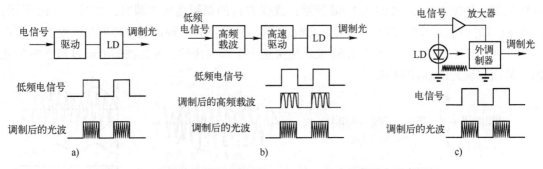

图5.1.8　几种直接强度光调制（IM-DD）方式的实现和示意图解

a）直接调制　　b）副载波调制（以AM为例）　　c）外调制

1. 模拟强度光调制

模拟强度光调制是模拟电信号线性地直接调制光源（LED或LD）的输出光功率，如图5.1.9a所示。为了分析简单起见，我们假定光载波为相干正弦波（见1.5节），调制信号也为正弦波，此时探测器输入的调制光载波功率为

$$P(t) = 2P_b[1 + M_o \cos(\omega_g t)] \cos^2(\omega_o t) \tag{5.1.5}$$

式中，$2P_b \cos^2(\omega_o t)$为未调制光载波强度；$P_b = A^2/2$为偏置点平均光功率（见图5.1.9a）；

$M_o = P_s/2P_b$ 为光调制指数；P_s 是加到 LD 上的信号平均光功率。通常 $M_o = 1/2$，ω_o 和 ω_s 分别是光载波和输入信号角频率。

在探测器输出端，光载波被滤除，留下的信号光生电流为

$$i_s(t) = RMP_{in}\left[1 + M_o\cos(\omega_s t)\right] \tag{5.1.6}$$

式中，R 是探测器灵敏度；M 是 APD 增益，如果采用 PIN 接收机，则 $M = 1$；P_{in} 是入射到探测器的光功率，信噪比为

$$\text{SNR} = \frac{(i_s)^2}{\sigma^2} = \frac{M_o\left(RMP_{in}\right)^2}{\sigma_s^2 + \sigma_T^2 + \sigma_{RIN}^2} \tag{5.1.7}$$

式中，σ_s^2 为散粒噪声；σ_T^2 为热噪声；σ_{RIN}^2 是 LD 的相对强度噪声。σ_s^2 和 σ_T^2 分别由式（4.2.10）、式（4.2.9）表示。

由于模拟调制要求高的 SRN，所以信号功率很高，不得不考虑 LD 的强度噪声（RIN）的影响。半导体激光器噪声用相对强度噪声（RIN）表示，它表示单位带宽 LD 发射的总噪声

$$\text{RIN} = \frac{\overline{P_{NL}^2}}{P^2\Delta f} \tag{5.1.8}$$

式中，$\overline{P_{NL}}$ 是 LD 产生的平均噪声功率；P 是 LD 发射的平均功率；Δf 是测量 LD 输出功率的接收机带宽。与式（4.2.9）表示的均方热噪声电流相类似，均方 RIN 噪声是

$$\sigma_{RIN}^2 = \text{RIN}\left(RP_{in}\right)^2\Delta f/R_L \tag{5.1.9}$$

2. 数字强度光调制

当调制信号是数字信号时，调制原理与模拟强度调制相同，只要用脉冲波取代正弦波即可，如图 5.1.9b 所示。但是工作点的选择不同，模拟强度调制选在 $P\text{-}I$ 特性的线性区；而数字调制选在阈值点。对于二进制脉冲输入，探测器产生的光电流为

"1" 码时 $\qquad\qquad\qquad i_s = RMP(1) \tag{5.1.10}$

"0" 码时 $\qquad\qquad\qquad i_s = RMP(0) \tag{5.1.11}$

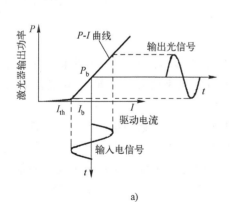
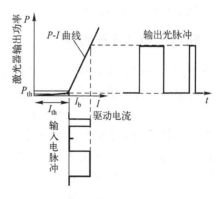

a) b)

图 5.1.9 激光器的强度调制

a）模拟强度调制 b）数字强度调制

例如，对于非归零编码，"1" 码时，探测器光电流为 $i_s = RMP_{pk}$；"0" 码时，为 $i_s = 0$，式中

P_{pk} 为脉冲峰值功率。

因为输入信号的离散性，接收机信噪比可用峰值信号电流和均方根噪声电流之比表示，即

$$\mathrm{SNR} = \frac{I_s}{\sigma} = \frac{RMP_{pk}}{\sqrt{\sigma_s^2 + \sigma_T^2}} \qquad (5.1.12)$$

对于数字信号，传输系统的性能是由比特误码率（BER），而不是用 SNR 表示。SNR 和 BER 的关系可用 SNR 和性能参数 Q 的关系表示，关于该参数的物理意义，以及与 SNR、BER 的关系，已在 4.2.6 节进行了介绍。

对于单极信号 $\qquad\qquad \mathrm{SNR} = 20\lg Q$ 或者 $\mathrm{BER} = \mathrm{erfc}\, Q \qquad (5.1.13)$

对于双极信号 $\qquad\qquad\qquad \mathrm{BER} = 2/3(\mathrm{erfc}\, Q/2) \qquad (5.1.14)$

例如，对于单极信号，$\mathrm{BER} = 10^{-9}$ 时，$Q = 6$，$\mathrm{SNR} = 20\lg 6 = 15.6\,\mathrm{dB}$。

对于双极信号，$\mathrm{BER} = 10^{-9}$ 时，$\mathrm{BER} = 2/3(\mathrm{erfc}\, Q/2) = 10^{-9}$，由此求得 $Q = 2(5.325) = 10.65$。

例 5.1.1 "1" 码内的光振荡数量计算

用脉冲信号对光强度调制，使用波长为 0.82 μm 的 LED，请问当脉冲宽度 1 ns 时，在 "1" 码时有多少个光振荡？

解： 已知 $\lambda = 0.82$ μm，所以光频是 $f = c/\lambda = 3.6585 \times 10^{14}\,\mathrm{Hz}$，光波的周期是 $T = 1/f = 2.7334 \times 10^{-15}\,\mathrm{s}$。已知脉冲宽度 1 ns，所以在该脉冲宽度内的光周期数是

$$N = T_{ele}/T = 10^{-9}/2.7334 \times 10^{-15} = 365\,8537.2$$

5.2 SDH 光纤传输系统——典型的时分复用（TDM）光纤通信系统

在 SDH 出现以前，电信网中所用的数字传输系统都属于准同步数字制式（PDH），它可以很好地适应传统的点对点通信，却无法适应动态联网的要求，也难以支持新业务应用和现代网络管理。因此，光同步数字制式（SDH）应运而生，成为新一代公认的理想传输体制。

同步数字制式（SDH）光纤传输系统可以说是一种最典型的电时分复用（TDM）应用。

5.2.1 时分复用的工作原理

时分复用（TDM）是采用交错排列多路低速模拟或数字信道到一个高速信道上传输的技术。时分复用系统的输入可以是模拟信号，也可以是数字信号。目前 TDM 通信方式的输入信号多为数字比特流，所以，我们只讨论数字信号时分复用。

模拟信号转变为数字信号的原理是，利用 5.1.1 节介绍的脉冲编码调制（PCM）方法，将语音模拟信号经取样、量化和编码三个过程转变为数字信号。为了实现 TDM 传输，要把传输时间按帧划分，每帧 125 μs，把帧又分成若干个时隙，在每个时隙内传输一路信号的 1 个字节 8 bit，当每路信号都传输完 1 个字节后就构成 1 帧，然后再从头开始传输每一路的另 1 个字节，以便构成另 1 帧。也就是说，它将若干个原始的脉冲调制信号在时间上进行交错排列，从而形成一个复合脉冲串，如图 5.2.1b 所示，该脉冲串经光纤信道传输后到达接收端。在接收端，采用一个与发送端同步的类似于旋转式开关的器件，完成 TDM 多路脉冲流的分离。

图 5.2.1a 为 24 路数字信道时分复用系统构成的原理图。首先，同步或异步数字比特流送入输入缓存器，在这里被接收并存储。然后一个类似于旋转式开关的器件以 8 000 转/秒（即 $f_s = 8\,kHz/s$）轮流地读取 N 个输入数字信道缓存器中的 1 字节的数据，其目的是实现每路数据流与复用器取样速率的同步和定时。同时，帧缓存器按顺序记录并存储每路输入缓存器数据字节通过的时间，从而构成数据帧。N 个信道复用后的帧结构如图 5.2.1b 所示。

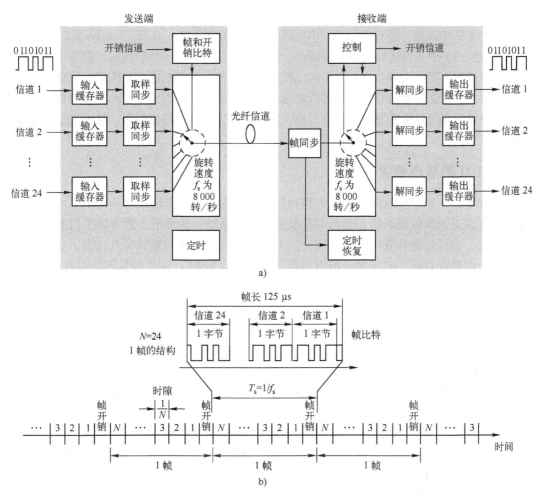

图 5.2.1　数字输入时分复用原理图

a) 24 路数字信道（T1）时分复用系统构成原理图　b) N 个信道复用后的帧结构

话音信号的频带为 300~3 400 Hz，取上限频率为 4 000 Hz，按取样定理，取样频率为 $f_s = 2 \times 4\,kHz = 8\,kHz/s$（即每秒取样 8 000 次）。取样时间间隔 $T = 1/f_s = 1/8\,000\,s = 125\,\mu s$，即帧长为 125 μs。在 125 μs 时间间隔内要传输 8 个二进制代码（比特），每个代码所占时间为 $T_b = 125/8\,\mu s$，所以每路数字电话的传输速率为 $B = 1/T_b = 64\,kbit/s$（或者 8 bit/每次取样×8 000 次/每秒取样）。按照国际电联的建议，把 1 帧分为 32 个时隙，其中 30 个时隙用于传输 30 路 PCM 电话，另外两路时隙分别用于帧同步和信令/复帧同步，则传输速率为 64 kbit/s×32 = 2 048 kbit/s（也就是 8 bit/每个取样值×32 个取样值/每次×8 000 次/每秒）。这一速率就是我国 PCM 通信制式的基础速率。

当每个信道的数据（通常是一个8bit的字节）依次插入帧时隙时，由于信道速率较低，而复用器取样速率较高，有可能出现没有数据字节来填充帧时隙的情况，此时可用一些空隙字节来填充。在接收端把它们提取出来丢弃。在帧一级，也要插入一些定时和开销比特，其目的是为使解复用器与复用器同步。为了检测误码并满足监控系统的需要，也插入另外一些比特。这些填充比特、同步比特、误码检测和开销比特在图5.2.1中用帧开销（FOH）时隙表示。

为了在光纤中传输，要对已形成的串联比特流编码（见5.1.2节）。在图5.2.1a的接收端，接收转换开关要与发送转换开关帧同步，恢复定时信号，解码并转换成双极非归零脉冲波形。该信号被送入接收缓冲器，同时也检出控制和误码信号。然后把存储的帧信号依次地从接收缓冲器取出，每路字节信号分配到各自的输出缓冲器和解同步器（DESY）。输出缓冲器存储信道字节并以适当的信道速率依次提供与输入比特流速率相同的输出信号，从而完成时分解复用的功能。

5.2.2　SDH 的基本概念

从原理上讲，一个传输网络主要由两种基本设备构成，即传输设备和网络节点设备。传输设备既可以是光缆线路系统，也可以是微波或卫星系统；网络节点既可以是只有复用功能的简单节点，也可以是具有传输、复用、交叉连接和交换功能的复杂节点。为了实现全球统一电信网络的最终目标，必须统一网络节点间的接口（NNI），SDH 传输网正是在此基础上，由一些基本的 SDH 网络单元组成，在光纤上进行同步信息传输、复用和交叉连接。

在 SDH 传输网中，信息具有一套标准化的结构等级，称为同步传送模块 STM-N，其中 N = 1、4、16、64、256，这些模块具有矩形帧结构，允许安排丰富的比特开销用于网络的运行、维护和管理（OAM）；它有一套特殊的同步复用与映射方法，使得现存的 PDH、SDH 及宽带综合业务接入网（B-ISDN）中的 ATM 信元都能进入其帧结构，因而具有适应性强的特点；它的基本网络单元有终端复用器（TM）、分插复用器（ADM）、数字交叉连接设备（DXC）等，它们的功能各异，但都有互通的标准光接口；而且由于微处理器的大量采用，使得网络单元及整个网络的智能程度大大提高，因而易于网络的配置和控制，利于网络的升级换代。

下面以 PDH 中的 4 次群，即从 140 Mbit/s 的码流中分插出一个 2 Mbit/s 支路信号为例，比较 PDH 与 SDH 的工作过程。由图5.2.2可知，在传统 PDH 系统中，为了从 140 Mbit/s 的码流中分插出一个 2 Mbit/s 支路信号，需要经过 140 Mbit/s 到 34 Mbit/s、34 Mbit/s 到 8 Mbit/s、8 Mbit/s 到 2 Mbit/s 三次解复用和复用过程，而采用 SDH 分插复用器（ADM）后，可以利用软件直接一次分插出 2 Mbit/s 支路信号，十分简单和方便。

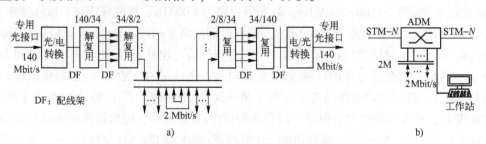

图 5.2.2　PDH 和 SDH 分插信号的比较

a）PDH 的分级复用　b）SDH 分插复用/解复用

5.2.3 SDH 帧结构和传输速率

SDH 光纤通信系统可以说是一种最典型的电时分复用（TDM）应用。

在 SDH 传输网中，信息采用标准化的模块结构，即同步传送模块 STM-N（N=1、4、16、64 和 256），其中 N=1 是基本的标准模块信号。

SDH 的帧结构是块状帧，如图 5.2.3 所示，它由横向 270×N 列和纵向 9 行字节（1 字节为 8 比特）组成，因而全帧由 2 430 个字节（相当于 19 440 个比特）组成，帧重复周期仍为 125 μs。字节传输由左到右按行进行，首先由图中左上角第 1 个字节开始，从左到右，由上而下按顺序传送，直至整个 9×270×N 字节都传送完为止。然后再转入下一帧，如此一帧一帧地传送，每秒共传送 8 000 帧。因此，对于 STM-1 而言（N=1），每秒传送速率为（8 bit/字节×9×270 字节）/帧×8 000 帧/s=155.52 Mbit/s；对于 STM-4 而言（N=4），每秒传送速率为 8 bit/字节×9×270 字节×4×8 000 帧/s=622.08 Mbit/s；对于 STM-16 而言（N=16），每秒传送速率为 8 bit/字节×9×270 字节×16×8 000 帧/s=2 480.32 Mbit/s。SDH 各等级信号的标准速率如附录 E 所示。

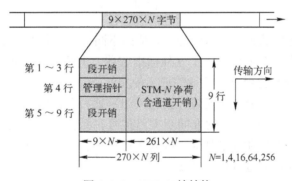

图 5.2.3　STM-N 帧结构

由图 5.2.3 可知，整个帧结构大体可以分为三个区域，即段开销域、管理指针域和信号净荷域，现分别叙述如下。

段开销（SOH）域，放置维护管理字节，它是指在 STM 帧结构中，为了保证信息正常灵活传送所必需的附加字节。对于 STM-1，帧结构中左边 9 列×8 行（除去第 4 行）共 72 字节（相当 576 比特）均用于段开销。由于每秒传 8 000 帧，因此共有 4.608 Mbit/s 可用于维护管理。

管理指针域，它是一种指示符，主要用来指示净荷的第 1 个字节在 STM-N 帧内的准确位置，以便接收端正确地分解。图 5.2.3 中第 4 行的第 9 个字节是保留给指针用的。指针的采用可以保证在 PDH 环境中完成复用、同步和帧定位，消除了常规 PDH 系统中滑动缓冲器所引起的延时和性能损伤。

信号净荷域，它是用于存放各种信息业务容量的地方。对于 STM-1，图 5.2.3 中右边 261 列 9 行共 2 349 字节都属于净荷域。在净负荷中，还包含通道开销字节，它是用于通道性能监视、控制、维护和管理的开销比特。

5.2.4 SDH 复用映射结构

为了得到标准的 STM-N 传送模块，必须采取有效的方法将各种支路信号装入 SDH 帧结构的净荷域内，为此，需要经过映射、定位校准和复用这三个步骤。图 5.2.4 为适用于我国的 SDH 基本复用映射结构。

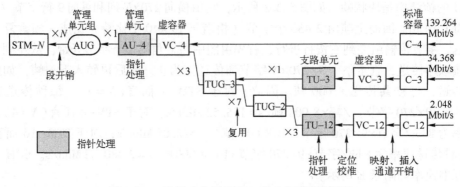

图 5.2.4　适用于我国的 SDH 基本复用映射结构

首先，各种速率等级的数字信号先进入相应的不同接口容器 C，针对现有系统常用的准同步数字体系信号速率，G.709 规定了五种标准容器，但适用于我国的只有 C-4、C-3 和 C-12，这些容器是一种信息结构，主要完成适配功能。

由标准容器出来的数字流加上通道开销（POH）比特后，构成 SDH 中的虚容器（VC），在 VC 包封内，允许装载不同速率的准同步支路信号，而整个包封是与网络同步的，因此，常将 VC 包封作为一个独立的实体对待，可以在通道中任一点取出或插入，给 SDH 网中传输、同步复用和交叉连接等过程带来了便利。

由 VC 出来的数字流进入管理单元（AU）或支路单元（TU），其中 AU 是一种为高阶通道层和复用段层提供适配功能的信息结构，它由高阶 VC 和管理单元指针（AU PTR）组成。一个或多个在 STM 帧内占有固定位置的 AU，组成管理单元组（AUG）。同理，TU 是一种为低阶通道层和高阶通道层提供适配功能的信息结构，它由低阶 VC 和支路单元指针（TU PTR）组成。一个或多个在高阶 VC 净荷中占有固定位置的 TU 组成管理单元组（TUG）。最后，在 N 个 AUG 的基础上再加上段开销（SOH）比特，就构成了最终的 STM-N 帧结构。

图 5.2.5 表示 SDH 的等级复用原理，首先几个低比特率信号复用成 STM-0 信号，接着

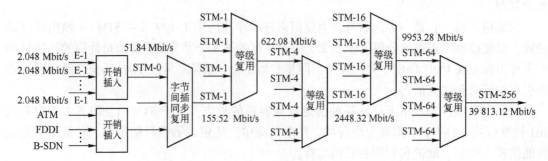

图 5.2.5　SDH 的等级复用

3 个 STM-0 信号复用成 STM-1 信号，几个低比特率信号也可以直接复用成 STM-1 信号。然后 4 个 STM-1 信号复用成 STM-4 信号，以此复用下去，最后 4 个 STM-64 信号复用成 STM-256（39 813.12 Mbit/s）信号。

5.2.5　SDH 设备类型和系统组成

1. SDH 设备类型

SDH 设备产品可划分为三类，即接入、交换和传送设备。交换设备有早期使用的电路交换和分组交换设备，以及目前使用的异步传送模式（ATM）设备。传送设备则由终端复用器（TM）、分插复用器（ADM）、数字交叉连接设备（DXC）以及中继器组成。中继器可以是光/电/光再生中继器，也可以是全光中继器（EDFA）。

图 5.2.6 表示 STM-1 的终端设备，其中图 5.2.6a 为终端复用器，图 5.2.6b 为分插复用器，图 5.2.6c 表示在继续向下一站传送信息的同时可实现上/下话路的分插复用器。

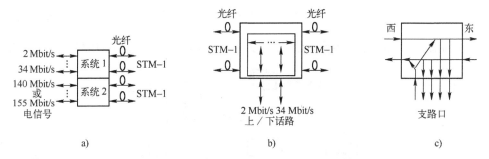

图 5.2.6　适合我国制式的 STM-1 复用设备

a) 终端复用器（TM）　　b) 分插复用器（ADM）　　c) 分插复用器上/下话路的功能示意图

终端复用器（TM）的主要任务是将低速支路信号或者低速 SDH 信号复用进高速的 SDH 设备。分插复用器（ADM）具有灵活分插任意支路信号的能力。

数字交叉连接设备（DXC）是一种集复用、交叉连接（自动化配线）、保护/恢复、监控和网管等功能为一体的传输设备。图 5.2.7a 表示 DXC 的功能简图，传输系统送来的信号在输入端解复用成 m 个并行的信号，然后由交叉连接矩阵按照预先存放的交叉连接表或动态计算出的交叉连接表，按时隙交换原理对这些信号重新安排通道，最后再将这些重新安排后的信号复用成高速信号输出。DXC（也称 DCS）交换的最小单位称为粒度，粒度可以是 E1 速率（2 Mbit/s）、STM-1 速率（155 Mbit/s）、STM-16（2.5 Gbit/s），甚至可能是 STM-64 速率（10 Gbit/s）。DXC 输入输出接口可以是电学接口，也可是光学接口。光学接口可以是光纤信道、SDH 设备光接口、千兆位速率以太网光接口，也可以是 WDM 系统的波长信道、光纤传输的正交频分复用（O-OFDM）系统的波带等，如图 5.2.7b 所示。

2. SDH 系统

通常，SDH 系统为点对点系统和环状系统。点对点系统（见图 5.2.8）由包含复用功能和光接口的线路终端复用器（TM）、光缆、中继器（如果配置的话）组成。中继器可以是常规的光/电/光再生器，也可以是使用 EDFA 的全光中继器。

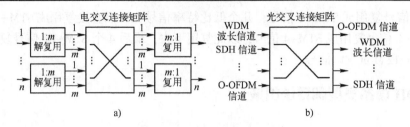

图 5.2.7 DXC 功能简图

a) 电 DXC 原理图　b) 光 DXC 原理图

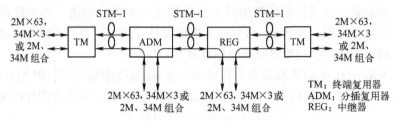

图 5.2.8 STM-1 分插复用器构成的 SDH 点对点系统

在环状系统中，如图 5.2.9 所示，节点设备可以是分插复用器（ADM），也可以是数字

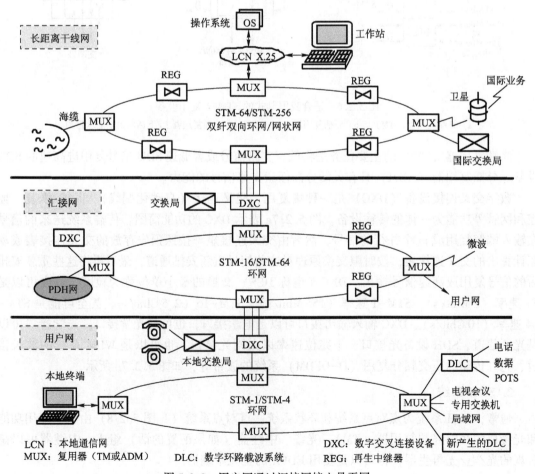

图 5.2.9 用户网通过汇接网接入骨干网

交叉连接设备（DXC）。环状结构在链路或节点失效的情况下，能为系统提供一条替换的路由，同时拓扑结构也很简单，所以常用于 SDH 系统的骨干网和接入网中。目前使用的环状结构有两类：单向通道交换环和双向线路交换环。前者通常用于网络的接入部分，将多个节点连接到位于中心交换局的集线器（Hub）节点，后者使用 2 根光纤或者 4 根光纤，互联多个中心交换局。

图 5.2.9 给出了用户网通过汇接网接入骨干网的例子。

5.2.6 SDH 物理层

ITU-T 标准 G.957 和 G.691 已对 SDH 物理层作了规范，光接口规范的基本目的是在中继段上实现横向兼容，即允许不同厂家的产品在中继段上互通，并保证中继段的各项性能指标不变。同时，具有标准光接口的网络单元可以经光路直接相连，即减少了不必要的光/电转换，节约了网络运行成本。

光接口规范规定了不同应用等级使用的光纤类型（多模光纤或单模光纤）、光源波长和类型（LED 或 LD）、允许中继段的光纤损耗和色散值、传输距离等。

多模光纤有阶跃多模光纤和性能比阶跃光纤好的渐变多模光纤；单模光纤通常使用的有标准单模光纤（G.652 光纤）、色散移位光纤（G.653 光纤）、非零色散移位光纤（G.655 光纤）。G.652 光纤特点是当工作波长在 1.3 μm 时，光纤色散很小，系统的传输距离只受光纤衰减限制。但这种光纤在 1.3 μm 波段的损耗较大，为 0.3~0.4 dB/km；在 1.55 μm 波段的损耗较小，为 0.2~0.25 dB/km。色散在 1.3 μm 波段为 ±3.5 ps/(nm·km)；在 1.55 μm 波段较大，约为 20 ps/(nm·km)。这种光纤可支持用于在 1.55 μm 波段的 STM-16（2.5 Gbit/s）的干线系统，但由于在该波段的色散较大，若传输 STM-64（10 Gbit/s）的信号，传输距离超过 50 km 时，就要求使用价格昂贵的色散补偿模块。

G.653 光纤是零色散波长从 1.3 μm 移到 1.55 μm 的色散移位光纤（DSF）。G.653 光纤分为 A 和 B 两类，A 类是常规的色散移位光纤，B 类与 A 类类似，只是对 PMD 的要求更为严格，允许 STM-64 的传输距离大于 400 km，并可支持 STM-256 应用。关于 G.655 光纤我们已在 2.4.2 节中进行了介绍。

根据应用环境不同，按照传输距离的长短可分为局内应用、短距离局内应用、长距离局内应用、超长距离局内应用和特长距离局内应用 5 个等级，如表 5.2.1 所示。

表 5.2.1 光接口分类

应用等级	局内应用	短距离局内应用		长距离局内应用		超长距离局内应用		特长距离局内应用
光源波长/nm	1 310	1 310	1 550	1 310	1 550	1 310	1 550	1 550
传输距离/km	≤2	40	80	15	40	60	120	160

通常，短距离低速率应用使用 1 310 nm 的多纵模 F-P 激光器，长距离高速率应用使用 1550 nm 的单纵模分布反馈激光器（DFB）。如果使用线路光放大器，如掺铒光纤放大器（EDFA），则中继距离可达到 400~600 km。

另外在传输距离不超过 70 m 时，也可以用同轴电缆连接，不过电接口只适用于 STM-1 等级。

光接口的线路码型为加扰 NRZ 码，扰码的目的是控制由于信息序列长连"0"或长连"1"所引起的定时信息丢失。采用 7 级扰码器是为了保证扰码器产生的伪随机序列充分接近真正的随机序列，从而削弱各个再生器产生的抖动对系统的影响。

系统运行波长范围受到一系列因素的制约，主要是模式噪声、光纤衰减和色散的影响。

为了保证中继段的性能和纵向兼容性，对 SDH 发送机 LD 的活动连接器插座（S 点）到接收机 PD 光纤活动连接器插座（R 点）之间的光通道的衰减和色散值做出了统一的规范，包括衰减范围、最大色散、光缆在 S 点的最小回波损耗、SR 点间最大离散反射系数。光接口规定了发送机 S 点的特性，包括光源类型、谱宽、最大/最小平均发送功率和最小消光比。光接口也规定了接收机 R 点的特性，包括最小接收灵敏度、最小过载点、最大光通道代价、最大光反射系数等。

SDH 通常采用环状拓扑结构，由多个互联的环再构成网状结构。

5.2.7 SDH 网同步

网同步的目的是使网中所有交换节点的时钟频率和相位都控制在预先确定的容差范围内，以便使各交换节点的全部数字流实现正确有效的交换。否则，会使交换缓存器中出现信息比特流的溢出和丢失。

SDH 网络单元可以接入现有的同步网，但是同时在进行指针调整与网同步时，会产生很低频率的抖动和漂移。DXC 和自愈环的引入也为网同步定时的选择带来复杂性。

目前，在世界各国公用网中，交换节点时钟的同步采用主从同步方式。目前 ITU-T G.811~G.813 对同步时钟的分级、各级时钟的精度做出了规范。我国主从同步方式采用 ITU-T 规范的 4 级时钟，每一级时钟都同步于上一级时钟，网中最高一级时钟称为基准主时钟（PRC），一般采用铯原子钟，精度为 1×10^{-11}。该时钟经同步分配网分配给二级本地局时钟、三级端局从时钟，如图 5.2.10 所示。最低一级（第 4 级）时钟为数字小交换机、远端模块或 SDH 网元设备的内置时钟，如石英晶振，精度为 $10^{-8} \sim 10^{-6}$。

主从同步方式的优点是网络稳定性好，对从节点时钟要求低，控制简单，其可靠性可以通过时钟多重备用和同步链路备用来改进。

除国内网采用主从同步方式外，我国与其他国家的数字网采用伪同步方式。所谓伪同步就是大家都采用铯原子钟，都遵守 G.811 规范，由于时钟精度高，网间各局的时钟频率和相位虽不完全相同，但误差很小，接近同步，于是称为伪同步。在国际网接口处，网间采用伪同步是正常工作方式。

图 5.2.11 表示时钟在局内分配的星形同步网结构。

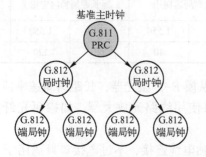

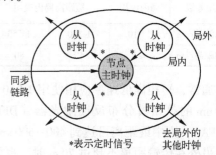

图 5.2.10 时钟在局间分配的树形同步网结构图   图 5.2.11 时钟在局内分配的星形同步网结构

5.3　异步传输模式（ATM）技术

5.3.1　从同步模式（STM）到异步模式（ATM）

从 5.2 节我们已知道，SDH 网是一个运行高效、维护能力强大的传输系统，它将时间分割成周期为 125 μs 的帧，使用传统的同步时分技术，要求所有的数据按照一个标准的传输速率（如 155 Mbit/s 等）进行传送，所以称 SDH 系统为同步传输模式（STM），它的分级也用 STM-N 表示。

传统的 SDH 设备不适合 B-ISDN 使用，因为在多媒体的双向应用中，上/下行的传输速率是不对称的，比如在网上看电影/电视，对下行速率和带宽的需求远大于对上行速率和带宽的需求。而 SDH 系统只传输恒定的比特率业务，上/下行传输速率和带宽总是相同，它并不能因为用户不需要而减小。实际上，在用户没有足够的信元填充一帧时，它就用空闲信元填充。所以对上行带宽的使用是一种浪费，对下行带宽又不能动态分配。

另外，人们在 PC 上对下载数据业务的延时并不在乎，但在打电话时却对话音的延时特别敏感，而 SDH 对此却无能为力。

为此，人们就提出一种与同步传输模式（STM）技术相对应的异步传输模式（ATM）技术。ATM 可支持可变速率业务，支持时延要求较小的业务，具有支持多业务、多比特率的能力。因此 ATM 接入系统能够完成不同速率的多种业务接入，它既能够提供窄带业务，又能提供宽带业务，即能提供全业务接入。ATM 技术简化了分组通信协议，并由硬件对简化的协议进行处理，交换节点不再对信息进行差错控制，从而减少了延时，极大地提高了网络的通信处理能力。

ATM 技术已广泛应用于 ATM 交换以及 ADSL 和 APON 接入网中。目前，ATM 已通过 ADSL 进入许多家庭。

5.3.2　ATM 的基本概念

ATM 技术是实现 B-ISDN 的核心技术，它以分组交换为基础，并融合了同步传送模式（STM）的优点发展而成。ATM 本质上是一种高速分组传送模式，它将话音、数据及图像等所有的数字信息分解成长度一定的数据块，并在各数据块前加上信头（即信息发往的地址、丢弃优先级等控制信息）构成信元。图 5.3.1b 给出把发送信息分解成信元并进行多路复用的过程。只要获得空闲信元，即可以插入信息发送出去。因插入的信息位置不固定，故称这种传送方式为异步传送模式（ATM）。因为需要排队等待空闲信元到来时才能发送信息，所以 ATM 是以信元为单位的存储交换方式。

由图 5.3.1a 可见，STM 帧长为 125 μs，它靠帧内的时隙位置来识别通路。ATM 则靠信头来识别通路，故称这种复用为信头复用或统计复用。ATM 采用长度固定的信元，信元像 STM 的时隙一样定时出现。因此，可以采用硬件高速地对信头进行识别和交换处理。由此可见，ATM 传输技术融合了电路传送模式与分组传送模式的特点。

ATM 系统中的复用信息流被分组成固定长度 53 个字节的信元，它含有一个用户信息域和一个 5 字节的信头，信头包含了一个识别信道的标志。如果用一种规则周期性地将信元进

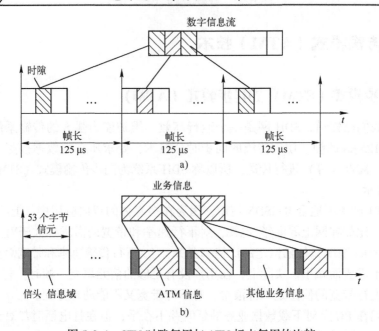

图 5.3.1　STM 时隙复用与 ATM 标志复用的比较

a) 同步传输模式（STM）—面向时隙复用　b) 异步传输模式（ATM）—面向分组复用

行分配，由于信元具有固定的长度，可获得一个固定的带宽通路，所以 ATM 适用于恒定比特率业务和可变比特率（即突发的）业务的传输和交换。因为 ATM 的每个终端和交换节点必须根据信头的地址转送和交换信息，所以它是一种面向连接的技术。但是，ATM 技术也可为非连接业务提供一般的灵活传送能力。

ATM 采用面向标志的交换和复用原理，它用排队、缓冲存储甚至丢弃信元的方法来消除短期争用；而 STM 采用面向位置（即基于时隙位置）的交换和复用原理，它只用缓冲存储来消除争用。STM 用指定的时隙来识别连接，通道结构依赖于物理复用的等级，如 STM-1、STM-4、…、STM-256；而 ATM 用标志来识别信道，而与复用等级无关。因此，与 STM 的等级通道容量结构相比，ATM 通道容量是不分等级的。

5.3.3　ATM 的信元结构

ATM 网络运载的信息被分组成一个个固定长度的信元（53 个字节），图 5.3.2 表示 ATM 信元结构。ATM 信元分为两部分：信头和净荷。信头占 5 个字节，净荷占 48 个字节，每个字节 8 个比特。信头包含执行路由选择的通道识别符和信道识别符、流量控制符及其他功能。信头的主要任务是用来识别一个异步时分复用信息流上属于相同虚信道（VC）的信元。

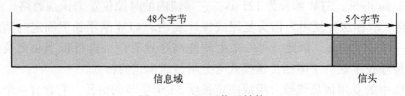

图 5.3.2　ATM 信元结构

在 ATM 信头中，有流量控制域（GFC）、虚通道/虚信道标志符（VPI/VCI）、净荷类型域（PT）、信元丢弃优先级指示域（CLP）和信头校验码（HEC）等比特。

5.3.4　ATM 复用和交换原理

在信头的各个组成部分中，VPI 和 VCI 是最重要的。这两部分合起来构成了一个信元的路由信息，也就是这个信元从哪里来、到哪里去。ATM 交换机就是依据各个信元上的 VPI-VCI 值，决定把它们送到哪一条出线上去的。

我们知道，一条通信线路（我们也常称信道）可以用同步时分复用方式分割成若干个子信道。例如一条窄带 ISDN 用户线路可以分割成两个 64 kbit/s 的 B 信道和一个 16 kbit/s 的 D 信道。在异步传送方式中，我们使用虚通道和虚信道的概念，同样可以把一条通信线路划分成若干个子信道。

在 B-ISDN 中，用户也需要指挥交换机动作，例如建立拆除虚通道、虚信道等，因此也需要信令。传送信令的 ATM 信元称为信令信元。

除了承载用户信息的信元和信令信元外，还有两种信元类型也很重要，这就是空闲信元和运行维护信元。空闲信元的作用是，如果在线路上没有其他信息要发送，那么就发送空闲信元。也就是说，空闲信元起的是"填充"空闲信道的作用。运行维护信元的作用是承载 B-ISDN 中的运行维护信息，例如故障、报警等。运行维护信元又常简称为 OAM 信元。

ATM 信元都是定长的，在没有信息传送时，在线路上传送的是空闲信元，因此，如果观察一条 B-ISDN 中的通信线路，我们会发现，时间仍是被划分成一个个等长的小时隙，每个小时隙都正好是一个 ATM 信元。这有些类似于 SDH 的同步时分复用情况，而不同于 IP 分组交换网中的情况，如图 5.3.3 所示。

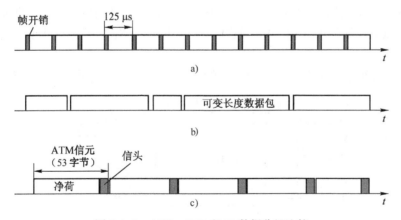

图 5.3.3　ATM、STM 和 IP 数据分组比较

a）同步时分复用（STM，如 SDH）　b）数据分组（如以太网帧）　c）ATM 数据传送

在用户信息被传送前，首先把它分装成固定长度的信元。话音、活动图像等恒定速率的实时性信号，在装成一个 ATM 信元后，应该是每隔一个固定的时间间隔出现一次。例如一路 64 kbit/s 的数字话音信号装入传输速率为 155.52 Mbit/s 的 ATM 信元，每隔 6 ms 出现一次。在话音信元 6 ms 的间距内，可以插入数据和图像信元，插入的信元数量分别根据数据信号和图像信号占据的带宽（即与传输速率相对应）来确定。我们可以把这些话音信道、

数据信道和图像信道都叫作虚信道（VC），把用来同时传送这些虚信道的路径称为虚通道（VP）。因为传送这些信息的信道和通道并不是永久不变的实际路径，所以称它们为虚信道和虚通道。

为了不使 ATM 交换系统的控制处理负担太重，可以采用虚通道和虚信道两级管理的办法。通过虚通道对交换机连接到各地的线路进行宏观管理，通过虚信道对各个通信进行微观管理。在对虚通道和虚信道进行两级管理时，ATM 交换机也可分为两类，分别负责进行虚通道和虚信道的交换。当虚信道交换机找不到虚通道来放置新的呼叫时，它可以通知有关的虚通道交换机调整虚通道。当然，虚通道交换机本身也可以根据各条虚通道上的信息流量来进行调整。

为了避免信息的随机性延迟，在 ATM 交换方式中取消了反馈重发制。因为采用了高质量的光纤通信线路，传送信息过程中的错误是很少的。尽管如此，还是可能因为某种原因，使个别通信线路的通信质量忽然恶化（例如突发的外界干扰）。为此，首先要对各个通信线路的通信质量随时进行监视。各个 ATM 交换机可以经常定时互相发送一些 OAM 信元。这些 OAM 信元的 48 字节信息域的内容是事先规定好的，因此，收到这些信元的 ATM 交换机可以根据这些信元的误码情况来判断有关线路的通信质量。

造成一条通信线路的通信质量下降的原因是各种各样的。除了因为干扰或其他原因造成的信息传输错误突然增加外，线路上的通信完全中断也是可能的。不过，无论哪一种情况，ATM 交换机都应当及时向操作人员报警，并能在可能情况下自动切换到备份线路上去。此外，在必要时还应给 B-ISDN 中的其他交换机或网络管理设备，发出某种 OAM 信元，报告有关情况。

为了识别信元所属的虚路径，每个 ATM 信元信头包含虚信道标识符（VCI）和虚通道标识符（VPI），专门用来识别信元所属的 VP 和 VC 值。不同 VP 内的 VC，即使具有不同的 VPI 值，也可以有相同的 VCI 值。VPI 值可在 ATM 网元（NE）处进行转换（即 VP 交叉连接系统）。

VC、VP、物理链路以及物理层之间的关系如图 5.3.4 所示。物理层是运载 ATM 信元的

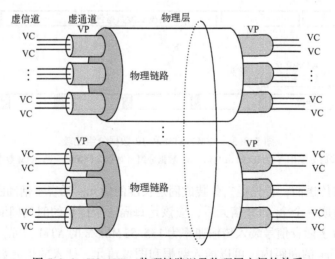

图 5.3.4　VC、VP、物理链路以及物理层之间的关系

通路，其目的地点由 ATM 信头表明。一个物理层可包括多个物理链路，而每个物理链路可运载多个 VP，每个 VP 又包含多个 VC。虚信道（VC）提供两个或多个端点之间的 ATM 信元传输，这些端点可能用于用户与用户、用户与网络或网络与网络间的信息传送。ATM 信元信息净荷被送到进行复用/交换处理的 VC 端点，VC 的路由选择在 VC 交换单元完成。该路由选择包括将输入 VC 链路的 VCI 值转换为输出 VC 链路的 VCI 值。

　　既然 ATM 有虚信道和虚通道之分，那么 ATM 复用也有虚信道复用和虚通道复用之分，如图 5.3.5 所示。

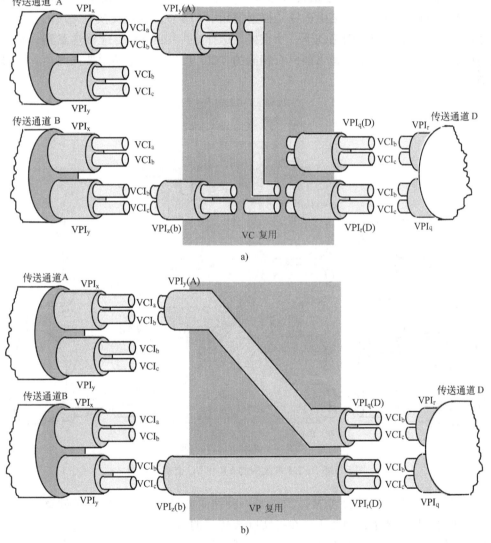

图 5.3.5　ATM 复用

a）虚信道（VC）复用　b）虚通道复用

　　虚通道（VP）由一组 VC 组成，而虚通道终端（VPT）确定 VP 的边界，VPT 对 VPI 和 VCI 进行处理。在中间节点的 ATM 网元（NE）中，只对 VPI 值进行处理，不对 VCI 值进行处理。只在 VPT 对 VCI 进行处理。

　　与 ATM 复用类似，ATM 交换也有虚信道交换和虚通道交换之分，如图 5.3.6 所示。由图可见，虚通道交换完成各个虚通道间的交换，而虚信道交换可以同时完成各虚信道和虚通道间的交换。

　　参与 ATM 网络交换的实体是虚信道，虚信道在一个物理传输通道链路上的两个端点之间是单向的。虚信道信元中包括有 VCI 和 VPI。虚信道的路由选择就是根据这些识别符在虚信道交换中完成的。在不同的虚通道中，具有相同 VPI 的虚信道在虚信道复用中复合在同一个虚通道中，如在图 5.3.6 中，在传送通道 A、B 中，具有相同虚信道标识的 VCI_b 和 VCI_c 复用到通道 D 中。同时，根据其目的地址，在信头中插入将在网络下一站选择路由所需要的 VPI 和 VCI。虚通道的路由选择是根据信元中 VPI 在虚通道交换中完成的，并根据其目的地址在信头中插入将在网络的下一个交换站选择路由用的 VPI。应该注意到，属于两个不同虚通道的两个不同的虚信道可能具有相同的 VCI，所以一个虚信道要同时由 VPI 和 VCI 来识别。

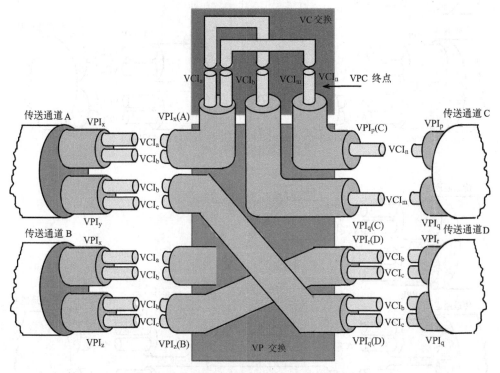

图 5.3.6　ATM 系统中的 VP 和 VC 交换示意图

　　前面我们已经提到，虽然 ATM 本质上是一种面向分组的技术，但从某种意义上讲，它又是一种面向连接的技术，因为用户在把实际要传送的 ATM 信元传送之前，首先必须建立一条到目的地的虚电路。在虚电路建立之后，同一路话的所有信元将用建立起来的同一个通道传输。

5.3.5　ADSL 接入系统

　　电信公司为了有效利用现有电话线资源，提高接入网的速度和带宽，以便获得更多的利润，并满足用户对高速数据和宽带业务的需求，开发了数字用户线（xDSL）技术。xDSL 有高速数字用户线（HDSL）、非对称数字用户线（ADSL）和甚高频数字用户线（VDSL）之分。

ADSL 除提供 T1/E1 业务外，还能提供普通电话业务、IP 业务和点播电视业务，适用于家庭使用。最大特点是无须改动现有铜缆网络设施就能提供宽带业务。所以 1998 年 10 月 ITU-T 提出了 G.992.1 建议，规定了全速率的 ADSL 技术规范。随后，又推出 G.992.2 建议，规定了用户端不用分离器的 ADSL 技术规范（G.Lite），其目的是降低设备安装的复杂性和成本。

图 5.3.7 表示用于异步传输模式（ATM）的 ADSL 系统的构成，由图可见，ADSL 分离/合路器由高通滤波器和低通滤波器组成，完成低频电话信号和宽带数据和视频信号的分离和合路。在下行方向，ADSL 分离/合路器将电话信号和经过 ADSL 局端收发器处理的宽带业务信号复合在一起，通过同一对电话线传输到用户端的 ADSL 分离/合路器，在这里电话信号由低通滤波器取出送到电话端机，而宽带业务信号由高通滤波器取出送到 ADSL 远端收发器。在上行方向，使用 ADSL 分离器，将宽带信号和窄带信号复合在一起，通过电话线传到电话局后，通过信号合路/分离器时，如果是语音信号就传到交换机上，如果是数字信号就接入 Internet。ITU-T G.992.1 除规范了 ATM 的 ADSL 外，还规范了一种用于同步传输模式（STM）的 ADSL。

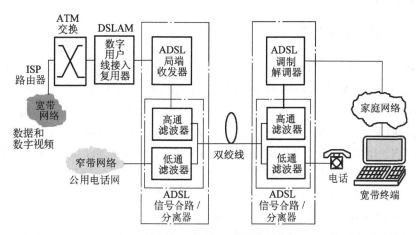

图 5.3.7　ADSL 系统构成

由于频率越高，信号在线路上的损耗越大。ADSL 要在长距离的双绞线传输大量的数据信号，将采用数字信号处理和调制技术把大量的信息压缩后，分信道在双绞线上传送。为了建立多个信道，ADSL 对电话线进行频带划分（FDM）。将 0~4 kHz 的频带用做电话信号传送，剩余频带，将其划分为两个互不重叠的频带，一段用于上行信道，一段用于下行信道。下行信道由一个或多个高速信道加入一个或多个低速信道以时分方式组成，上行信道由相应的低速信道也以时分复用方式组成。

ADSL 采用频分复用（FDM）方式，载波间距是 4.3125 kHz，如图 5.3.8 所示。音频段占 0~4 kHz，用于传输普通电话业务（POTS）。高频数据段占用 25 kHz~1.1 MHz，其中 25~138 kHz 用于上行传输。传输速度下行快、上行慢，正好满足大多数应用场合，同时也可以大大减小近端串音。下行传输速率与距离有关，一般来说，随着传输距离的增加，传输速率会下降。对于3 km以内的传输距离，下行传输速率可以达到8 Mbit/s；当6 km时速率降低到1.5 Mbit/s。上行速率通常为640 kbit/s。

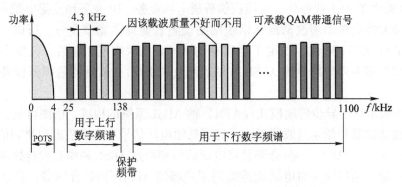

图5.3.8 基于DMT的ADSL系统的传输频谱

ADSL最大的特点是无须改动现有铜缆网络设施就能提供宽带业务，其主要缺点是对线路的苛刻要求，目前国内只有少部分双绞线对可以开通ADSL业务。与同轴电缆和光纤相比，双绞线的带宽毕竟是有限的。因此，ADSL仅仅是近期接入的一种过渡性方式，随着光纤到家的推进，ADSL终究将被淘汰。

5.3.6 ATM的现状和未来

ITU-T 1998年以来，已完成了一整套APON的G.983建议，其目的就是使PON携带的信息ATM化，这种ATM化的PON称为APON，利用APON构成的网络是一种全业务接入网（FSAN）。但是，G.983.1规定APON接入网传输系统下行传输速率最高为622 Mbit/s，随着PON分光比的增加，光网络单元（ONU）数也随之增多，每个ONU所用的带宽就有限。后来出现了EPON、GPON，鉴于APON与其他PON比较，标准复杂，成本高，在传输以太网和IP数据业务时效率低，以及在ATM层上适配和提供业务复杂，APON较低的承载效率以及在ATM层上适配和提供业务复杂等缺点，现在APON已渐渐淡出人们的视线。

现在许多用户还在使用ADSL上网，可能有些用户还不知道ADSL接入实际上是ATM over ADSL到家的系统结构。在这种结构中，基于ATM VC的虚交换方式取代了电路交换方式。此外，ATM系统可以适应不同的速率（非对称速率），完全满足ADSL上/下行速率不对称的要求。

图5.3.9表示通过ATM over ADSL使ATM到家的系统结构，图中DSLAM表示数字用户线接入复用器，它是一个终结物理层和ATM层的ATM复用器，是一个向用户提供基于ATM宽带业务的网络单元。DSLAM复用从ADSL线路来的ATM信元，解复用从ATM交换机来的ATM信元流。ATM接入交换机是一个标准的ATM交换机，用于接入交换到本地宽带网络。它通常和公用电话交换机放在一起，在现有用户线上向用户提供数据、话音、视频等多媒体业务。它利用现有电话线（铜质双绞线）向用户提供高速数字通道，是一种低成本、高性能的"最后一公里"解决方案之一。

通过POTS（普通电话业务）分离器，在下行方向，将电话业务和其他多媒体业务复合在一起，由双绞线传送到每家每户；在上行方向，把双绞线传送来的电话业务和其他业务分

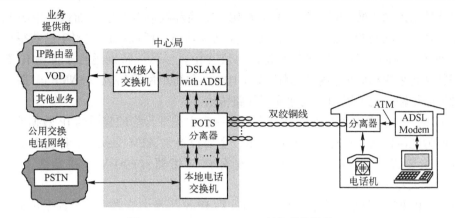

图 5.3.9 ATM over ADSL 到家系统结构

离开来，分别送到公用电话交换网（PSTN）和 DSLAM。由图 5.3.9 可见，由于 DSLAM 的使用，减少了到 IP 业务提供者（ISP）和公用电路交换网（PSTN）的点对点 ATM 链路。

在 ATM 到家的系统结构中，ATM 在用户端的 PC 上终结。这就是说，要么用户端外部接入终止单元（ATU-R）具有一个标准的 ATM 接口，要么 PC 具有一个内部 ATU-R。后者意味着 PC 网络接口卡（NIC）要处理 ATM 和 ADSL 协议。前者意味着要求 ATM NIC 必须支持对上行会聚流量的流量整形，以避免上行 ADSL 线路的过载。

在 ATM 协议提出时，想用它来替代 IP。然而，由于 IP 的独特性，从台式计算机到核心路由器都离不开它，很难被取代。结果是 ATM 定义了接口，以便于 IP 连接，这样 ATM 就处于 IP 和 SDH 之间，一种可能的接入是 IP 数据包封装在 ATM 信元中，然后 ATM 又把 IP 数据包交给 SDH，或者使 IP 层具有 ATM 功能，IP 直接和光传送网相连，如图 5.4.4 所示。这就是 IP over ATM，使 IP 路由穿越了 ATM，同时它也提供网络流量工程。目前世界上大量安装的 IP 骨干网就是基于这种技术。

之后出现的多协议标记交换（MPLS）技术，也对 ATM 构成了威胁，因为 MPLS 传输的信元有 1 500 个字节，比 ATM 53 个字节的信元更大，更便于数据网使用。不过，很多 MPLS 路由器内部交换功能都使用 ATM 硬件完成高速数据包的转发，至少从这方面来看，ATM 可以继续存在。

目前，在宽带城域网建设中存在两种基本技术，即采用纯 ATM 体制和纯 IP 体制，由于它们各有优缺点，所以又衍生出 ATM+IP 体制。纯 ATM 体制全部采用 ATM 交换机和复用设备，纯 IP 体制采用路由器和以太网交换机，而 ATM+IP 体制仅在城域网的接入部分采用以太网交换机，其他部分采用 ATM 设备。

5.4 IP 互联网

5.4.1 IP 简述

因特网协议（IP）是互联网的基本联网协议，也是当今世界上用得最广泛的联络技术。它位于开放系统互联（OSI）参考模型中的第 2 层（即 L2，数据链路层），该层中的 MAC

子层要完成数据帧的组装/拆解、复用/解复用、交换和控制等功能；而该层中的 LLC 子层要完成链路建立、帧校验、信息流量调配和控制等功能。所以在广域网中已获得广泛的使用。以太网（Ethernet）的帧格式与因特网协议（IP）一致，特别适合于传输 IP 数据。以太网和因特网均采用相同的传输控制协议（TCP）和简单网管协议（SNMP），既可以用于低速同轴链路传输，也可以用于高速光纤线路传输。

采用 IP 的广域网是光互联网，实际上它是一种以光纤为物理媒质的 IP 数据网，其底层物理传输网为光传输网。在传统数据网络中，主要设备是 ATM 交换机、路由器等；而在光传输网中，主要设备是 DWDM 设备，如光分插复用器（OADM）和光交叉连接设备（OXC）、光放大器等。

传统上，IP 网络提供"尽力而为"服务，即 IP 网尽最大能力将一个数据包从它的发送地传输到目的地。然而，不同的包可能选择不同的路由以不同的延时在网络中传输，假如网络存在拥塞，一些包就不得不被丢弃，造成数据错误。为此，提出了一种等级服务措施，将待发送的数据包分组成不同的等级，以不同的速度处理。路由器把"加速级"数据包排在队列的最前面，"确保级"数据包排在其后，而没有要求的数据包则排在最后，这放在最后的数据包能否被发送只能顺其自然了。比如，将数据包按优先级别排队，$y = 3$ 的数据包丢弃的可能性要比 $y = 1$ 更大。IP 的这种"尽力而为"服务不能提供端对端的质量保证（QoS）。

5.4.2 以太网

以太网（Ethernet）是当前最流行的一种使用 IP 的局域网（LAN）技术。以太网是 Xerox 公司于 20 世纪 70 年代发明的一种 LAN，它采用带冲突检测的载波监听多路访问（CSMA/CD）协议，作为媒质接入协议（MAC），速率为 10 Mbit/s，传输介质为同轴电缆。IEEE 802.3 标准是在最初的以太网技术基础上于 1980 年制定的。现在以太网一词泛指所有采用 CSMA/CD 协议的局域网。以太网是最成功的联网技术，所有 99% 的传输控制协议/因特网协议（TCP/IP）数据包，都通过以太网到用户。

以太网接入的性能价格比高，可扩展性好，容易安装开通，可靠性高，与目前所有流行的操作系统兼容，所以，以太网被大量使用。以太网的帧格式与因特网协议（IP）的一致，特别适合于传输 IP 数据。速率等级有 10 Mbit/s、100 Mbit/s、1 Gbit/s、10 Gbit/s、40 Gbit/s 和 100 Gbit/s，可按需升级。10 Mbit/s 以太网传输介质为同轴电缆；100 Mbit/s 以太网传输介质为双绞线；1 Gbit/s以太网传输介质为光纤或双绞线（UTP），采用无碰撞双线双工方式，UTP 用于 LAN，光纤用于城域网（MAN）。10 Gbit/s 的光纤以太网，传输介质为光纤，用全双工模式，不需要 CSMA/CD。10 Gbit/s 光纤以太网物理层有两种规范：LAN-PHY 和 WAN-PHY，其中 WAN-PHY 可以把基于 IP 的以太网交换机与基于 SDH 的交换机连接在一起，这就保证了 10 Gbit/s 以太网可以使用 SDH 物理层用于宽域网（WAN），并且与所有的 10 Gbit/s WDM 系统兼容。

40 Gbit/s、100 Gbit/s 以太网标准在 2010 年制定完成（IEEE 802.3ba），都通过多路 10 Gbit/s 和 25 Gbit/s 信道来实现，其中 40GBASE-LR4/100GBASE-LR10 使用单模光纤，距离超过 10 km；100 GBASE-Ek4 使用单模光纤，距离超过 40 km。

多年来，以太网除了带宽有大幅度扩大外，还有两个重要变化，其一是采用星形布线；

其二是 LAN 交换的出现。采用类似电话网的星形布线后，共享媒质的集线器由交换机代替，此时业务量将不再自动广播给所有计算机，而可以由交换机连接至特定计算机的双绞线传送给计算机，在一定程度上实现了计算机间的信息隔离，同时解决了系统带宽问题。

1. 以太网帧格式

图 5.4.1 表示 IEEE 802.3 规定的以太网帧结构。一帧由帧头（前导码）、帧头结束符、源地址、数据送往上层协议的类型、目的地址、可变长度数据字节和帧校验（FCS）组成。帧长可变，最长为 1 526 个字节。

图 5.4.1 IEEE 802.3 规定的以太网帧结构

帧头（前导码）：由 7 个字节共 56 个比特组成，表示一帧的开始，以便于接收端辨别并对该帧进行循环冗余校验（CRC）。为了接收端从中提取时钟进行同步，所以安排帧头用"1""0"相间排列的比特串组成，以便使之具有最丰富的频率成分。

帧头结束符（SOF）：由 1 字节组成，结构是 1 0 1 0 1 0 1 1，当接收端收到的最后两位是 1 1 时，就知道随后而来的字节是目的地址。

目的地址：由 6 个字节组成，表示该帧发往的地址，可以是唯一地址，也可以表示一组地址和广播地址。

源地址：表示该帧从何处来，也由 6 个字节组成。

数据长度/协议类型：由 2 字节组成，表示数据长度和以太网处理完后的数据送往上层协议的类型。

用户数据：以太网帧结构规定最短为 46 个字节，最多为 1 500 个字节。如果不足 46 个字节，则要插入填充字节。

帧校验（FCS）：由 4 字节组成循环冗余校验（CRC）值，它由发送设备生成，接收设备对排在它前面的目的地址、源地址、协议类型和数据比特进行计算，以便检验帧是否出错。

因特网协议的帧格式与以太网的相同。

2. 未来的以太网

以太网技术的固有机制不提供端到端的包延时、包丢失率以及带宽控制能力，难以支持实时业务的服务质量。同时，目前以太网也不能提供故障定位以及多用户共享节点和网络所必需的计费统计能力。而且，以太网的建设需要单独架线，投入高，施工麻烦；10 Mbit/s 和 100 Mbit/s 以太网五类线接入传输距离有限，用户分散，接入交换机数量众多且零散，使网络管理和维护复杂。总之，由于以太网在计费、质量、寻址、管理、安全以及私有性等方面存在诸多问题，因此，传统以太网必须经过改造后才能顺利地应用于公用电信网。

不过，采用通用多协议标记交换（GMPLS）光网络只需 IP 和 WDM 层就可以完成以前包括 ATM 和 SDH 网络完成的功能。在 GMPLS 中，标记交换通道（LSP）承载的净荷类型包括以太网 IP 数据包、ATM 信元、SDH 帧等（见 5.4.4 节）。

3. 以太网接入因特网

图 5.4.2 表示以太网可以通过路由器接入因特网（IP 广域网），这里路由器相当于一个网关，它能提供任何网桥的所有功能。在因特网中，每个设备都有它自己的 IP 地址，并且在一个给定的网络范围内，所有的设备必须有相同的 IP 网络地址和唯一的主机编号，例如以太网 A 的 IP 地址是 192.168.9，属于该网的设备都是这个地址，为了区分接入该网的设备，再给每个设备编一个号，如打印机的 IP 地址是 192.168.9.13。

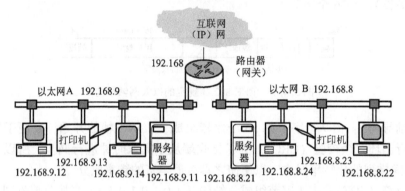

图 5.4.2　以太网通过路由器接入因特网

5.4.3　IP 骨干网技术及其演进

在光互联网中，高性能的 IP 交换机或路由器可直接通过光纤连接到光网络核心层，如图 5.4.3 所示，核心层是 WDM 网络，主要设备是光分插复用器、光交叉连接器（OXC）、光放大器等。如何将 IP 接入光传送网，还没有定论。不过，光互联网论坛（OIF）推荐的几种可能的 IP 接入技术如图 5.4.4 所示。最近 OTN 标准化的设想是 IP 直接进入光互联网（OTN）。

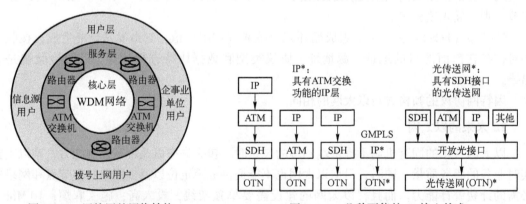

图 5.4.3　因特网的网络结构　　　图 5.4.4　几种可能的 IP 接入技术

IP 与 ATM 的结合是选路和交换的优化组合，可以综合利用 ATM 的速度快、容量大、多业务支持能力的优点，以及 IP 的简单、灵活、易扩充和统一的特点，达到优势互补的目的。但缺点是网络体系结构复杂且功能重复，因为 ATM 与 TCP/IP 都具有寻址、选路和流量控制的功能，开销损失达 25% 以上。这种组合可用于网络边缘多业务的汇集和服务质量要求较高的 IP 业务，但不太适合超大型 IP 骨干网应用。为此可使用多协议标记交换

（MPLS），把一些面向连接的组网优点带到路由器的网络上。

自从 20 世纪 90 年代早期，基于软件路由的 IP 路由器就已被专用集成电路（ASIC）硬件路由技术所取代。在这种早期的 IP 网络中，租用 SDH 线路把路由器相互连接在一起，这种方法称为 IP over SDH。IP over SDH 是将 IP 分组通过点到点协议直接映射到 SDH 帧，具有业务分级，但无优先级。其缺点是不适用于多业务平台，不支持虚拟专用网和电路仿真，同时可扩展性也不理想。这种组合可用于经营 IP 业务的提供者（ISP）和以 IP 业务为主的电信网或电信骨干网上疏导高速率的数据流。

为了应付业务流量的不断膨胀，扩大节点容量是必要的。一种可能的技术是简化开发 Tbit/s 电子 IP 路由器，并且用大容量的 WDM 线路把它们连接在一起，这就是首先 IP over SDH，然后 SDH over WDM。为了开发容量更大、更容易管理的 IP 网络，在 20 世纪 90 年代中期，引入了异步传送模式（ATM）技术，使用虚通道（VP）和虚信道（VC）概念直接将路由器似网状般连接在一起，这就是 IP over ATM，使 IP 路由穿越了 ATM，同时它也提供网络流量工程。目前世界上大量安装的 IP 骨干网就是基于这种技术。

还有一种 IP 接入是 IP 连接光传送网的 WDM，这种 IP over WDM 的优点是：
- 省掉了中间的 ATM 层与 SDH 层，减少了网络设备。
- 减少了功能重叠，简化了设备，减轻了网管复杂度。
- 额外的开销最低，传输效率最高。
- 成本可达到传统电路交换网的 1/10 到 1/100。
- 利用 WDM 超大的带宽和简单的优先级方案，保证 QoS。
- 除物理层提供恢复外，可以在 IP 层上实现复杂的恢复方法，对话音业务优先恢复，对非话音业务靠缓冲和重选路由恢复。

IP over WDM 可用于未来的城域网和大型 IP 骨干网的核心汇接。

在可以预见的将来，IP over ATM、IP over SDH、IP over WDM 将共存互补。吉比特和太比特路由器和 ATM 交换是服务层的关键组成部分。

图 5.4.5 表示 IP 进入光传输网的途径，图 5.4.5a 表示现在 IP 通过 SDH、ATM 或 WDM 进入光通道传输网的示意图；图 5.4.5b 表示未来 IP 进入光传输网波段的途径，IP 可能依次通过 SDH（或 ATM、WDM）进入光通道，然后再接入光波段传输网，或者再通过光快速电路交换接入光波段。或许会有一种新协议取代 IP，通过光快速电路交换进入光波段传输网。5.4.5 节将要介绍的通用多协议，标记交换（GMPLS），不再需要 ATM 和 SDH 层，而只需要 IP 和 WDM 层就可以完成以前 ATM 和 SDH 网络完成的功能，如图 5.4.8 所示。

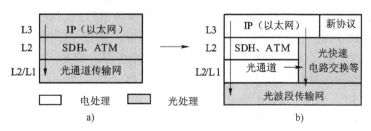

图 5.4.5 设想的光层演进

a) 现在的网络 b) 未来的网络

图 5.4.6 给出了光互联网的体系结构,图中 WDM 环网为核心网,终端设备是 OADM 和 OXC;SDH 环网为次核心网,终端设备是 ADM 和 DXC。IP 路由器、ATM 交换机可以直接或通过光纤和 SDH 环或光传送网(OTN)WDM 环相连。

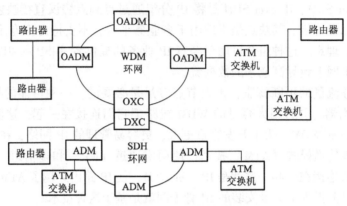

图 5.4.6 光互联网的体系结构

5.4.4 多协议标记交换(MPLS)

1997 年,Internet 网络工程组提出了多协议标签交换(MPLS)技术,该技术使用简单的标记交换原理取代 IP 一跳一跳的转发过程,节省了每一跳都需要高层处理的时间,从而实现了快速、高效的转发。MPLS 把路由和转发合并在一起,正如其名称所暗示的,MPLS 提供了一个标准化的多层交换技术,它综合了 OSI 参考模型中的 L2 层标记交换功能和 L3 层的路由功能。它能够兼容 L2 层上的多种技术,也能够支持 L3 层的多种协议,如 IPv4、IPv6、IPX 等。它吸收了 ATM 高速交换的优点,并引入了面向连接的控制技术,在网络边缘首先完成 L3 层的路由功能,而在 MPLS 核心网中则实现 L2 层的标记交换功能。

MPLS 在网络节点之间提供一条标记交换通道(LSP),完成 MPLS 功能的路由器称做标记交换路由器(LSR)。

MPLS 可实现的功能和具有的优点如下:

1) MPLS 的传送转发过程比经典的 IP 路由交换过程简单得多,而且这些路由交换功能都能用 ATM 硬件完成。MPLS 采用了硬件实现高效简单的传送转发方式,摒弃了 IP 复杂的路由交换信令,无缝地将 IP 技术的优势与 ATM 的高效硬件融合到转发机制中,加之 MPLS 采用定长标签,所以提高了网络的传输速率,转发路由器的流量可达 Tbit/s。

2) 在 MPLS 网络中,数据传输和路由(LSR)选择是分开的。假如只要求尽量减小数据包的延时,MPLS 网络就建立一条节点到节点的专用标记通道(LSP)来传送这些数据包;假如要确保传输的质量(QoS),则要尽量分配数据传输所需的带宽。

3) MPLS 使各种网络传输技术在同一个 MPLS 平台上实现统一,可以同时支持 X.25、帧中继、ATM、PPP、SDH、WDM 等多种网络。

4) MPLS 在网络中引入了通道的概念,这在 IP 网络中是没有的,IP 网络只能提供"尽力而为"服务。MPLS 根据网络拥塞状况计算最优路径,也可以根据协议计算出强制路由,甚至允许网络管理者指定确切的信息传输物理通道,所以 MPLS 具有流量工程的功能。

5) MPLS 对不同的业务分类排队,使延时敏感的业务获得优先排队的权利,从而保证这些业务的传输质量。

6）MPLS 具有失效路由的快速修复功能，MPLS 在网络节点之间可安排两条标记交换通道（LSP），当一条失效时，可以马上切换到备用 LSP。

7）MPLS 传输的信元有 1 500 个字节，比 ATM 53 个字节的信元更大，更便于数据网使用。不过，很多 MPLS 路由器内部使用 ATM 交换，来完成高速数据包的转发。

1999 年，ITU-T 一致同意将 MPLS 的标签分发协议（LDP）作为以 ATM 为基础的公网数据传输标准信令。近来还出现了增强型的 MPLS，记为 MPLS-TP。MPLS/MPLS-TP 提供基于 IP 路由和 IP 信令协议的交换能力。MPLS 与 IP over ATM 的主要区别是，MPLS 集成了 OSI 参考模型网络的第 2 层交换和第 3 层路由的功能，而 IP over ATM 则主要完成第 2 层的功能。

5.4.5　通用多协议标记交换（GMPLS）

通用多协议标记交换（GMPLS）继承了几乎所有 MPLS 网络的特性和协议，并对 MPLS 的标签和标签交换通道（LSP）机制进行了扩展，从而产生了通用的标签及通用的 LSP（GLSP）。MPLS 本质上是只为分组交换网络设计的，所以它只支持分组交换接口；而 GMPLS 除了支持分组交换接口外，还支持时隙交换、波长交换接口，甚至还支持空分交换接口，如图 5.4.7 所示，即既支持 IP/ATM 接口，也支持 SDH、WDM 接口和光纤交换接口。所谓光纤交换就是在光交叉连接设备（OXC）上，对一条光纤或捆绑在一起的几条光纤进行交换。

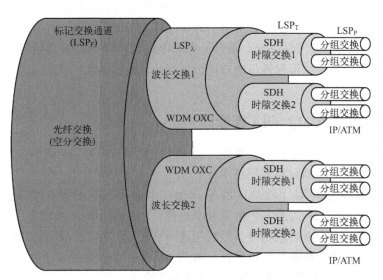

图 5.4.7　GMPLS 支持多种交换接口，多条低阶标记交换通道（LSP）构成 1 条高阶 LSP

LSP_P：分组交换通道；LSP_T：时隙交换通道；LSP_λ：波长交换通道；LSP_F：光纤交换通道

GMPLS 是 MPLS 向光网络的扩展，采用 GMPLS 光网络可以不再需要 ATM 和 SDH 层，而只需 IP 和 WDM 层就可以完成以前包括 ATM 和 SDH（共四层）网络完成的功能，如图 5.4.8 所示。同时，GMPLS 为光网络提供强有力的控制平面，通过 GMPLS，光网络控制平面能够实现资源发现并动态配置管理、路由控制和流量工程、连接管理和恢复等功能，参见 8.5.1 节。

在 GMPLS 中，标记交换通道（LSP）承载的净荷类型包括以太网 IP 数据包、ATM 信元、SDH 帧等。

一个接口可以复用多条相同的标记交换通道（LSP），比如在图 5.4.7 中，时隙标记交换通道（LSP_T）就可以复用多条分组标记交换通道（LSP_P），图中只画出了两条。这样，多条低阶 LSP 就可以构成一条高阶 LSP，比如两条相对低阶的时隙交换 SDH 网络中的 LSP_T 就可以构成一条相对高阶的波长交换 LSP_λ；依次类推，两条相对低阶的波长交换 WDM 网络中的 LSP_λ 就可以构成一条最高阶的光纤交换 LSP_F。

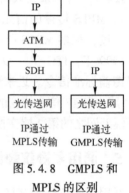

图 5.4.8 GMPLS 和 MPLS 的区别

在 MPLS 中，LSP 是单向的；而在 GMPLS 中，LSP 是双向的。GMPLS 协议的上游节点可以限制下游节点选择标签的范围，无论是单跳光网络，还是多跳光网络，这种做法在没有波长转换的光网络中是十分有益的。

GMPLS 将网络划分成分组交换层、时分交换层、波长交换层和光纤交换层 4 个层次。每个层都是独立的，各层间的路由交换可以由边缘路由器实现。

5.5 光纤/电缆混合（HFC）网——典型的频分复用（FDM）系统

信源前端到小区使用光缆，小区到用户使用同轴电缆传输的网络叫光纤/电缆混合网（HFC），如图 5.5.2 所示。它是一种典型的频分复用光纤通信系统，主要任务是把多频道模拟视频信号以 FDM 技术复用在一起，通过光纤和电缆以广播的形式传送到千家万户，未来目标是从单向发送模拟视频信号逐步向双向数字网络演进。为此，我们首先介绍频分复用工作原理。

5.5.1 频分复用（FDM）的工作原理

为了充分利用光纤的带宽，人们首先采用电频分复用对多路信号进行复用，然后再去调制光载波，所以它是一种副载波复用技术。

图 5.5.1 为电频分复用（FDM）的原理图。本质上，频分复用把基带带宽分别为 $(\Delta f)_1$、$(\Delta f)_2$、…、$(\Delta f)_N$ 的多个信息频率通道，调制到不同的载波上，然后再"堆积"在一起，以便形成一个合成的电信号，最后用这一合成信号以某种调制方式去调制光载波。经光纤信道传输后，在接收端对光信号进行解调，再进一步借助带通滤波器和各信道的频率选择器（电相干检测），将各基带信息分离和重现出来。

多路复用信号经长距离传输后，进入接收端。在这里，复用信号经光/电（O/E）转换放大后，经过频率分配器（作用与 FDM 相反）分配到各自的解调信道。解调信道采用电相干检测，类似于外差收音机的选频器，把基带信号解调恢复出来。应注意的是，各解调器的本地载波要与发送载波同步。与 SDH 使用的时分复用（TDM）比较，FDM 的不同点仅在于，在 TDM 中，发送同步（时钟）脉冲，以确保发送两端的路序在时间上一一对应；而在 FDM 中，则要求在发送端和接收端各路载波在频率及相位上相同。

假如调制器的作用仅仅起上变频的作用，则传输的载波信道带宽 $(\Delta f)_{cN}$ 大致与基带信

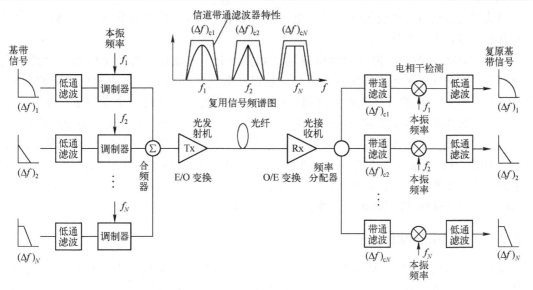

图 5.5.1　电频分复用光纤传输系统（O-FDM 或 O-SCM）原理图

道带宽$(\Delta f)_N$ 相同。在一些系统中，合成器可能起着调幅和调频或调相器的双重作用。此时，$(\Delta f)_{cN} > (\Delta f)_N$，这与调制参数有关。

5.5.2　HFC 网的网络结构

HFC 系统一般可分为前端、干线和分支等三个部分，如图 5.5.2 所示。

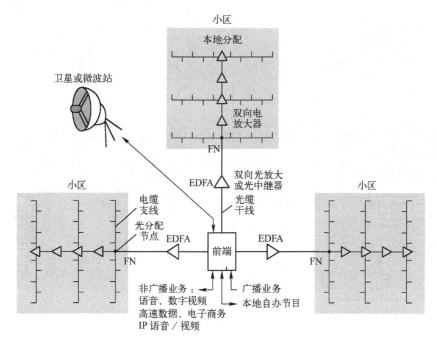

图 5.5.2　光缆/电缆混合（HFC）有线电视网络结构

前端部分包括电视接收天线、卫星电视接收设备、甚高频–超高频（UHF–VHF）变换器和自办节目设备等部件。

在设计 HFC 系统时，把一个城市或地区划分为若干个小区，每个小区设一个光节点，每个光节点可向几千个用户提供服务。从前端经一条（或多条）光纤直接传送已调制光信号到每个光节点，或者通过无源光网络（PON）将光信号分配到各个光节点。在节点处，光信号经光敏探测器转换为射频信号，再经同轴电缆和 3~4 级小型电放大器分配信号到用户。级联的电放大器最多不超过 5 级。无论是长距离还是短距离，光路的衰减都设计为10~12 dB，所以 HFC 每条光路和光节点后边的支线指标都相同，TV 信号在光路的失真甚微，支线上的放大器级联数很少，因而由此造成的噪声、频响不平坦和非线性失真积累也较少，因此 HFC 网络与同轴电缆网络相比，性能指标要高得多。

5.5.3　HFC 网的构成

如果要传输的信号是数字信号，则用正交幅度调制（QAM）或正交相移键控调制（QPSK）将数字信号转变为模拟信号，再以频分复用（FDM）的方式与模拟信号混合在一起，如图 5.5.3 所示，然后去调制激光器，经干线光纤和支线同轴电缆传输后，在接收端进行解调，恢复为原来的信号。HFC 网络所提供的业务，除电话、模拟广播电视信号外，还可逐步开展窄带 ISDN 业务、高速数据通信业务、会议电视、数字视频点播（VoD）和各种数据信息业务。这种方式既能提供宽带业务所需的带宽，又能降低建设网络的开支。

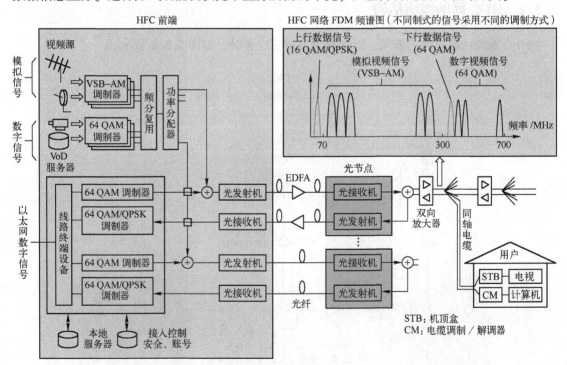

图 5.5.3　HFC 网的构成

大多数光纤通信系统是数字系统，但是用于电视分配系统的 HFC 例外，它是模拟系统。现有的 HFC 网络，对于短距离传输，使用残留边带幅度调制（VSB–AM）频分复用（FDM）

技术；对于长距离传输，使用副载波调频（SCM-FM）技术。对于数字视频信号，可以将数字视频基带信号进行 QPSK 或 QAM 载波调制变成模拟信号，分别用不同的副载波载运，再使用 FDM 或 SCM 复用技术复用在一起，如图 5.5.3 所示。经 FDM 或 SCM 复用后的射频信号或微波信号再对激光器进行直接强度（IM）调制，如果半导体激光器线性特性好，输入电信号就可以变成不失真的输出光信号，经光纤传输后在接收端采用直接检测（DD）再变成电信号，然后再解调还原成原基带信号。所以这种系统称为光强度调制-直接检测（IM-DD）系统。

为了提供双向数据通信和支持电话业务，必须增加电缆调制解调器（Cable Modem，CM）。CM 是一种可以通过有线电视网络进行高速数据接入的装置。它一般有两个接口，一个用来连接室内墙上的有线电视端口，另一个与计算机相连，以便将数据终端设备（计算机）连接到有线电视网，来进行数据通信和访问 Internet。CM 不仅有将数字信号调制到射频上的调制功能和将射频信号携带的数字信号解调出来的解调功能，而且还有电视接收调谐、加密/解密和协议适配等功能。它还可能是一个桥接器、路由器、网络控制器或集线器。CM 把上行数字信号通过 16QAM/QPSK 调制方式转换成类似电视信号的模拟射频信号，以便在有线电视网上传送；而把下行射频模拟信号通过 64QAM 转换为数字信号，以便电脑处理。

CM 可分为外置式、内置式和交互式机顶盒。外置 CM 的外形像小盒子，通过网卡连接计算机，所以连接 CM 前需要给计算机配置一块网卡，可以支持局域网上的多台计算机同时上网。CM 支持大多数操作系统和硬件平台。

内置 CM 是一块 PCI 插卡，这是最便宜的解决方案，不过只能在台式计算机上使用，在笔记本电脑上无法使用。

交互式机顶盒（STB）是 CM 的一种应用，它通过使用数字电视编码（DVB）技术，为交互式机顶盒提供一个回路，使用户可以直接在电视屏幕上访问网络，收发 E-Mail 等。

使用 DFB 激光器，结合使用外调制器和掺铒光纤放大器（EDFA），可扩展传输距离。通过较为复杂的预失真和降噪技术也可以提高系统性能。基于上述因素，线性光波系统足以能把 80 路模拟视频外加 1 路宽带数字 RF 信号传输 60 km 以上，其性能接近理论极限。

HFC 采用副载波频分复用（SCM-FDM），将各种图像、数据和声音信号通过调制/解调器调制在高频载波上。如是模拟电视信号，则每个载波的带宽为 8 MHz（中国），多个载波经 FDM 复用后同时在传输线路上传输，如图 5.5.4 所示。合理的频谱安排十分重要，既要照顾到历史和现状，又要考虑到未来的发展，但目前还没有统一的标准。通常，低频端的 5~65 MHz 安排给上行信道，即回传信道，主要用于传电话信号、状态监视信号和 VoD 信令。85~1 000 MHz 频段为下行信道，其中 85~290 MHz 用来传输现有的模拟 CATV 信号，每一路的带宽为 8 MHz，约可传输 25 个频道的节目（290-85）/8 ≈ 25。290~700 MHz 频段允许用来传输数字电视节目。如数字电视信号采用 64 QAM 调制，调制效率为 4.5 bit/(s·Hz)，利用 MPEG-2 压缩编码，每信道速率为 4 Mbit/s，因此每个 8 MHz 模拟 CATV 信道可传输的数字信道数为 8×4.5/4 = 9。那么 290~700 MHz 频段传输的数字电视节目数为（700-290）/8×9 ≈ 561。

高端的 700~1 000 MHz 频段将来可用于传输各种双向通信业务，如 VoD 等。

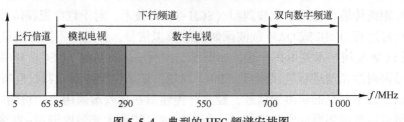

图 5.5.4　典型的 HFC 频谱安排图

5.6　光复用光纤通信系统

前面几节介绍了 SDH 光纤传输系统、ATM 光纤传输系统、IP 互联网光纤传输系统、光纤/电缆混合（HFC）传输系统，这些系统都是电时分复用光纤传输系统，本节介绍光复用光纤传输系统。目前适用的光复用光纤传输系统可分为波分复用（WDM）光纤传输系统和偏振复用（PM）光纤传输系统，这些系统都在大容量高速光纤传输系统中得到广泛的使用，比如亚太直达海底光缆通信系统（APG）就采用信道速率 100 Gbit/s 的偏振复用/相干检测 DWDM 系统。

5.6.1　波分复用（WDM）光纤通信系统

1. 何谓波分复用

我们知道，通过电的频分复用，可以扩大传输容量，那么通过光的频分复用是否也可以扩大传输容量呢？答案是肯定的。在同一根光纤上传输多个信道，是一种利用极大光纤容量的简单途径。就像电频分复用一样，在发射端多个信道调制各自的光载波，在接收端使用光频选择器件对复用信道解复用，就可以取出所需的信道。使用这种制式的光波系统就叫作波分复用（WDM）通信系统。

图 5.6.1 表示中心频率靠近 1.3 μm 和 1.55 μm 的光纤低损耗传输窗口，图中阴影表示 1.55 μm 传输窗口的多信道波分复用。图 5.6.2 为波分复用原理图。

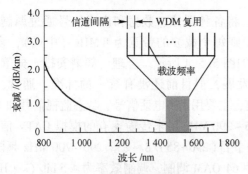

图 5.6.1　硅光纤低损耗传输窗口

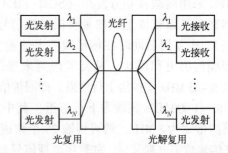

图 5.6.2　波分复用光纤通信系统原理图

与电频分复用不同，波分复用是把基带带宽分别为 $(\Delta f)_1$、$(\Delta f)_2$、…、$(\Delta f)_N$ 的多个信息通道，调制到不同的光载波上（注意与 SCM 的电载波不同），如图 5.6.3 所示，然后再通过波分复用器将这些光信号（注意与 SCM 的电载波不同）"堆积"在一起，以便形成一个合成的光信号，经光纤信道传输。当然，WDM 系统输入信号也可以是采用不同调制格式的时分复用信号。波分复用（WDM）解调，是采用光纤法布里–珀罗滤波器或者采用相干检测技术，首先把各个光载波分离和重现出来，然后用带通滤波器和各信道的频率选择器，把基带信号分离和重现出来。

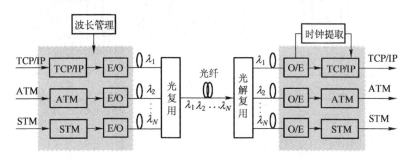

图 5.6.3　一种可能的 DWDM 系统集线器

按照国际电信联盟（ITU–T）的规定，波分复用又分为密集波分复用（DWDM）、粗波分复用（CWDM）和宽波分复用（WWDM），其波长间隔 $\Delta\lambda$ 分别为 <8 nm、<50 nm 和 >50 nm。光频分复用（OFDM）和 WDM 之间原理上没有多大区别，从实际的观点看，当信道间距变得和比特速率接近时（密集的 FDM），就必须使用相干检测技术，而信道间距较大时(>100 GHz)，可以采用直接检测技术。

波分复用器的功能是把多个不同波长的发射机输出的光信号复合在一起，并注入一根光纤。解复用器的功能与波分复用器正好相反，它是把一根光纤输出的多个波长的复合光信号，用解复用器还原成单个不同波长信号，并分配给不同的接收机。由于光波具有互易性，改变传播方向，解复用器可以作为复用器，但解复用器要求有波长选择元件，而复用器则不需要这种元件。根据波长选择机理的不同，波分解复用器件可以分为无源和有源两种类型。

2. WDM 的系统构成

在 WDM 网络中，有许多 WDM 网络单元，这些网络单元是光终端复用器（OTM）或光线路终端（OLT）、光分插复用器（OADM）、光交叉连接器（OXC）和光线路放大器（OLA），如图 5.6.4 所示。OLT、OADM、OXC 内部接口端都有波分复用/解复用器，核心部件是光交叉矩阵，用于波长的交叉连接，另外它们内部通常也有光放大器，用于补偿内部器件的损耗。

光线路放大器（OLA）可能是掺铒光纤放大器（EDFA），也可能是拉曼放大器，用于对双向传输光信号进行放大，以便延长中继距离。

OTM 或 OLT 用于点对点连接；OADM 对部分波长分出来下路到本地使用，而余下的波长则继续送往其他地方使用，它们通常采用树形结构或环状结构；OXC 执行与 OADM 同样的功能，但其规模要比 OADM 大得多，通常用于网状结构或连接多个环的节点。

网络用户支持 IP 路由器、ATM 交换机、SDH 终端复用器（TM）和数字分插复用器（DXC）。光通道可以使用相同的波长，这种波长再利用，允许网络使用有限的波长来支持大量的光学通道。

（1）光线路终端

光线路终端（OLT）有时也称光终端复用器（OTM），其功能是一样的，用于点对点系统的终端，对波长进行复用/解复用，如图5.6.5所示。由图可见，光线路终端包括转发器、WDM复用/解复用器、光放大器（EDFA）和光监控信道。

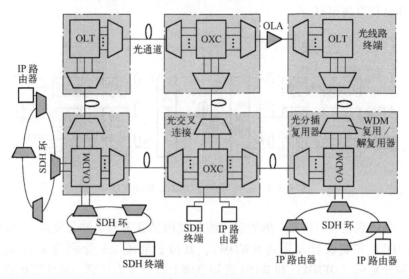

图5.6.4　由OLT、OADM和OXC等网元组成的WDM网络

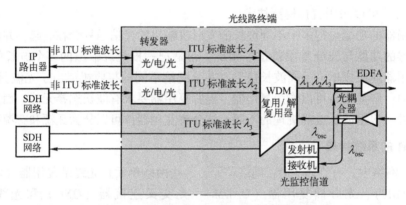

图5.6.5　光线路终端（OLT）构成原理图

OLT具有光/电/光变换功能的转发器（或称中继器），对用户使用的非ITU-T标准波长转换成ITU-T的标准波长，以便于使用标准的波分复用/解复用器。这个功能也可以移到SDH用户终端设备中完成，如果今后全光波长转换器件成熟，也可以用它替换光/电/光转发器。转发器通常占用OLT的大部分费用、功耗和体积，所以减少转发器的数量有助于实现OLT设备的小型化，降低其费用。

光监控信道使用一个单独波长，用于监控线路光放大器的工作情况，以及系统内各信道的传输质量（误码率），帧同步字节、公务字节、网管开销字节等都是通过光监控信道传递的。

WDM复用/解复用可以使用阵列波导光栅（AWG）、介质薄膜滤波器等器件。

（2）光分插复用器（OADM）

在WDM网络中，需要光分插复用器（OADM），在保持其他信道传输不变的情况下，将某些信道取出而将另外一些信道插入。可以认为,这样的器件是一个波分复用/解复用对,如图 5.6.6 所示。图 5.6.6a 为固定波长光分插复用器,图 5.6.6b 为可编程分插复用器,通过对光纤光栅调谐取出所需要的波长,而让其他波长信道通过,所以这样的分插复用器称为分插滤波器。使用级联的马赫-曾德尔滤波器构成的方向耦合器也可以组成多端口的分插滤波器。

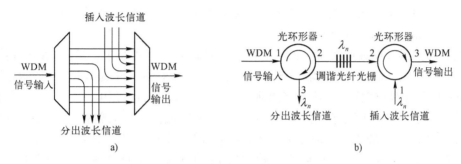

图 5.6.6 光分插复用器(OADM)
a)固定波长光分插复用器 b)可编程分插复用器

光分插复用器(OADM)对部分波长(或波段)分出来下路到本地使用,而余下的波长(或波段)则继续送往其他地方使用,如图 5.6.6 所示。OADM 通常位于两个终端之间,但也可以作为独立的网络单元使用,特别是在城域网络中。现在的 OADM 通常分出/插入波长是固定的,如果使用可调谐滤波器和激光器,则可以构成可重新配置(即重构)的 OADM(ROADM)。

光分插复用器中的主要器件是波分复用/解复用器,大多实用 WDM 器件使用阵列波导光栅(AWG)或介质薄膜滤波器(见 3.1.3 节)。

(3)光交叉连接器(OXC)

光交叉连接(OXC)有时也称为波长选择交换(WSS),具有传输速率高、容量大、抗干扰能力强和对传输速率、信号格式透明等优点,是最有前途的下一代交换设备的基础,光交叉连接器原理如图 5.6.7a 所示。图 5.6.7b 为具有 M 个端口的光交叉连接器原理图,

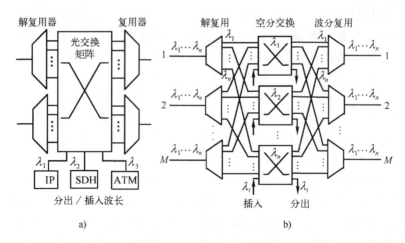

图 5.6.7 光交叉连接器原理图
a)光交叉连接器原理图 b)需要 M 个复用器、M 个解复用器和 $N(M+1)\times(M+1)$ 个光开关的 OXC

每个端口接收 N 个波长的 WDM 信号，解复用器后分配每个波长到相应的空分交换矩阵，每个交换矩阵的输入信号的波长都相同，并有一个额外的输入和输出口，允许插入和分出信道。交换后再将它们的输出信号送到 M 个复用器，以便构成 WDM 信号。这样的 OXC 需要 M 个复用器和 M 个解复用器和 $N(M+1) \times (M+1)$ 个光开关。

OXC 是一个提供动态服务和网络修复功能的大型交换矩阵，一般用在网状结构或连接多个环的节点中。OXC 可以提供交换波长、交换波段或交换光纤信道的功能。

（4）光线路放大器（OLA）

光线路放大器（OLA）按 $80 \sim 120\,\text{km}$ 的间隔被插入光纤线路中，对在光纤中传输的双向光信号进行放大，以便补偿传输损耗，延长中继距离。OLA 可能是掺铒光纤放大器（EDFA），也可能是拉曼放大器，如图 5.6.8 所示。在光线路放大器（OLA）中，可能包括色散补偿模块，用于补偿光信号在光纤传输时累积的色散值；也可能包括一个光分插复用器（OADM），用于分出/插入波长信道。由 3.2.4 节可知，拉曼放大器使用传输光纤作增益介质，可以前向泵浦，也可以后向泵浦，通常使用后向泵浦。在 OLA 中，也需要对在光纤中传输的光信号进行监控，所以需要在 OLA 前端用 WDM 器件取出监控波长信道，而在其后端用光耦合器再插入光监控信道波长信号到传输线路中。

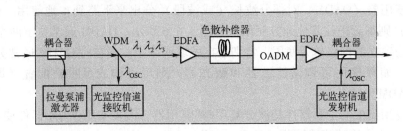

图 5.6.8 单向光线路放大器（OLA）的典型结构

5.6.2 偏振复用（PM）光纤通信系统

自然光（非偏振光）在晶体中的振动方向受到限制，它只允许在某一特定方向上振动的光通过，这就是线性偏振光。光的偏振（也称极化）描述当它通过晶体介质传输时其电场的特性。线性偏振光的电场振荡方向和传播方向总在一个平面内（振荡平面），如图 5.6.9a 所示，因此线性偏振光是平面偏振波。如果把一束非偏振光波（自然光）通过一个偏振片就可以使它变成线性偏振光。图 5.6.9b 表示与 x 轴成 45° 角的线性偏振光，图 5.6.9c 表示在任一瞬间的线性偏振光可用包含幅度和相位的 E_x 和 E_y 合成。

在标准单模光纤中，基模 LP_{01} 是由两个相互垂直的线性偏振模 TE 模（x 偏振光）和 TM 模（y 偏振光）组成的。在折射率为理想圆对称光纤中，两个偏振模的群速度延迟相同，因而并为单一模式。利用偏振片可以把它们分开，变为 TE 模（x 偏振光）和 TM 模（y 偏振光）。如果把 QPSK 调制后的同向（I）数据和正交（Q）数据通过马赫-曾德尔调制器（MZM）分别去调制 x 偏振光（TE 模）和 y 偏振光（TM 模），调制后的 x 偏振光和 y 偏振光经偏振合波器（PC）合波，就得到偏振复用（PM）光信号，然后再将调制后的奇偶波长信号频谱间插复用，如图 5.6.10 所示，最后送入光纤传输。在接收端，进行相反的变换，解调出原来的数据。

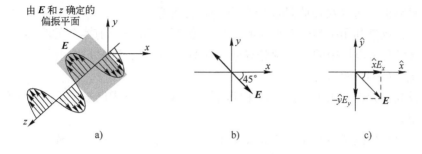

图 5.6.9 线性偏振光

a) 线性偏振光波, 它的电场振荡方向限定在沿垂直于传输 z 方向的线路上 b) 场振荡包含在偏振平面内
c) 在任一瞬间的线性偏振光可用包含幅度和相位的 E_x 和 E_y 合成

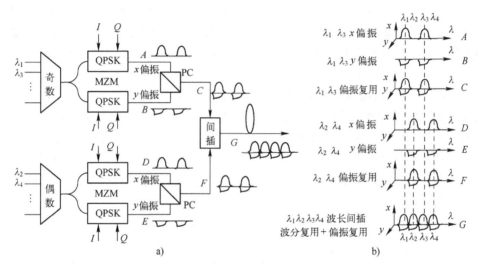

图 5.6.10 采用偏振复用的波分复用系统

a) WDM+偏振复用实现原理图 b) 偏振复用 (PM)+波分复用 (WDM) 图解

5.7 光纤传输技术在移动通信中的应用

光纤传输技术在移动通信网络中的应用, 有第三代移动网络使用的码分复用 (CDMA) 系统、第四代和第五代移动网络使用的正交频分复用 (OFDM) 系统, 以及微波副载波调制 (SCM) 光纤传输技术使用的射频信号光纤传输 (RoF) 系统, 下面分别加以介绍。

5.7.1 光纤传输正交频分复用 (O-OFDM) 系统——4G、5G 移动通信系统 基础

为了满足用户的需求, 并追求最大的经济效益, 人们正在想办法提升现有骨干网的传输速率。以前介绍的波分复用 (WDM) 和微波副载波复用 (SCM) 射频信号光纤传输 (RoF) 系统, 多多少少都遇到了一些问题。密集 WDM 系统使光纤中的光功率强度较大, 从而使非

线性效应非常突出，而且在接收端需要复杂的色散补偿和均衡，导致系统结构复杂。SCM频谱扩展有限，频谱利用率难以有很大的提高，传输性能也难以有本质的改善。为此，科学家们提出用光纤传输电域中的正交频分复用（OFDM）信号，这就是所谓的光正交频分复用光纤传输系统（O-OFDM）。

由于有较高的频谱利用率和抗多径干扰的能力，OFDM技术已被广泛应用于无线、有线和广播通信中。

光正交频分复用技术是利用光纤信道传输OFDM信号，这可以大幅度提高现有光纤通信系统的性能，使传输速率和传输距离都有很大的提高，同时又不需要进行昂贵的均衡和色散补偿，是一种非常有前景的光传输技术。

O-OFDM的基本原理和无线OFDM系统没有本质上的区别。在系统发送端电信号转化成光信号之前，在接收端光信号转化成电信号之后，对信号的处理过程都基本一致。

随着因特网的迅猛发展，通信传输容量迅速扩大，尽管目前对DWDM的研究方兴未艾，但随着波长间距的逐渐减小，它对光源和滤波器的要求也愈加苛刻，另外随着复用波长数的增加，光纤中的光强越来越大，光纤非线性也越来越严重，所以在未来的WDM网络中，波长资源可能出现匮乏。光正交频分复用（O-OFDM）系统采用同一波长的扩频序列，频谱资源利用率高，它与WDM结合，可以大大增加系统容量。

图5.7.1a表示OFDM信号频域图，由图可见，在每个副载波频率幅值最大处，所有其他副载波频率幅值正好为零。利用这一特性，使用离散傅里叶变换，使各个副载波频率幅值最大点正好落在这些具有正交性的点上，因此就不会有其他副载波的干扰。所以可以从多个在频域相互正交而时域相互重叠的多个副载波信道中，提取每个副载波的符号，而不会受到其他副载波的干扰。

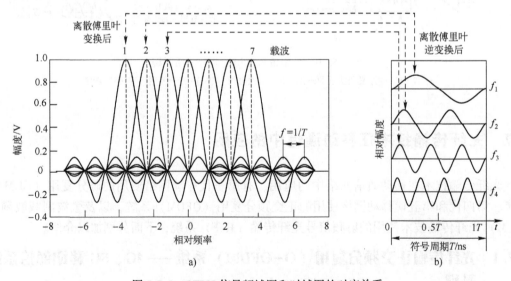

图5.7.1　OFDM信号频域图和时域图的对应关系

a）OFDM信号频域图（各副载波频域相互正交）　　b）与频域图相对应的OFDM信号时域图

图5.7.1表示OFDM副载波的时域图和频域图的对应关系，其中图5.7.1a表示OFDM信号的频域图，图5.7.1b表示与频域图相对应的OFDM信号时域图。从数字与模拟通信系

统的教科书中，我们知道，加窗（在 $0\sim T$ 内加窗）正弦波形的时域图（图 5.7.1b）经傅里叶变换后的频域图就是图 5.7.1a。

OFDM 技术实际上是一种特殊的多载波传输技术，它既可以看作一种调制技术，也可以看作一种复用技术。在 OFDM 中，数据用一套相互正交的窄带副载波发送。OFDM 与传统的频分复用（FDM）原理基本类似，即把高速的串行数据流通过串/并转换，分割成低速的并行数据流，分别调制到若干个副载波频率子信道中并行传输。不同的是，OFDM 技术利用了各个载频之间频域的"正交"特性和时域的重叠特性，使 OFDM 各副载波信号互不干扰，而频谱利用率又较高。

图 5.7.2 表示强度调制–直接检测（IM-DD）光纤传输 OFDM 系统（O-OFDM）原理构成图。在发送端，首先通过串/并转换将用户数据变成 N 路数据，N 为 OFDM 系统中副载波的数量。这些数据对各自的副载波进行调制，调制方式可以相同，也可以不同。然后，多路信号通过快速离散傅里叶逆变换（IFFT）实现 OFDM 调制，OFDM 调制后的多路信号再通过一个并/串转换器和一个数/模（D/A）转换器，变为模拟电流信号，直接调制激光器，使其光信号跟随 OFDM 信号变化。最后，送入光纤信道传输。

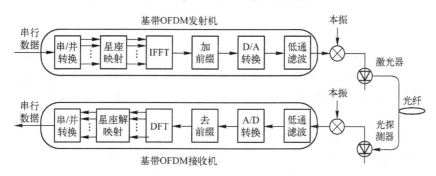

图 5.7.2　IM-DD 光纤传输 OFDM 系统（O-OFDM）原理构成图

在接收端，通过光探测器，使光 OFDM 信号转换成电 OFDM 信号，经模/数（A/D）转换、串/并转换后，进入离散傅里叶变换（DFT）器，完成 OFDM 解调，恢复出每个副载波的调制信号，之后再经过相应的解调和并/串转换，还原出发送端的数据。

5.7.2　光纤传输射频信号（RoF）系统——O-HEC、O-SCM、O-OFDM

RoF 系统是射频信号光纤传输的缩写，为了利用光纤低损宽带的优点，人们就用光纤分配射频信号（RoF）给用户。射频的频率范围是 300 kHz～300 GHz，有线电视系统，即光纤/电缆混合（HFC）网络、微波副载波调制（SCM）光纤传输系统（O-SCM）的频率范围均在射频范围内。所以，HFC、SCM 系统就是两种 RoF 系统。为了提高用户数据传输速率，使现在的无线通信系统在常规的射频（RF）频段上工作，毫米波（太赫兹）段的 RoF 系统受到人们的极大关注，因为从附录 A 可知，太赫兹波的频率比微波的更高。若用 DWDM 技术，还可以同时将模拟 RoF 信号和数字信号传输到每个家庭。

正交频分复用（OFDM）由于有较高的频谱利用率和抗多径干扰的能力，已广泛应用于无线、有线和广播通信中，已被多个标准化组织所采纳，如无线局域网（LAN，也称 WiFi）、数字用户线（DSL）、全球微波互联接入（WiMAX 和 IEEE 802.16）以及数字视频音频广播标准等。

为了降低 WiMAX 和其他无线网络的开发和维护费用，保证功耗低和带宽大的性能，人们提出了射频信号光纤传输（RoF）无线通信系统的建议。在 RoF 系统中，用光纤将正交频分复用（OFDM）射频信号从中心站传送到远端基站，基站将光信号转变成 OFDM 射频信号，然后用天线广播发送到终端用户，如图 5.7.3 所示。

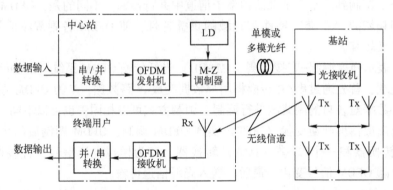

图 5.7.3　OFDM 在射频信号光纤传输（RoF）无线通信网络中的应用

在 RoF 系统中，信号可能由于模式色散（使用多模光纤时）或色度色散（使用单模光纤时）、基站信号分量缺失和多径无线衰落而产生失真。但是，只要循环前缀的时长大于多径传输和色散引起的传输延迟，这些失真就可以避免，RoF 系统的性能就不会受到影响。

RoF 系统的应用范围很广，几种可能的应用是：

1）在现在的蜂窝移动系统中，用于连接移动电话交换局和基站。

2）在 WiMAX 系统中，用于连接 WiMAX 基站和远端的天线单元，可扩展 WiMAX 的覆盖范围，提高其可靠性。

3）在光纤/电缆混合网络（HFC）和光纤到家（FTTH）的应用中，使用 RoF 系统可降低室内系统的安装和维护费用。

光纤传输正交频分复用系统的进一步介绍见文献 1 的第 6 章。

5.7.3　光纤传输码分多址（CDMA）移动通信系统——3G 移动通信系统基础

虽然我们的手机是从空中接收电波信号的，但是这些信号大部分时间、最长的距离是用光纤传输的。如果你和北京的朋友用手机通信，除了要通过长途骨干网外，在北京和你所在地的移动业务交换中心和基站之间的通信也是用光纤传输的。

码分多址（CDMA）移动通信系统是 3G 移动通信系统的核心技术，所以它是 3G 移动通信系统的基础，如果用光波代替电波传输码分多址（CDMA）信号，那么就构成一个简单的如图 5.7.4 所示的 CDMA 光纤传输系统（O-CDMA）。图中的 W_i 只是一种地址码，由于用封闭的光纤信道传输，不会与其他载波信号发生干扰，所以这里用不着伪随机码扩频，系统很简单，但是这里就是一个固定的光纤传输系统。为了充分利用光纤带宽，可以在 CDMA 的基础上，再利用副载波多址接入（SCMA）技术，扩大用户数，如图 5.7.5 所示。此时，载波 f_{ci} 只是高频电磁波，相当于 SCM 中的载波。

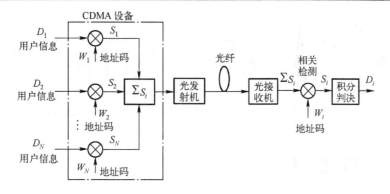

图 5.7.4　CDMA 光纤传输通信系统（O-CDMA）原理图

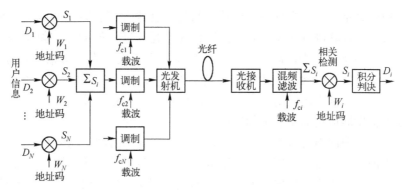

图 5.7.5　同时使用 CDMA 和 SCMA 的移动通信系统（O-CDMA+SCMA）原理图

图 5.7.6 表示单纤双向 CDMA 树形 WDM-PON 接入网原理图，为了将上行和下行波长信号分开和复合，在光发射端和接收端均采用了波分复用（WDM）器件，WDM 器件的输出和输入和 CDMA 设备相连，它除完成码分复用和解复用的功能外，还应该完成移动业务交换中心（MSC）的功能，即对它所覆盖区域中的移动台进行呼叫控制、交换和无线资源管理等功能，同时还是与其他公用通信网的接口。

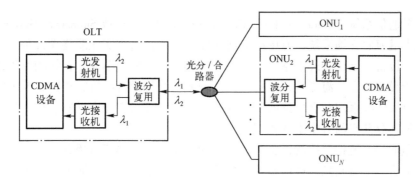

图 5.7.6　CDMA 树形 WDM-PON 接入网原理图

通常光纤用于移动局到移动局或移动局到市话局的传输，如图 5.7.7 所示。

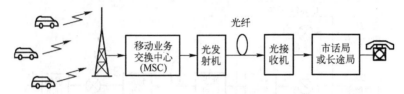

图 5.7.7 光纤用于移动局到移动局或移动局到市话局的传输

5.8 海底光缆通信系统

5.8.1 海底光缆通信系统在世界通信网络中的地位和作用

海底光缆通信容量大、可靠性高、传输质量好,在当今信息时代起着极其重要的作用,因为世界上绝大部分互联网越洋数据和长途通信业务是通过海底光缆传输的,有的国外学者甚至认为,可能占到99%。中国海岸线长、岛屿多,为了满足人们对信息传输业务不断增长的需求,大力开发建设中国沿海地区海底光缆通信系统,改善中国通信设施,对于推动整个国民经济信息化进程和巩固国防具有重大的战略意义。随着全球通信业务需求量的不断扩大,海底光缆通信发展应用前景将更加广阔。

一个全球海底光缆网络可看作由 4 层构成,前 3 层是国内网、地区网和洲际网,第 4 层是专用网。国内网是指连接一个国家的大陆和附近的岛屿以及连接岛屿与岛屿之间的海底光缆,用于在一个国家范围内分配电信业务,并向其他国家发送电信业务。地区网将地理上属于同一区域的国家或地区连接起来,并在该地区分配由其他地区传送来的电信业务,同时汇集并发送本地区发往其他地区的业务。洲际网则连接世界上由海洋分割开的每一个地区,因此称这种网为全球网或跨洋网。第 4 层与前 3 层不同,它们是一些专用网,如连接大陆和岛屿之间的国防专用网、连接岸上和海洋石油钻井平台间的专用网,这些网由各国政府或工业界使用。

5.8.2 海底光缆通信系统的组成和分类

海底光缆通信系统(Undersea Fiber Communication Systems 或 Submarine Systems)可分为有中继和无中继海底光缆系统。有中继海底光缆系统通常由海底光缆终端设备、远供电源设备、线路监测设备、网络管理设备、海底光中继器、海底分支单元、在线功率均衡器、海底光缆、海底光缆接头盒、海洋接地装置以及陆地光电缆等设备组成,如图 5.8.1 所示。

无中继海底光缆系统与有中继海底光缆通信相比,除没有光中继器、均衡器和远供电源设备外,其他部分几乎与有中继的相同。

海底光缆通信系统按照终端设备类型可分为 SDH 系统和 WDM 系统。

图 5.8.1 给出了海底光缆通信系统的构成和边界的基本概念。通常,海底光缆通信系统包括中继器和海底光缆分支单元。该图中,A 代表终端站的系统接口,在这里系统可以接入陆上数字链路或其他海底光缆系统;B 代表海滩节点或登陆点。A–B(B–A)代表陆上部分,B–B 代表海底部分,O 代表光源输出口,I 代表光探测器输入口,S 代表发射终端光接口,R 代表接收终端光接口。

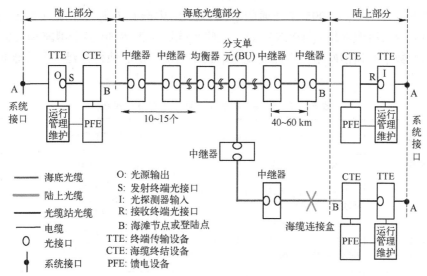

图 5.8.1　海底光缆通信系统

陆上部分，处于终端站 A 中的系统接口和海滩连接点或登陆点之间，包括陆上光缆、陆上连接点和系统终端设备。该设备也提供监视和维护功能。

海底光缆部分包括海床上的光缆、海缆中继器、海缆分支单元和海缆接头盒。

B，它是海底光缆和陆上光缆在海滩的连接点。

TTE，终端传输设备，它在光接口终结海底光缆传输线路，并连接到系统接口。

运行管理维护（OA&M），是一台连接到监视和遥控维护设备的计算机，在网络管理系统中对网元进行管理。

PFE，馈电设备，该设备通过海底光缆里的电导体，为海底光中继器和/或海底光缆分支单元提供稳定恒电流。

CTE，海缆终结设备，该设备提供连接 LTE 光缆和海底光缆之间的接口，也提供 PFE 馈电线和光缆馈电导体间的接口。通常，CTE 是 PFE 的一部分。

海底光缆中继器，包含一个或者多个光放大器。

BU，分支单元，连接两个以上（不含两个）海缆段的设备。

系统接口，是数字线路段终结点，是指定设备数字传输系统 SDH 设备时分复用帧上的一点。

光接口，是两个互联的光线路段间的共同边界。

海缆连接盒，将两根海底光缆连接在一起的盒子。

5.8.3　连接中国的海底光缆通信系统

1993 年 12 月，中国与日本、美国共同投资建设的第一条通向世界的大容量海底光缆——中日海底光缆系统正式开通。这个系统从上海南汇延伸到日本宫崎，全长 1 252 km，传输速率为 560 Mbit/s，它有两对光纤，可提供 7 560 条话路，相当于原中日海底电缆的 15 倍，显著提高了中国的国际通信能力。

接入中国的主要海底光缆通信系统见表 5.8.1，另外还有几条在中国香港登陆的国际海底光缆，如 1990 年 7 月开通的中国香港-日本-韩国海缆系统（H-J-K），1993 年 7 月开通的亚太海缆系统（APC），1995年开通的泰国-越南-中国香港海缆系统（T-V-H），1997年1月开通的亚太海缆网络（APCN）等。这些系统通达世界30多个国家和地区，形成覆盖全球的高速数字光通信网络。海底光缆通信技术的最新发展使得构建一个全球通信网络的梦想变为可能。

表5.8.1 连接中国的主要海底光缆通信系统

名　　称	连接地区（或城市）	信道传输速率/容量	光纤对数	开通/扩容时间
中韩海缆	中国青岛和韩国泰安	0.565 Gbit/s	2	1996年
环球海缆（FLAG）	中国（上海、香港）、日本、韩国、印度、阿联酋、西班牙、英国等	5 Gbit/s 10 Gbit/s 100 Gbit/s	2	1997年 2006年 2013年
亚欧海缆（SEA-ME-WE-3）	中国（上海、台湾、香港、澳门）、日本、韩国、菲律宾、澳大利亚、英国、法国等	2.5 Gbit/s×8 波长 10 Gbit/s×8 波长 40 Gbit/s×8 波长	2	1999年 2002年 2011年
亚太2号海缆（APCN-2）	中国（上海、汕头、香港、台湾）、日本、韩国、新加坡、菲律宾、澳大利亚等	10 Gbit/s×64 波长 40 Gbit/s×64 波长 100 Gbit/s×64 波长	4	2001年 2011年 2014年
C2C 国际海缆	中国（上海、台湾、香港）、日本、韩国、菲律宾等	10 Gbit/s×96 波长 7.68 Tbit/s	8	2002年
太平洋海缆（TPE）	中国（青岛、上海、台湾）、韩国、日本、美国	10 Gbit/s×64/2.56 Tbit/s 100 Gbit/s/22.56 Tbit/s	4	2008年 2016年
亚洲-美洲海缆系统（AAG）	中国、美国、越南、马来西亚、菲律宾、新加坡等	2.88 Tbit/s 100 Gbit/s	3/2	2010年 2015年
东南亚-日本海缆系统（SJC）	中国、日本、新加坡、菲律宾、文莱、泰国	64×40 Gbit/s 64×100 Gbit/s	6	2013年 2015年
亚太直达海缆系统（APG）	中国、韩国、日本、泰国、马来西亚、新加坡等	100 Gbit/s 54.8 Tbit/s	4	2016年
跨太平洋高速海缆（FASTER）	中国、美国、日本、新加坡、马来西亚等	100 Gbit/s×100 波长 55 Tbit/s	3	2016年
亚欧海缆（SEA-ME-WE-5）	中国（上海、香港、台湾）、新加坡、巴基斯坦、吉布提、法国等19个国家	100 Gbit/s 24 Tbit/s	/	2017年
新跨太平洋海缆（NCP）	中国、韩国、日本、美国等	100 Gbit/s 60 Tbit/s	6	2018年
香港关岛海缆 HK-G	中国（香港、台湾）、美国（属地关岛）、菲律宾	100 Gbit/s 48 Tbit/s	/	2020年

2001年日本电气（NEC）开通的亚太光缆网络二号（APCN-2）是10 Gbit/s的DWDM系统，2011年升级到40 Gbit/s，2014年又升级到100 Gbit/s，其光纤容量可扩大至原设计能力2.56 Tbit/s的10倍以上。

跨太平洋高速海底光缆（FASTER）已于2016年6月30日正式投入使用。该项目由中国移动、中国电信、中国联通、日本KDDI、谷歌等公司组成的联合体共同出资建设，工程由日本的NEC公司负责。该光缆采用偏振复用/相干检测技术的密集波分复用（DWDM）技术，每个波长速率为100 Gbit/s，共100个波长，线路总长13 000 km，设计容量高达54.8 Tbit/s。

2016 年，NEC 宣布亚太直达海底光缆通信系统（Asia Pacific Gateway，APG）的全部工程建设已经完成并已交付使用。该系统连接中国（上海、香港和台湾）、日本、韩国、越南、泰国、马来西亚、新加坡等地区，全长约 10 900 km，采用信道速率为 100 Gbit/s 的偏振复用/相干检测技术的 DWDM 系统，可以实现超过 54.8 Tbit/s 的传输容量。该系统在新加坡与其他海底光缆系统连接，可达北美、中东、北非、南欧。APG 海缆由中国电信、中国联通与 13 家国际电信企业组成的联盟筹资建设。

新跨太平洋海缆系统（NCP）由中国电信、中国联通、中国移动联合其他国家和地区企业共同出资建设，信道速率为 100 Gbit/s，设计总容量为 80 Tbit/s，采用鱼骨状分支拓扑结构，系统全长 13 618 km，在中国（上海、台湾）、韩国、日本、美国等地登陆。

西方工业国家把海缆（早期是电缆，后来是光缆）作为一种可靠的战略资源已有一个多世纪了。当前海底光缆通信领域由欧洲、美国、日本的企业主导，这些公司承担了全球 80% 以上的海底光缆通信系统市场建设。连接我国的主要海底光缆系统设备、工程施工维护几乎都由这些公司负责。为了保证国家安全和国防安全，从大陆到我国东海、南海诸岛的海底光缆必须由我们自己铺设，所用设备原则上也必须自己制造。国内急需培养这方面的技术开发、关键器件设计生产（包括 100G、400G 系统的收发模块、DSP 芯片、光电器件等）设备制造人才。值得欣慰的是，近年来国内已对此高度重视。华为技术有限公司为打破国外企业垄断，于 2008 年成立了华为海洋网络有限公司（2020 年由亨通光电公司承接）。烽火科技集团公司也成立了烽火海洋网络设备有限公司，致力于掌握海底光缆通信系统的关键技术和工程施工维护技术，开发生产海底光缆、岸上设备和海底设备。为了保证网络信息安全，国家互联网信息办公室等 12 个部门联合制定了《网络安全审查办法》，已于 2020 年 6 月 1 日起实施。

5.8.4　海底光缆系统供电

对于海底光缆中继系统，岸上终端必须为海底中继器泵浦激光器提供电力。供电设备（PFE）通过海底光缆中的金属导体，提供恒定的直流电流功率给中继器/光分支单元（BU），并利用海水作为返回通道。通常，该电流可以调整，因 PFE 是阻性负载，该电流稍微有所降低。因环境温度改变，PFE 电流在规定的范围内随时间变化。即使备份切换后，这种供电电流、供电电压的变化也保持在一定的范围内。规定的 PFE 电流稳定性应满足海底光缆系统对稳定性的总体要求。

通过海底光缆中包围光纤的铜导体，安装在传输终端站的供电设备（PFE）向海底设备，如海底中继器、有源均衡器、分支单元等供电。供电设备不仅要向海底设备提供电源，还要终结陆缆和海底光缆，提供地连接以及电源分配网络状态的电子监控。海底设备可以由终端站 A 单独供电，此时 B 供电设备作为备份，反之亦然；也可以由两个终端站同时供电，提供高压直流电源，如图 5.8.2 和图 5.8.3 所示。终端站 C 的供电由其自身提供，但在分支单元处，供电线路的另一端需接入海床，以形成供电回路。当终端站 A–B 间海底光缆发生故障需进行维修时，在分支单元内应能重构供电线路，由终端站 C 向 AC 干线或 BC 干线中的设备供电。

供电系统可分为两类，一类是双端供电（见图 5.8.3），另一类是单端供电。双端供电的优点在于，当一个终端站发生故障和/或光缆断裂时，另一个终点站可以提供单端供电。

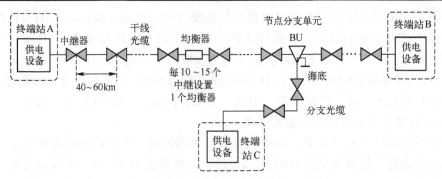

图 5.8.2   具有供电设备的中继海底光缆通信系统

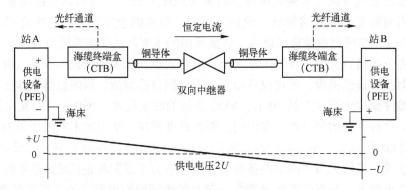

图 5.8.3   双端供电系统

5.8.5   无中继海底光缆传输系统

在有限的地域内，无中继海底光缆通信系统在两个或多个终端站间建立通信传输线路。该系统在长距离中继段内无任何在线有源器件，降低了线路复杂性和系统成本。在无中继传输系统中，所有泵浦源均在岸上。典型的无中继传输距离是几百千米。

成熟的光放大技术为正在开发中的长距离、大容量全光传输系统铺平了道路。无中继海底光缆通信系统与光中继海底光缆系统相比具有许多优点，特别是其可靠性高、升级容易、成本低、维修简单以及与现有系统兼容。因此，这些系统已得到很大发展，正在与其他传输系统，如本地陆上网络、地区无线网、卫星线路以及海底中继线路相竞争。

ITU-T G.973 是关于无中继海底光缆系统特性和接口要求的标准，它包括单波长系统和波分复用（WDM）系统，也包括掺铒光纤放大器（EDFA）技术、分布式光纤拉曼放大技术在功率增强放大器、前置放大器、远端光泵浦放大器中的应用。

无中继海底光缆系统无馈电设备（PFE），因为线路中无光纤放大器，即使有分支单元，内部也没有电子器件，所以也不需要监视和供电。

通常，无中继海底光缆通信系统连接两个海岸人口密集的中心城市，以及那些现有在线业务接入已非常困难、具有潜在应用前景的边远海岸区域。无中继传输的目标之一是在不使用任何有源在线器件（光中继放大器）的情况下，尽可能增加传输距离，减少系统复杂性和运营成本。无中继系统的巨大挑战是如何克服距离增加产生的光纤损耗，使接收机具有足够大的 OSNR。此外，要求 OSNR 或频谱效率随每信道比特速率增加而增加，从而使大跨距设计更加困难。问题的解决不能简单地在光纤输入端增加发射功率,因为光纤的非线性将引起系统代价。有许多技术途径可以扩大无中继海底光缆系统距离,比如混合使用不同有效面积光纤、增加远泵 EDFA 和分布式拉曼光放大、采用低损耗大芯径面积光纤,以及采用先进的调制技术,如差分相移键控(DPSK)和偏振复用正交相移键控(PM-QPSK)等,从而在提高 OSNR 的同时无须付出非线性代价。

为了降低成本,必须降低终端设备、海缆敷设及维护的费用。为此,要设法降低海缆的运输成本,例如使用本地船只和本地生产的海缆,简化终端设备和海缆安装与连接。

图 5.8.4a 表示无保护设备的无中继海底光缆系统传输终端的构成。发送电路包括复用器、前向纠错编码、光发送机和光功率增强 EDFA 放大器。接收电路包括前置 EDFA 光放大器、光接收机、前向纠错解码以及解复用器。另外,如果在光发送机之前的海底光缆中接有掺铒光纤,可用来对发送光信号进行功率放大,或者在光接收机前的海底光缆中也接有掺铒光纤,对接收光信号提前进行预放大,还要在光发射端或接收端放置远端泵浦激光源,用来对海底光缆中的铒光纤进行泵浦,如图 5.8.4b 所示。

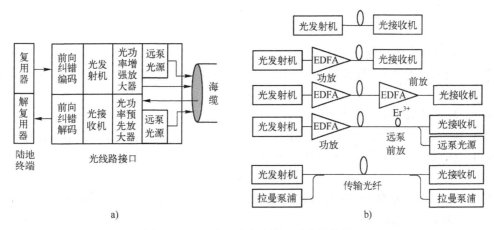

a)   b)

图 5.8.4 无中继海底光缆系统传输终端

a)终端框图　　b)光放大器在无中继海底光缆系统中的应用

5.9 复习思考题

5-1 为什么要进行脉冲编码?脉冲编码要进行哪三个过程?

5-2 为什么要进行信道编码?SDH 干线采用何种码型?为什么?

5-3 常用哪几种信道复用?SDH 采用何种复用方式?3G 移动手机采用何种复用技术?4G 和 5G 手机又采用何种复用技术?

5-4 什么是直接强度光调制?什么是外调制?如何实现?

5-5 如果想从 PDH 和 SDH 码流中分插出一个 2 Mbit/s 支路信号给用户,简述各自的工作过程。

5-6 SDH 帧结构中有哪几个信息域?各有何作用?

5-7 简述 SDH 等级复用的过程。

5-8 SDH 有哪几种传输终端设备？各有什么功能？

5-9 SDH 采用哪两种同步方式？各用在何处？为什么要从 STM 过渡到 ATM？

5-10 STM 和 ATM 各用什么方式复用？

5-11 比较 ATM、STM 和 IP 在传输线路上数据分组的不同。

5-12 SDH 如何传输 ATM 信元？

5-13 何谓 IP？它有什么功能？提供什么服务？

5-14 简述因特网的网络结构。

5-15 简述 IP 进入光传送网的几种可能方式。

5-16 什么是 HFC 网？HFC 用什么线传输？ADSL 用什么线传输？

5-17 什么是 WDM 系统？什么是偏振复用（PM）光纤通信系统？

5-18 什么是正交频分复用（OFDM）光纤传输系统（O-OFDM)？为什么要采用它？

5-19 简述海底光缆通信系统在世界通信网络中的地位和作用。

5.10 习题

5-1 计算每个脉冲包含的光载波

考虑工作在 1 550 nm 波长的 10 Gbit/s RZ 数字系统，计算每个脉冲有多少个光载波振荡？

5-2 数字通信帧长和基群比特速率

PCM 通信制式的帧长是多少？PDH 基群（E1）的比特速率是多少？并给出计算过程。

5-3 从 SDH 的帧结构计算 STM-1 和 STM-64 每秒传送的比特速率。

5-4 计算一根光纤同时传输的 TDM 数字话路

8 个 10 Gbit/s 信道使用 WDM 技术复用到同一根光纤上，有多少路 TDM 数字声音信号同时沿这一根光纤传输？

5-5 计算一根光纤同时传输的 TDM 数字视频信道

16 个 10 Gbit/s 信道使用 WDM 技术复用到同一根光纤上，有多少路 TDM 数字视频信道同时沿这一根光纤传输？假如每路视频压缩信道要求 4 Mbit/s 速率。

第6章　无源光网络接入技术

有源接入的 SDH 技术已在 5.2 节作了介绍，利用现有电话线接入的 ADSL 技术已在5.3.5 节进行了解释，IP 互联网已在 5.4 节作了介绍，三网融合的平台之一——HFC 网络也在 5.5 节作了阐述，用光纤将正交频分复用（OFDM）射频信号从中心站传送到远端基站，然后用天线广播发送到终端用户的射频信号光纤传输（RoF）宽带无线网络也在5.7.2 节作了概述。本章专门介绍无源光网络技术，包括它的网络结构、上/下行复用技术、安全性和私密性，以及 EPON、GPON、WDM-PON 和 OFDM-PON 等无源光网络的有关技术。

6.1　接入网在网络建设中的作用及发展趋势

6.1.1　接入网在网络建设中的作用

信息网由核心骨干网、城域网、接入网和用户驻地网组成，其模型如图 6.1.1 所示。由图可见，接入网处于城域网/核心骨干网和用户驻地网之间，它是大量用户驻地网进入城域网/核心骨干网的桥梁。

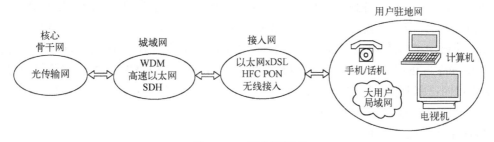

图 6.1.1　信息网模型

目前，科学技术突飞猛进，大量的电子文件不断产生，随着经济全球化、社会信息化进程的加快，因特网大量普及，数据业务激烈增长，电信业务种类不断扩大，已由单一的电话业务扩展到多种业务。窄带接入网已成为制约网络向宽带化发展的瓶颈。接入网市场容量很大，为了满足用户的需求，新技术不断涌现。接入网是国家信息基础设施的发展重点和关键，网络接入技术已成为研究机构、通信厂商、电信公司和运营部门关注的焦点和投资的热点。

6.1.2　光接入网技术演进

在接入技术方面，窄带接入逐渐被宽带接入所取代，最终实现光纤到家；铜线接入已逐渐被光纤接入所取代。

光纤接入有无源与有源之分，基于同步数字制式（SDH）或准同步数字制式（PDH）的光纤接入是有源接入，基于无源光网络（PON）的接入是无源接入。由于PON具有独特的优点，它能够提供透明宽带的传送能力；因为PON本身是一种多用户共享的系统，即多个用户共享同一个设备、同一条光缆和同一个光分路器，所以成本低；与有源光网络相比，由于PON的固有特性，它的安装、开通和维护运营成本大为降低，使系统更可靠、更稳定，因此接入网正在大量应用PON系统。

异步传输模式（ATM）技术支持可变速率业务，支持时延要求较小的业务，具有支持多业务、多比特率的能力，因此ATM接入系统能够完成不同速率的多种业务接入，它既能够提供窄带业务，又能提供宽带业务，即能提供全业务接入。为了使用户接入网部分的PON和核心网的ATM化相兼容，ITU-T自1998年以来，已完成了一整套G.983建议，其目的就是使PON携带的信息ATM化，这种ATM化的PON称为APON，利用APON构成的网络是一种全业务接入网（FSAN）。但是，G.983.1规定APON接入网传输系统下行传输速率最高为622 Mbit/s，随着PON分光比的增加，光网络单元（ONU）数也随之增多，每个ONU所用的带宽就有限。

随着因特网的快速发展，以太网被大量使用，由于市场的推动，以太网技术也得以飞速发展。在20世纪80年代它仅是一种局域网（LAN）技术，其速率为10 Mbit/s。90年代发展了交换型以太网，并先后推出了快速（100 Mbit/s）以太网、吉位（Gbit/s）以太网和10 Gbit/s以太网，其传输介质也由双绞线变为多模光纤（MMF）或单模光纤（SMF），它的应用也从LAN发展到宽域网（WAN）。

2000年12月，以太网设备供应商提出了将PON用于以太网接入的标准研究计划，这种使用PON的以太网称为EPON。EPON与APON相比，上下行传输速率比APON的高，EPON提供较大的带宽和较低的用户设备成本，除帧结构和APON不同外，其余所用的技术与G.983建议中的许多内容类似，如下行采用TDM，上行采用TDMA。2004年6月，由EFM（Ethernet in the First Mile）工作组起草的以太网标准IEEE 802.3ah正式获得通过，该标准规定传输速率上、下行均为1.25 Gbit/s。IEEE在2006年成立了一个TaskForce工作组，进行10 G EPON标准IEEE 802.3av的研究和制定工作。10 G EPON标准的制定进程较快，已于2009年9月正式发布。

提倡EPON的人相信，随着EPON标准的制定和EPON的使用，在WAN和LAN连接时将减少APON在ATM和IP间转换的需要。

鉴于APON标准复杂、成本高，在传输以太网和IP数据业务时效率低，以及在ATM层上适配和提供业务复杂。而EPON存在两大致命的缺陷，即带宽利用率低和难以支持以太网之外的业务。因此，全业务接入网（FSAN）组织已制定了一种融合APON和EPON的优点，克服其缺点的新的PON，那就是GPON（千兆无源光网络）。GPON具有吉比特高速率，92%的带宽利用率和支持多业务透明传输的能力，同时能够保证服务质量和级别，提供电信级的网络监测和业务管理。

早在2001年IEEE制定EPON标准的同时，全业务接入网（FSAN）组织开始发起制定速率超过1 Gbit/s的PON网络标准，即GPON。随后，ITU-T也介入了这个新标准的制定工作，并于2003年1月通过了两个有关GPON的新标准，即G.984.1（总体特性）、G.984.2（物理媒质相关层）。2004年3月和6月发布了G.984.3（传输汇聚TC层）标准。2005年又制定了 G.984.4（ONU 管理控制接口规范）标准。为了使 GPON 实现与下一代 PON（NG-PON）兼容，ITU-T 发布了 G.984.5 标准，其中包括了对 ONU 上行波长范围进行收窄。2021 年，工业和信息化部发文称，未来三年是 5G 和千兆光网络发展的关键期，10GPON 设备将迎来高需求。2022 年，中国广电网络股份有限公司对 PON 产品进行了互通测试，筛选出一批符合建设要求的设备厂商。

GPON 与 EPON 的主要区别在二层协议上，一个采用以太网协议，一个采用 GPON 成帧协议。两种技术下行均采用广播方式，上行均采用时分多址（TDMA）方式。

APON、EPON 和 GPON 都是 TDM-PON。APON 由于其较低的承载效率以及在 ATM 层上适配和提供业务复杂等缺点，现在已渐渐淡出人们的视线。而 EPON 存在两大致命的缺陷，即带宽利用率低和难以支持以太网之外的业务。GPON 虽然能克服上述的缺点，但上、下行均工作在单一波长，各用户通过时分方式进行数据传输。这种在单一波长上为每个用户分配时隙的机制，既限制了每用户的可用带宽，又大大浪费了光纤自身的可用带宽，不能满足不断出现的宽带网络应用业务的需求。在这种背景下，人们就提出了 WDM-PON 的技术构想。WDM-PON 能克服上面所述的各种 PON 缺点。近年来，由于 WDM 器件价格的不断下降，WDM-PON 技术本身的不断完善，WDM-PON 接入网应用到通信网络中已成为可能。相信，随着时间的推移，把 WDM 技术引入接入网将是下一代接入网发展的必然趋势。

WDM-PON 可以透明地分发多种业务，然而多个波长可能要求多个收发机和阵列波导光栅（AWG）或光滤波器，这样就增加了系统费用和成本。此外，WDM-PON 也缺乏在不同业务间动态分配资源的灵活性。为了克服以上 PON 的缺陷，科学家们就提出了正交频分复用 PON（OFDM-PON）。

本章将对以上几种 PON 及其有关的技术进行阐述。

6.1.3　三网融合——接入网的发展趋势

由于历史的原因，我国存在着各自独立经营的电信网、互联网和有线电视网。为了使有限而宝贵的网络资源最大限度地实现共享，避免大量低水平的重复建设，打破行业垄断和部门分割，三网融合是信息网发展的必然趋势。

所谓三网融合就是将归属于工业和信息化部的电信网、互联网和归属于广电总局的广播电视网在技术上趋向一致，网络层互联互通，业务层互相渗透交叉，应用层使用统一的协议，经营上互相竞争合作，政策层面趋向统一。三大网络通过技术改造均能提供语音、数据和图像等综合多媒体的通信服务。

要想实现三网融合，如图 6.1.2 所示，首先，各网必须在技术、业务、市场、行业、终端和制造商等方面进行融合，转变成电信综合网、数据综合网和电视综合网。这三种网可能在相当长一段时间内长期共存，互相竞争，最后三网才能融合成一个统一的网。

三网融合的技术基础如下。

- 数字技术：电话、数据和图像业务都可以变成二进制“1”和“0”信号在网络中传输，无任何区别。
- 光通信技术：为各种业务信息传送提供了宽敞、廉价、高质量的信息通道。
- 软件技术：通过软件变更可支持三大网络各种用户的多种业务。

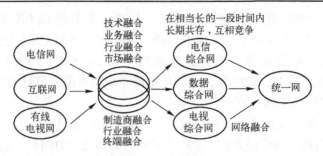

图 6.1.2 三网融合示意图

外部环境促使三网融合,市场需求和竞争、政策法规推动三网融合,1996 年美国国会通过了电信改革法案,解除了对三网融合的禁令,允许电信企业对有线电视业务展开竞争,作为交换,有线电视运营商也可以进入本地电话业务市场。

三网融合对信息产业结构的影响将导致不同行业、公司的并购重组或业务扩展;导致各自产品结构的变化;导致市场交叉、丢失和获取。计算机可用来打电话、购物,电视机可以上网,移动电话可查询股市行情,软件公司可以提供电信业务,娱乐公司可以提供 Internet 服务,电信公司可以从事银行业务和零售批发等。

6.2 网络结构

6.2.1 网络结构概述

一个本地接入网系统可以是点到点系统,也可以是点到多点系统;可以是有源的,也可以是无源的。图 6.2.1 所示为光接入网(OAN)的典型结构,可适用于光纤到家(FTTH)、光纤到楼(FTTB)和光纤到路边(FTTCab)。

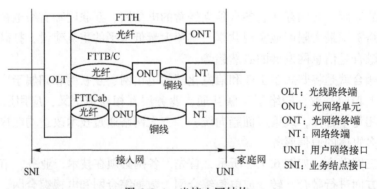

图 6.2.1 光接入网结构

FTTB 和 FTTH 的不同仅在于业务传输的目的地不同,前者业务到大楼,后者业务到家。与此对应,到楼的终端叫 ONU,到家的终端叫 ONT。它们都是光纤的终结点,为了叙述方便,我们今后称为 ONU。通常 ONU 比 ONT 服务的用户更多,适合于 FTTB,而 ONT 适合于 FTTH。

在 FTTB/Cab 系统中传输的业务有:

● 非对称宽带业务,如数字广播业务、视频点播(VoD)、Internet、远程教学和电视诊断等。

- 对称的宽带业务，如小商业用户的电信业务和远程检索等。
- 窄带业务，如公用电话交换网（PSTN）业务和综合数字网（ISDN）业务。

在 FTTH 系统中，没有户外设备，使网络结构及运行更简单；因为它只需对光纤系统进行维护，所以维修容易，并且光纤系统比光纤-电缆混合系统（HFC）更可靠；随着接入网光电器件技术的进步和批量化生产的实现，将加速终端成本和每条线路费用的降低。所以 FTTH 是接入网未来的发展趋势。

为了增加上行带宽的可用性，可以采用 ITU-T 有关标准规范的动态带宽分配（DBA）技术，给用户提供高性能的业务，让更多的用户接入同一个 PON。DBR 系统应具有后向兼容性，且与采用 G.983.1 等规范的现有系统兼容。

根据 ITU-T G.982 建议，PON 接入网的参考结构如图 6.2.2 所示。该系统由 OLT、ONU、无源光分配网络（ODN）、光缆和系统管理单元组成。ODN 将 OLT 光发射机的光功率均匀地分配给与此相连的所有 ONU，这些 ONU 共享一根光纤的容量。为了保密和安全，对下行信号进行搅动加密和口令认证。在上行方向采用测距技术以避免碰撞。

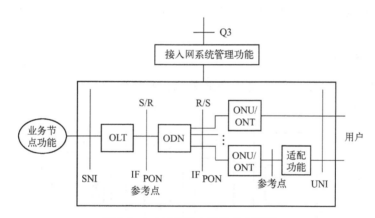

图 6.2.2　PON 接入网的参考结构

光分配网络（ODN）在一个 OLT 和一个或多个 ONU 之间提供一条或多条光传输通道。参考点 S 和 R 分别表示光发射点和光接收点，S 和 R 间的光通道在同一个波长窗口中。光在 ODN 中传输的两个方向是下行方向和上行方向。下行方向信号从 OLT 到 ONU 传输；上行方向信号从 ONU 到 OLT 传输。在下行方向，OLT 把从业务结点接口（SNI）来的业务经过 ODN 广播式发送给与此相连的所有 ONU。在上行方向，系统采用 TDMA 技术使 ONU 无碰撞地发送信息给 OLT。

根据 ITU-T G.983.3 建议，使用 WDM-OLT/ONU 宽带 PON 接入网的参考结构如图 6.2.3 所示。因为使用了 WDM，所以允许系统增加了 E-OLT 和 E-ONU，其他部分和图 6.2.2 表示的 PON 接入网的参考结构相同。

业务结点接口（SNI）已在 ITU-T G.902 中进行了规范。与 ODN 的接口是 IF_{PON}，也就是参考点 S/R 和 R/S，它支持 OLT 和 ONU 传输的所有协议。用户网络接口（UNI）与用户终端连接。

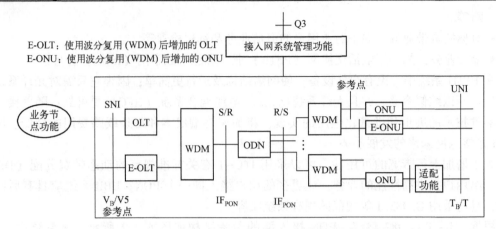

图 6.2.3　WDM-OLT/ONU 宽带 PON 接入网的参考结构

6.2.2　光线路终端（OLT）

下面以 ATM-PON 为例，介绍光线路终端（OLT）和光网络单元（ONU）的构成、作用和工作原理。

1. OLT 功能模块

OLT 由 ODN 接口单元、ATM 复用交叉单元、业务单元和公共单元组成，如图 6.2.4 所示。

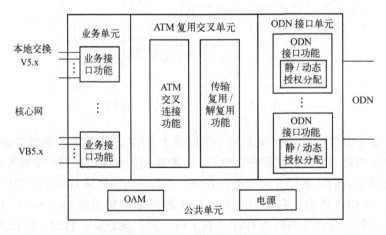

图 6.2.4　OLT 构成框图

ODN 接口单元完成物理层功能和 TC 子层功能，主要包括光/电和电/光变换、速率耦合/解耦、测距、信元定界和帧同步、时隙和带宽分配、口令识别、扰码和解扰码、搅动和搅动键更新、信头误码控制（HEC）和比特交错校验（BIP8）、比特误码率（BER）计算和运行维护管理（OAM）等，特别是在 OLT 上行方向要完成突发同步和数据恢复等功能。在具有动态带宽分配（DBA）功能的系统中，ODN 还完成动态授权分配功能。为了实现 OLT 和 ODN 间的保护切换，OLT 通常配备有备份的 ODN 接口（见 6.3 节）。

ATM 复用交叉单元完成多种业务在 ATM 层的交叉连接功能、传输复用/解复用功能、流量管理和整形功能、运行维护和管理（OAM）等功能。在下行 ATM 净荷中插入信头构成 ATM 信元，并从上行 ATM 信元中提取 ATM 净荷。

业务单元完成业务接口功能，如采用基于 SDH 接口，除完成电/光或光/电转换外，在下行方向，从输入的 SDH 信息流中提取时钟和恢复数据，用信元定界方式从 SDH 帧中提取 ATM 信元，滤除空闲信元（即速率解耦），通过通用测试和运行物理接口（UTOPIA）输出到 ATM 复用交叉单元；在上行方向，把 ATM 信元和空闲信元（如有必要）插入 SDH 帧的净荷中（即速率耦合），并插入各种 SDH 开销，以便组成 SDH 帧。另外业务单元还应具有信令处理的能力。

公共单元提供 OAM 功能和完成对各单元的供电。OAM 功能应能处理系统所有功能块（包括 ONU 中的功能块）的操作、管理和维护，通过 Q3 或其他接口还能与上层网管系统相连。OLT 在断电时也应能正常工作，所以它应配备有备用电池。

通常 OLT 只完成 G.983.1 规定的静态授权分配功能，此时的 OLT 称为 Non-DBA-OLT。静态授权分配是指，根据预先的约定，MAC 协议分配授权给一个 ODN 中的每个传输容器（T-CONT）。但是当 OLT 具有动态上行带宽分配（DBA）能力时，OLT 必须具有 G.983.4 规定的动态授权分配功能。此时的 OLT 称为 DBA-OLT，它根据事先约定、带宽需求报告和可用的上行带宽，MAC 协议动态地进行分配授权给一个 ODN 中的每个 T-CONT。所以 DBA-OLT 应具有监测从 ONU 来的输入信元数量和收集 ONU 报告的功能，而 ONU 要不断地对其带宽需求向 OLT 进行报告。

2. OLT 的工作原理

OLT 位于业务结点接口和 PON 接口之间，通过 V5.1 或 V5.2 接口与电话交换网相连，通过 VB5 接口与宽带数字信号源相连，从而向用户提供多种业务。

在下行方向，接收来自业务端的数字流，经速率解耦去掉空闲信元，提取出 ATM 信元，根据其虚通道标识符（VPI）/虚信道标识符（VCI）交叉连接到相应的通路，重新组成 ATM 信元，然后对其净荷进行搅动加密。下行传输复用采用时分复用（TDM）方式，每发送 27 个 ATM 信元就插入 1 个物理层 OAM（PLOAM）信元，由此形成 PON 的下行传输帧，经扰码后送给光发送模块，进行电/光变换，以广播方式传送给所有与之相连的 ONU。

在上行方向，OLT 在接收到 ONU 的突发数据时，根据前导码恢复判决门限并提取时钟信号，实现比特同步。接着根据定界符对信元进行定界。获得信元同步后，首先进行解扰码，恢复信元原貌。经速率解耦后提取出 ATM 信元，然后根据信元类型进行不同的处理。若是 PLOAM 信元，则根据其中的信息类型分别送到测距、搅动、OAM 等功能模块进行处理。若是 ATM 信元，则送到 ATM 交叉连接单元进行 VPI/VCI 转换，连接到相应的业务源。

通常，实现动态带宽分配（DBA）可以分成三步：第一步，DBA-OLT 综合使用流量监测结果和 ONU 对带宽需求的情况报告更新带宽分配；第二步，DBA-OLT 根据 ONU 对带宽需求的情况报告更新带宽分配；第三步，DBA-OLT 根据流量监测结果更新带宽分配。

6.2.3 光网络单元（ONU）

ONU 处于用户网络接口（UNI）和 PON 接口（IF$_{PON}$）之间，提供与 ODN 的光接口，实现用户侧的端口功能。与 OLT 一起，ONU 负责在 UNI 和 SNI 之间提供透明的业务传输。ONU 根据用户需要，利用 ATM 复用交叉连接功能，提供以太网业务、电路仿真业务（CES）、ATM E1 业务和 xDSL 等业务，从而可实现多业务的综合接入。

1. ONU 完成功能

图 6.2.5 表示 ONU 的功能构成框图，它由 ODN 接口单元、复用/解复用单元、业务单元和公共单元组成。

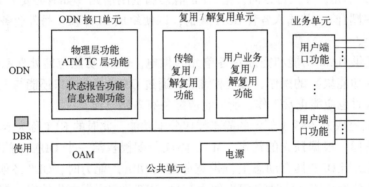

图 6.2.5　ONU 功能构成框图

ODN 接口单元完成物理层功能和 ATM 传输会聚子层（TC）功能，物理层功能包括对下行信号进行光/电变换，从下行数据中提取时钟，从下行 PON 净荷中提取 ATM 信元，在上行 PON 净荷中插入 ATM 信元。如上行接入采用时分多址（TDMA）方式，则对上行信号完成突发模式发射。通常，TC 子层完成速率耦合/解耦、串/并变换、信元定界和帧同步、扰码/解扰码、ATM 信元和 PLOAM 信元识别分类、测距延时补偿、口令识别、搅动键更新和解搅动、信头误码控制（HEC）和比特交错校验（BIP8）、比特误码率（BER）计算和运行维护管理（OAM）等功能。如果在一个 ONU 中有多个传输容器（T-CONT），每个 T-CONT 都要完成以上的功能。

当系统具有上行带宽分配（DBA）能力时，ODN 接口单元还应具有情况报告和信息检测功能。此时的 ONU 称为情况报告 ONU（SR-ONU），与此对应，没有情况报告的 ONU 记为 NSR-ONU。SR-ONU 的 DBA 报告功能提供每个 T-CONT 带宽需求情况的报告给 OLT。SR-ONU 的检测功能在 SR-ONU 内监测每个 T-CONT 数据的排队情况。

为了实现 OLT 和 ODN 间的保护切换，ONU 通常配备有备份的 ODN 接口。

ONU 提供的业务，既可以给单个用户，也可以给多个用户。所以要求复用/解复用单元完成传输复用/解复用功能、用户业务复用/解复用功能。在上行 ATM 净荷中插入信头构成 ATM 信元，从下行 ATM 信元中提取 ATM 净荷，根据 VPI/VCI 值完成多种业务在 ATM 层的交叉连接、组装/拆卸（SAR）和分发功能，以及运行维护和管理（OAM）等功能。

业务单元提供用户端口功能，根据用户的需要，提供 Internet 业务、CES 业务、E1 业务和 xDSL 等业务。按照不同的物理接口（如双绞线、电缆），它提供不同的调制方式接口，进行 A/D 和 D/A 转换。另外，还应具有信令转换功能。

ONU 公共单元包括供电和 OAM 功能。供电部分有交/直流变换或直流/直流变换，供电方式可以是本地供电，也可以是远端供电，几个 ONU 也可以共用同一个供电系统。ONU 应能在备用电池供电条件下正常工作。

2. ONU 工作原理

当接收下行数据时，ONU 利用锁相环（PLL）技术从下行数据中提取时钟，并按照 ITU-T I. 432. 1 建议进行信元定界和解扰码。然后识别信元类型，若是空闲信元则直接丢弃，若是 PLOAM 信元，则根据其中的信息类型分别送到测距、搅动键更新、OAM 等功能模块进行处理。若是 ATM 信元，则解搅动后根据 VPI/VCI 值选出属于自己的 ATM 信元，送到 ATM 复用/解复用单元进行 VPI/VCI 转换，然后送到相应的用户终端。

当发送上行数据时，ONU 从业务单元接收到各种用户业务（如 E1、CES 等）的 ATM 信元后，进行拆包，根据传送的目的地加上 VPI/VCI 值，重新打包成 ATM 信元，然后存储起来。根据从下行 PLOAM 信元中收到的数据授权和测距延时补偿授权，延迟规定的时间后把信元发送出去，当没有信元发送时就发送空闲信元，当接收到 PLOAM 授权后就发送 PLOAM 信元或在接收到可分割时隙授权后就发送微时隙。对该信元进行电/光变换前，先要对除开销字节外的净荷进行扰码。

6.2.4　光分配网络（ODN）

光分配网络（ODN）提供 ONU 到 OLT 的光纤连接，如图 6.2.2 所示。ODN 将光能分配给各个 ONU，这些 ONU 共享一根光纤的容量。在该分配网中，使用无源光器件实现光的连接和光的分路/合路，所以这种光分配系统称为无源光网络（PON）。主要的无源光器件有：单模光纤光缆、光连接器、光分路器和光纤接头等。

ODN 采用树形结构的点到多点方式，即多个 ONU 与一个 OLT 相连。这样，多个 ONU 可以共享同一根光纤、同一个光分路器和同一个 OLT，从而节约了成本。这种结构利用了一系列级联的光分路器对下行信号进行分路，传输给多个用户，同时也靠这些分路器将上行信号汇合在一起送给 OLT。

光分路器的功能是把一个输入的光功率分配给多个光输出。作为光分路器使用的光耦合器，只用其一个输入端口。光分路器的基本结构如图 6.2.6 所示，$1 \times N$ 光分路器可以由多个 2×2 耦合器组合。图 6.2.6 表示由 7 个 2×2 单模光纤耦合器组成的 1×8 光分路器结构。光分路器对线路的影响是附加插入损耗，可能还有一定的反射和串音。表 6.2.1 表示 $1 \times N$ 光分路器不同分路比的分配损耗和插入损耗，分配损耗是

$$L_{spl} = 10 \log_2 N \tag{6.2.1}$$

在用 $1 \times N$ 光分路器构成的 ODN 中，其传输损耗为

$$L_{tot} = 10 \log_2 N + L_{ext} + 4L_{con} + nL_{fus} + \alpha (L_{fib}^{L-S} + L_{fib}^{N-S}) \tag{6.2.2}$$

式中，α 是光纤衰减系数；L_{fib}^{L-S} 和 L_{fib}^{N-S} 分别是 OLT 或 ONU 连接光分路器的光纤长度，为了维修方便，这两段光纤两头通常都用活动连接器连接，此时则要 4 个连接器；L_{con} 是连接器损耗；L_{fus} 是光纤熔接点损耗，可能有 $n = (L_{fib}^{L-S}/L_{sec} + L_{fib}^{N-S}/L_{sec}) - 2$ 个接头，L_{sec} 是每盘光缆的长度；L_{ext} 是 $1 \times N$ 光分路器的插入（附加）损耗（单位：dB），其值可用下式计算：

$$L_{ext} = -10 \log_2 (1-\delta)^{\log_2 N} \tag{6.2.3}$$

式中，δ 为 2×2 耦合器插入损耗（$\delta\%$），如果 2×2 耦合器的插入损耗是 0.5 dB，表 6.2.1 已给出用式（6.2.3）计算出来的 $1 \times N$ 分路器的附加损耗 L_{ext}，通常在售产品的附加损耗要比

理论值的大，如表6.2.1最右边列出的那样。

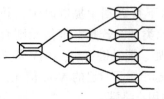

图6.2.6　1×N光分路器基本结构

表6.2.1　1×N光分路器参数

N	分配损耗 L_{spl}/dB	L_{ext}/dB （$\delta=11\%$）（理论计算）0.5 dB	L_{ext}/dB （产品最大值）
8	9	1.5	2.0
16	12	2.0	3.5
32	15	2.53	4.5
64	18	3.03	5.0

1×2耦合器的损耗大约是3.5 dB，其中3 dB是分配损耗，0.5 dB是插入损耗。这种耦合器的体积和重量都比较大，一致性并不好，损耗对光波长敏感，特别是对于使用3个波长（1 310 nm、1 490 nm和1 550 nm）PON的应用场合，这是一个致命的缺陷，不过其反射性及方向性都非常好，均可以达到50 dB或更高的水平。

在ODN中，光传输有上行方向和下行方向。信号从OLT到ONU是下行方向，反之是上行方向。上行方向和下行方向可以用同一根光纤传输（单纤双工），也可以用不同的光纤传输（双纤双工）。

为了提高ODN的可靠性，通常需要对其进行保护配置。保护通常指在网络的某部分建立备用光通道，备用光通道往往靠近OLT，以便保护尽可能多的用户。

为了扩大ODN的规模，可以使用光放大器补偿光路的损耗，从而允许使用多个光分路器。

有关无源光器件的规范见G.671，光纤和光缆的规范见G.652，ODN损耗计算见G.982。目前，ITU-T规定了三类光路损耗，如表6.2.2所示。B类光路损耗可应用于时间压缩复用（TCM）系统，而C类光路损耗可应用于空分复用（SDM）系统和波分复用（WDM）系统，因为这两种系统的附加损耗没有或很小。因为TDM和全双工的附加损耗最大，所以只能使用A类损耗系统。

表6.2.2　PON接入网光路损耗类别

	A类	B类	C类
最小损耗/dB	5	10	15
最大损耗/dB	20	25	30
应用	TDM和全双工系统	时间压缩复用（TCM）系统	空分复用（SDM）和波分复用（WDM）系统

PON是一个点到多点（PTM）系统，比点到点（PTP）系统复杂得多。各种PON都具有相同的拓扑特性，即所有来自ONU的上行传输都在树状ODN中以无源方式复用，再通过单根光纤传送到OLT后解复用。不过，各个ONU都不能访问其他ONU的上行传输。为了尽量减少光纤的使用，可以把各ONU的分路器放在所有与之相连的ONU的重心上，或者将多个PON的分路器集中放在便于操作的维护节点中。为了获得最大的灵活性，简化管理，也可以将所有的分路器都放在OLT中。

PON的功率分配也可以分级进行，比如在一条馈线末端安装1×8的分路器，再在8分支末端安装1×4的分路器，从而使总分路比达到1:32。分配级数可以大于2。由于功率分配可以分开进行，这使得同一 PON 里的 ONU 享有不同的分光比。

在 ODN 中有两种发送下行信号的基本方法，一种是功率分配 PON（PS-PON），一种是波长路由 PON，也称 WDM-PON。在 PS-PON 中（一般简称为 PON），下行信号的功率平均分配给每个分支，所以 OLT 可以向所有的 ONU 进行广播，由各个 ONU 负责从集合信号中提取自己的有效载荷。在 WDM-PON 中，给每个 ONU 分配一个或多个专用波长，有关它的进一步介绍见 6.4.3 节。

6.3　无源光网络（PON）基础

6.3.1　分光比

允许 PON 以一定的分光比配置，从完全不分路（变成点对点系统）到通过光损耗预算和 PON 协议规定的最大分路值。PON 容量是共享的，所以分光比越大，每个 ONU 的平均可用带宽就越小。同样，分光损耗越多，留给光缆的光功率预算就越小，系统的有效范围也就越小。但采用 PON 最主要的原因是为了分担馈线光纤和 OLT 光接口的费用，所以分光比越大，系统所需器件的平均成本就越低。不过，系统总成本不会一直随分光比的增大而减少。这是因为，对于给定的系统有效范围，分光比越大，对光电器件的要求也越高，成本也随之增加。

综合以上因素，分光比为 16~32 是最经济的，FSAN 则可以用 64。

6.3.2　结构和要求

图 6.3.1 表示只有 OLT 具有保护功能的 PON 系统，假如 OLT 工作的 PON 接口发生故障，或者与它相连接的 PON 中的光纤和光分路器发生故障，OLT 就从工作的 PON 线路终端切换到备份的线路终端。ITU-T G.983.1 规定的 B 类系统就可以采用这种保护。

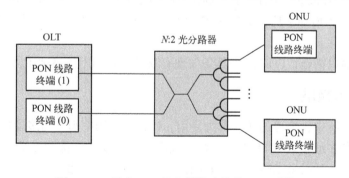

图 6.3.1　只有 OLT 具有保护功能的 PON 系统

图 6.3.2 表示 OLT 和 ONU 都具有线路终端备份的 PON 保护系统，这是一种 1:1 和 1+1 保护系统。假如在 OLT 和 ONU 中，任何 PON 接口发生故障，或者在 ODN 中，任何光纤损坏，OLT 都能完成保护切换。ITU-T G.983.1 规定的 C 类系统就可以采用这种保护。在实际应用中，根据不同用户的需要，也可以对有的 ONU 进行保护，有的不进行保护。当然保护的 ONU 所付出的费用就高。

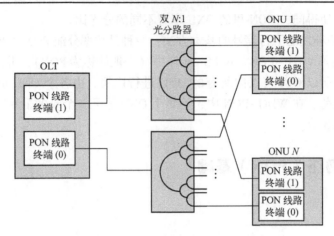

图 6.3.2　1 : 1 和 1+1 全保护 PON 系统

在 C 类系统中，当工作系统正常时，可以让备用系统提供额外的业务。当工作系统发生故障时，立刻停止额外业务的提供而切换到备用系统。当然，额外业务就不能受到保护。

保护切换是利用 PLOAM 信元中的规定信息完成的，保护切换时间应在 50 ms 内完成。

6.3.3　下行复用技术

PON 的所有下行信号流都复用到馈线光纤中，并通过 ODN 广播传输到所有的 ONU。下行复用可以采用电复用和光复用。最简单经济的电复用是 OLT 采用时分复用（TDM），将分配给各个 ONU 的信号按一定的规律插入时隙中。在接收端，ONU 把给自己的有效载荷从集合信号中再分解出来。

对于光复用，可以采用密集波分复用（DWDM），给每个 ONU 分配一个下行波长，将分配给各个 ONU 的信号直接由该波长载送。在接收端，ONU 使用光滤波器再从 WDM 信号中分解出自己的信号波长，因此每个 ONU 都要配备相当昂贵的特定波长接收机。虽然 DWDM 下行复用大大增加了功率分配 PON（PS-PON）的容量，但是也增加了每个用户的成本和系统的复杂性。

通过上述的简单措施，PON 至少具备与现有双绞线和 SDH 环网类似的性能。

6.3.4　上行接入技术

在点对点的系统中，信道的接入称为复用，而在接入网中则称为多址接入。所以对应的频分复用称为频分多址接入（FDMA），在光域内的频分复用则称为波分复用（WDM），对应的时分复用称为时分多址接入（TDMA），对应的码分复用则称为码分多址接入（CDMA），对应的正交频分复用称为正交频分多址接入（OFDMA），如图 6.3.3 所示。也可以综合使用几种接入方法。目前的 PON 均使用 TDMA 技术，第三代（3G）移动通信使用 CDMA 技术，第四代（4G）、第五代（5G）移动通信则使用正交频分多址接入（OFDMA）。

1. 时分多址接入（TDMA）

时分多址接入（TDMA）是把传输带宽划分成一列连续的时隙，根据传送模式的不同，预先分配或者根据用户需要分配这些时隙给用户。通常有同步传送模式（STM）和异步传送

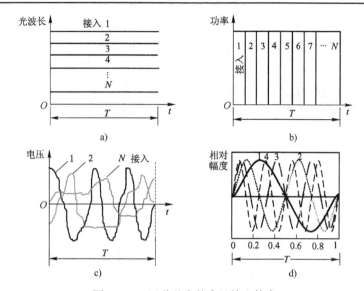

图 6.3.3　四种基本的多址接入技术

a) 频分多址（FDMA）或波分多址（WDMA）　b) 时分多址（TDMA）

c) 码分多址（CDMA）　　d) 正交频分多址（OFDMA）

模式（ATM）。

STM 分配固定时隙给用户，因此可保证每个用户有固定的可用带宽。时隙可以静态分配，也可以根据呼叫动态分配。不管是哪种情况，分配给某个用户的时隙只能由该用户使用，其他用户不能使用。

相反，ATM 根据数据传输的实际需要分配时隙给用户，因此可以更有效地使用总带宽。与 STM 相比，ATM 要求更多的有关业务的类型和流量特性，以确保每个用户公平地使用带宽。

图 6.3.4 表示一个树形 PON 的 TDMA 系统，该系统允许每个用户在指定的时隙发送上行数据到 OLT。OLT 可以根据每个时隙位置或时隙本身发送的信息，取出属于每个 ONU 的时隙数据。在下行方向，OLT 采用 TDM 技术，在规定的时隙传送数据给每个 ONU。

在使用 TDMA 技术的树形 PON 中，上行接入采用突发模式，一个重要特点是必须保证 ONU 上行时隙的同步，所以必须采用测距技术，以便控制每个 ONU 的发送时间，确保各 ONU 发送的时隙插入指定的位置，避免在组成上行传输帧时发生碰撞。为防止各 ONU 时隙发生碰撞，要求时隙间留有保护间隙 T_{gap}。测距精度通常为 1～2 bit，所以各 ONU 信元在组成上行帧时的间隙 T_{gap} 有几个比特，因此到达 OLT 的信元几乎是连续的比特流。ONU 占据多少时隙由媒质接入控制协议（MAC）完成，ONU 何时发送数据时隙（即在收到数据发送授权后延迟多长时间），由 OLT 根据测距（测量 ONU 到 OLT 的距离）结果通知 ONU。关于测距的更多细节见文献［5］中的 6.4 节和 6.5 节。

在突发模式接收的 TDMA 系统中，除要求 OLT 测量每个 ONU 到 OLT 的距离外，还要求 OLT 利用上行突发数据时隙开始的前几个比特尽快地恢复出采样时钟，并利用该时钟进行该时隙数据的恢复。也就是说同步电路必须能够确定突发时隙信号到达 OLT 的相位和开始时间，同时还要为测距计数器提供开始计数和计数结束的时刻。有关上行同步技术的进一步介绍见文献［5］中的 6.1 节。

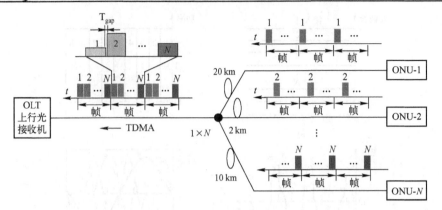

图 6.3.4   PON 系统各 ONU 采用 TDMA 突发模式接入

在使用 TDMA 技术的树形 PON 中，OLT 突发模式接收机接收从不同距离的 ONU 发送来的数据包，并恢复它们的幅度，正确判决它们是"1"还是"0"。由于每个 ONU 的 LD 发射功率都相同，但它们到达 OLT 的距离互不相同，所以它们的数据包到达 OLT 时的功率变化很大，如图 6.3.4 所示。OLT 突发模式接收机必须能够应付这些功率的变化，正确恢复出数据，不管它们离 OLT 多远。有关突发模式接收的进一步介绍见文献 ［5］ 中的 6.3 节。

2. 波分多址接入（WDMA）

由于光纤的传输带宽很宽，所以可以采用波分复用（WDM）技术实现多个 ONU 的上行接入。图 6.3.5 表示波分多址接入（WDMA）树形 PON 的系统结构，每个 ONU 用一个特定的波长发送自己的数据给 OLT，各个波长的光信号进入光分路器后复用在一起，OLT 使用滤波器或光栅解复用器将它们分开，然后送入各自的接收机将光信号变为电信号。OLT 也可以使用 WDM 技术或一个波长的 TDM 技术把下行业务传送给 ONU。WDM 技术虽然简化了电子电路的设计，但是是以使用贵重的光学器件为代价的。

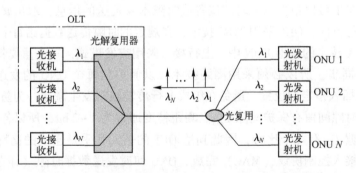

图 6.3.5   波分多址接入（WDMA）树形 PON 系统结构

6.3.5 安全性和私密性

私密性是 PON 终端用户关注的问题，因为用户通信可能会被同一 PON 中的其他用户窃听。所有的 PON 都向与它相连的 ONU 用户广播下行信号，因此潜在地允许一个终端用户窃听其他终端用户的信息，但是这有一个前提条件，那就是窃听者首先要能够模仿 PON 的通信协议，所以很难实现。更高一层的保护是把下行信号加密，例如在 ITU-T G.983.1 中采用的扰码加密机制（见文献 [5] 中的 4.3.5 和 4.3.6 节）。

还有一种泄密的可能，上行信号在分路器上行侧反射后可能会被其他终端用户截取。不过通常认为，由于反射和分路损耗的总影响，其他终端用户很难达到截取所需要的功率电平。所以上行信号的发送一般不加密，如 ITU-T G.983.1 中所述。

安全性是网络运营者关注的问题，因为网络可能会被盗用或破坏。在 PON 中，只要有人利用未使用的分光口接入光纤，就有可能造成破坏。侵入者可能接入某个 ONU 窃取相关服务。这种侵入行为可以通过口令协议加以阻止，在 ITU-T G.983.1 中称为"验证"。为此，ONU 在初始化时向 OLT 注册密码（Password），并得到 OLT 的确认，该密码只向上传送，其他 ONU 接收不到。OLT 有一个与其连接的所有 ONU 的密码表，当接收到某个 ONU 的密码后，OLT 就把它与自己的密码表比较，符合的就让其接入。假如 OLT 接收到一个没有注册的密码，它就通知网络运营者。这样就能确保在合法的 ONU 关闭电源后，假冒的 ONU 不能连接到网络。

6.4　PON 接入系统

6.4.1　EPON 系统

EPON 和 APON 的主要区别是，在 EPON 中，根据 IEEE 802.3 以太网协议，传送的是可变长度的数据包，最长可为 1 526 个字节；而在 APON 中，根据 ATM 协议的规定，传送的是包含 48 个字节的净荷和 5 字节信头的 53 字节的固定长度信元。IP 要求将待传数据分割成可变长度的数据包，最长可为 65 535 个字节。与此相反，以太网适合携带 IP 业务，与 ATM 相比，极大地减少了开销。

表 6.4.1 给出 1 000 Base-PX10 和 1 000 Base-PX20 的主要技术规范。

表 6.4.1　1 000 Base-PX10 和 1 000 Base-PX20 的主要技术规范

	1 000 Base-PX10		1 000 Base-PX20	
	下行方向（D）	上行方向（U）	下行方向（D）	上行方向（U）
光纤类型	单模光纤			
光纤数目	1			
线路速率/(Mbit/s)	1 250			
标称发射波长/nm	1 490	1 310	1 490	1 310
平均发射功率（max）/dBm	2	4	7	4
平均发射功率（min）/dBm	−3	−1	2	−1
比特误码率	10^{-12}		10^{-12}	
平均接收功率（max）/dBm	−1	−3	−6	−3
接收机灵敏度（max）/dBm	−24		−27	−24
传输距离（无 FEC）	0.5 m~10 km		0.5 m~20 km	
最大光通道插入损耗/dB	20	19.5	24	23.5
最小光通道插入损耗/dB	5		10	

鉴于 EPON 技术已经获得大规模的成功部署，IEEE 工作组开发的 802.3av 标准其最重要的要求是和现有部署的 EPON 网络实现后向兼容及平滑升级，并与以太网速率 10 倍增长的步长相适配。为此，802.3av 标准进行了多方面的考虑：

1) 10 G EPON 提供两种应用模式，充分满足不同客户的需求：一种是非对称模式（10 Gbit/s 下行，1 Gbit/s 上行），另一种是对称模式（10 Gbit/s 下行，10 Gbit/s 上行）。

2) 10 Gbit/s EPON 绝大部分继承了 1 Gbit/s EPON 的标准，仅针对 10 Gbit/s 的应用，对 EPON 的 MPCP 协议（IEEE 802.3）以及 PMD 层进行扩展。在业务互通、管理与控制方面，与 1 Gbit/s EPON 兼容，如图 6.4.1 所示，下行采用双波长波分，上行采用双速率突发模式接收技术，通过 TDMA 机制协调 1 Gbit/s 和 10 Gbit/s ONU 共存。10 Gbit/s EPON 的 ONU 与 1 Gbit/s EPON的 ONU 在同一 ODN 下实现了良好共存，有效地保护了运营商的投资。

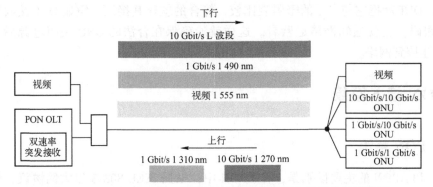

图 6.4.1　10 G EPON 与 1 G EPON 系统共存兼容与波长分配示意图

3) 采用一系列技术措施提高性价比，且为长距离与大分光比的应用打下了坚实的基础。10 Gbit/s EPON 采用 64B/66B 线路编码，效率高达 97%；更高的链路光功率预算（29 dB）；前向纠错（FEC）功能采用 RS（255、223）多进制编码，可以使光功率预算相对于没有 FEC 增加 5~6 dB。

由于以太网技术的固有机制，不提供端到端的包延时、包丢失率以及带宽控制能力，因此难以支持实时业务的服务质量。要想确保实时语音和 IP 视频业务在一个传输平台上以与 ATM 和 SDH 的 QoS 相同的性能分送到每个用户，GPON 无疑是一个最好的选择，相关内容将在 6.4.2 节进行介绍。有关 EPON 的进一步介绍见文献 [5] 中的第 5 章。

6.4.2　GPON 系统

APON 标准复杂，成本高，在传输以太网和 IP 数据业务时效率低，以及在 ATM 层上适配和提供业务复杂。而 EPON 存在两大致命的缺陷，即带宽利用率低和难以支持以太网之外的实时业务。因此，全业务接入网（FSAN）组织开始考虑制定一种融合 APON 和 EPON 的优点，克服其缺点的新的 PON，那就是 GPON。GPON 具有吉比特高速率，92% 的带宽利用率和支持多业务透明传输的能力，同时能够保证服务质量和级别，提供电信级的网络监测和业务管理。本节就介绍 GPON 接入的有关技术问题。

图 6.4.2 表示当前 GPON 系统的参考结构，GPON 主要由光线路终端（OLT）、光分配网（ODN）和光网络单元（ONU）三部分组成。OLT 位于接入网局端，它的位置可以是局内本地交换机的接口处，也可以是野外的远端模块，为接入网提供网络侧与核心网的接口，

并通过一个或多个 ODN 与用户侧的 ONU 通信。OLT 与 ONU 是主从关系，它控制各 ODN 执行实时监控，管理和维护整个无源光网络。

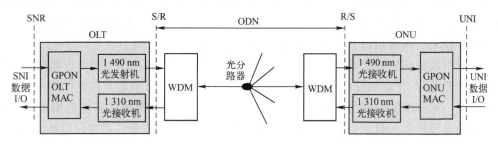

图 6.4.2　GPON 系统参考结构

ODN 是一个连接 OLT 和 ONU 的无源设备，它的主要功能是完成光信号和功率的分配任务。GPON 上/下行数据流可以采用波分复用技术，通过在 ODN 中加载 WDM 模块，在一根光纤上传送上/下行数据。下行使用 1 480~1 500 nm 波段，上行使用 1260~1360 nm 波段。同时，GPON 的 ODN 光分路器的性能也大大提高，可支持 1:128 分路比。

ONU 为光接入网提供直接或者远端的用户侧接口。ONU 终结 ODN 光纤，处理光信号并为若干用户提供业务接口。

在 GPON 中，光接口的定义如图 6.2.3 所示。在 G.984.2 中，给出了 GPON 系统不同上下行速率时的 4 个光接口的要求。在 S/R 参考点对发射机的要求和在 R/S 参考点对接收机的要求，GPON 和 APON 的标准基本一致。

GPON 有两种传输模式：一种是 ATM 模式，另一种是 GEM 模式。图 6.4.3 清晰地解释了这两种模式在 U 平面中的传输过程。GPON 在传输过程中，可以用 ATM 模式，也可以用 GEM 模式，也可以共同使用这两种模式。究竟使用哪种模式，要在 GPON 初始化的时候进行选择。

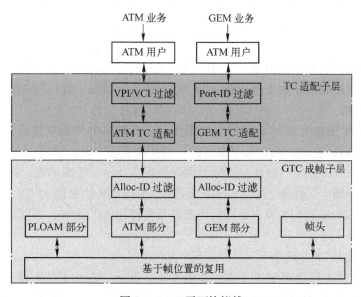

图 6.4.3　U 平面协议栈

1. GEM 对 TDM 语音和数据的封装

GEM 对 TDM 数据的封装是将 TDM 业务直接映射到可变长的 GEM 帧中，即 TDM over GEM。这种方式是 ITU-T G.984.3 的附录中提出的专门为 GPON 系统承载 TDM 业务所设计的一种封装技术。具有相同 Port ID 的 TDM 数据分组汇聚到 TC 层。

由于用户数据帧的长度是随机的，如果用户数据帧的长度超过 GEM 协议规定的净荷最大长度，就要采用 GEM 的分段机制。GEM 的分段机制把超过净荷最大长度的用户数据帧分割成若干段，每一段的长度与 GEM 净荷最大长度相等，并且在每段的前面都加上一个 GEM 帧头。这种分段机制，对于一些时间比较敏感的业务，如语音业务，可保证以高优先级进行传输。因为它把语音业务总是放在净荷区的前端发送，而且帧长是 125 μs，延时比较小，从而能保证语音业务的 QoS。

GEM 使用不定长的 GEM 帧对 TDM 业务字节进行分装。TDM over GEM 方式的优点在于使用了与 SDH 相同的 125 μs 的 GEM 帧，使得 GPON 可以直接承载 TDM 业务，将 TDM 语音和数据直接映射到 GEM 帧中，使得分装效率提高。

2. GPON 与 EPON 的比较及其优势

下面将从带宽利用率、成本、多业务支持、OAM 功能等多方面对 EPON 和 GPON 进行详细的比较。

（1）带宽利用率

一方面，EPON 使用 8 B/10 B 编码，其本身就引入了 20% 的带宽损失，1.25 Gbit/s 的线路速率在处理协议本身之前实际上就只有 1 Gbit/s 了。GPON 使用扰码作线路码，只改变码，不增加码，所以没有带宽损失；另一方面，EPON 封装的总开销约为调度开销总和的 34.4%，而 GPON 在同样的包长分布模型下，得到 GPON 的封装开销约为 13.7%。

（2）成本

从单比特成本来讲，GPON 的成本要低于 EPON。影响成本的因素在于技术复杂度、规模产量以及市场应用规模等各个方面，特别是产量基本决定了产品的成本。

（3）多业务支持

EPON 对于传输传统的 TDM 支持能力相对比较差，容易产生 QoS 的问题。而 GPON 特有的封装形式，使其能很好地支持 ATM 业务和 IP 业务，做到了真正的全业务。

（4）OAM 功能

EPON 在 OAM 标准方面定义了远端故障指示、远端环回控制和链路监视等基本功能，对于其他高级的 OAM 功能，则定义了丰富的厂商扩展机制，让厂商在具体的设备中自主增加各种 OAM 功能。GPON 的 OAM 包括带宽授权分配、DBA、链路监视、保护倒换、密钥交换以及各种报警功能。从标准上看，GPON 标准定义的 OAM 信息比 EPON 的丰富。

通过上面对 GPON 和 EPON 主要特征以及各项具体指标的比较，可以发现 GPON 具有以下优势（见图 6.4.4）：

（1）灵活配置上/下行速率

GPON 技术支持 6 种速率配置方式，如表 6.4.2 所示。对于 FTTH 和 FTTC 应用，可采用非对称配置；对于 FTTB 和 FTTO 应用，可采用对称配置。由于高速光突发发射和突发接收器件价格昂贵，且随速率上升显著增加，因此这种灵活的配置可使运营商有效控制光接入网的建设成本。

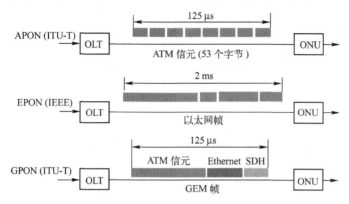

图6.4.4　APON、EPON、GPON 承载业务能力的比较

（2）高效承载 IP 业务

GEM 帧的净荷区范围为 0～4 095 字节，解决了 APON 中 ATM 信元带来的承载 IP 业务效率低的弊病；而以太网 MAC 帧中净负荷区的范围仅为 46～1 500 字节，因此 GPON 对于 IP 业务的承载能力是相当强的。

（3）支持实时业务能力

GPON 所采用的 125 μs 周期的帧结构能对 TDM 语音业务提供直接支持，无论是低速的 E1，还是高速的 STM-1，都能以它们的原有格式传输，这极大地减少了执行语音业务的时延及抖动。

（4）支持的接入距离更远

针对 FTTB 开发的 GPON 系统，其 OLT 到 ONU 的最远逻辑接入距离可以达到 60 km 以上，而 EPON 则只有 20 km。

（5）带宽有效性

EPON 的带宽有效性为 70%，而 GPON 则高达 92%。

（6）分路比数量

EPON 的支持的分路比为 32，而 GPON 则高达 64 或 128。

（7）运行、管理、维护和指配（OAM&P）功能强大

GPON 借鉴 APON 中 PLOAM 信元的概念，实现全面的运行维护管理功能，使 GPON 作为宽带综合接入的解决方案可运营性非常好。

表6.4.2 列出 APON、EPON、GPON 三种 PON 的技术比较。

表6.4.2　三种 PON 技术的比较

项　　目	APON	EPON	GPON
标准	ITU-T G.983	IEEE 802.3ah	ITU-T G.984
基本协议	ATM	Ethernet	ATM 或 GEM
编码类型	NRZ	8B/10B	NRZ
下行线路速率/（Mbit/s）	155/622/1 244	1 250	1 244/2 488
上行线路速率/（Mbit/s）	155/622	1 250	155/622/1 244/2 488

（续）

项　　目		APON	EPON	GPON
上行可用带宽（IP 业务）/（Mbit/s）		500（上行 622 Mbit/s）	760~860	1100（上行 1 244 Mbit/s）
带宽有效性		80%	70%	92%
支持 ODN 的类型		A、B、C	A、B	A、B、C
分路比		1:16	1:32	1:32，1:64，1:128
逻辑传输距离/km		20	20	60
网络保护		有	无	有
使用波长/nm	单纤模式	下行 1 480~1 500 上行 1 260~1 360	下行 1 490 上行 1 310	下行 1 480~1 500 上行 1 260~1 360
	双纤模式	上/下行 1 260~1 360		上/下行 1 260~1 360
第三波长支持视频		有	有	有
实现 FTTX 选择性		可用	较佳	最佳
TDM 支持能力		TDM over ATM	TDM over Ethernet	TDM over ATM 或 TDM over Packet
下行数据加密		搅动或 AES	没有定义，可采用 AES	AES

注：AES（Advanced Encryption Standard）：高级加密标准

有关 GPON 的进一步介绍见文献［5］中的第 6 章。

6.4.3　WDM-PON 系统

目前的 PON 技术主要有 APON、EPON 和 GPON，它们都是 TDM-PON。APON 承载效率低，在 ATM 层上适配和提供业务复杂。EPON 存在两大致命的缺陷，即带宽利用率低和难以支持以太网之外的业务，特别是承载话音/TDM 业务时会引起 QoS 问题。GPON 虽然能克服上述的缺点，但上、下行均工作在单一波长，各用户通过时分的方式进行数据传输。这种在单一波长上为每用户分配时隙的机制，既限制了每用户的可用带宽，又大大浪费了光纤自身的可用带宽，不能满足不断出现的宽带网络应用业务的需求。在这种背景下，人们就提出了 WDM-PON 的技术构想。WDM-PON 能克服上述的各种 PON 缺点。近年来，由于 WDM 器件价格的不断下降，以及 WDM-PON 技术本身的不断完善，WDM-PON 接入网应用到通信网络中已成为可能。相信，随着时间的推移，把 WDM 技术引入接入网将是下一代接入网发展的必然趋势。

WDM-PON 有三种方案：第一种是每个 ONU 分配一对波长，分别用于上行和下行传输，从而提供了 OLT 到各 ONU 固定的虚拟点对点双向连接；第二种是 ONU 采用可调谐激光器，根据需要为 ONU 动态分配波长，各 ONU 能够共享波长，网络具有可重构性；第三种是采用无色 ONU（colorless ONU），即 ONU 无光源方案。

1. WDM/TDM 混合无源光网络

由于 WDM-PON 的高损耗及串扰，光环回和光谱分割 WDMA 技术仍然受到很大的使用限制。在 WDM-PON 和功率分配 PON（PS-PON）之间有一种折中的方案，那就是下行传输采用 WDM-PON，上行传输采用功率分配（PS）的 TDMA-PON，如图 6.4.5 所示。这种方案称为 WDM/TDM 混合无源光网络，它结合了波分复用无源光网络和时分复用无源光网络的优点，非常适合从时分无源光网络到波分无源光网络过渡的部署。这种混合网络实际上在网络容量和实现成本两个方面进行了折中，既具有 TDM-PON 中无源光功率分配所带来的优点，又具有 WDM-PON 波长路由选择所带来的优点，实现了相对较低的用户成本，并在维持较高用户使用带宽的前提下，增加了网络容量扩展的弹性。

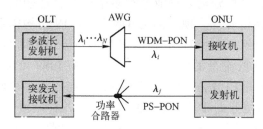

图 6.4.5　复合 WDM-PON

图 6.4.5 是一种双纤结构，下行是 1 550 nm 的 DWDM，用 AWG 对多波长发射机的 WDM 信号解复用，然后分别馈送各波长信号到相应的 ONU。上行采用 1 310 nm 的 TDMA，所以 OLT 接收机要采用突发模式光接收机。

因为混合 PON 采用专用的下行波长及共享的上行带宽，它特别适用于满足住宅区对非对称带宽的要求。另外，下行使用波长路由，不仅解决了 PS-PON 的私密问题，而且还可以采用 OTDR 来远程定位分支光纤的故障状况。从光层角度看，混合 PON 的 ONU 和 TDM/TDMA PS-PON 的 ONU 没有任何区别。在 OLT 侧，用一个突发模式接收机取代波分解复用器和接收机阵列即可。

2. WDM-PON 与 PS-PON 的技术比较

与 TDM-PON 相比，WDM-PON 系统具有以下优点：第一，WDM-PON 系统的信息安全性好，在 TDM-PON 系统中，由于下行数据采用广播式发送给与此相连接的所有 ONU，为了信息安全，必须对下行信号进行加密，这在 G.983.1 建议中已经作了规定，尽管如此，它的保密性也不如单独使用一个接收波长的 WDM-PON 系统；第二，OLT 由于是多波长发射和接收，工作速率与 ONU 的数目无关，可与 ONU 的工作速率相同；第三，电路实现相对较简单，因为不需要难度很大的高速突发光接收机；第四，波分复用/解复用器的插入损耗要比光分配器的小，在激光器输出功率相等的情况下，传输距离更远，网络覆盖范围更大。

WDM-PON 可以视为 PON 的最终形态，但在近期还很难大规模应用。主要原因是缺乏国际标准，设备商投入较少，各种器件（如芯片、光模块）还不够成熟，成本也偏高，世界范围内能提供商用 WDM-PON 系统的设备制造商也屈指可数。但随着 WDM-PON 相关研究的逐渐活跃，国际标准化组织也开始考虑 WDM-PON 的标准化工作。

WDM-PON 既具有点对点系统的大部分优点，又能享受点对多点系统的光纤增益。但如果将 WDM-PON 同已建成的点对点或 PS-PON 系统比较，你就会发现由于昂贵的 WDM 器件、串扰及损耗所致的性能降低，以及复杂性等因素，WDM-PON 的这些优点难以体现。关键在于成本，不管是单用户成本或是单波长成本，对于住宅或者中小型公司的接入，WDM-PON 在未来数年内都显得成本偏高。这点对上行方向尤为如此。用 TDMA 替代 WDMA 会使 WDM-PON 看起来更加现实，如果 WDM-PON 在近几年商用的话，混合 PON 可能会是其第一个优选方案。

有关混合 PON 的进一步介绍见文献 [5] 中的 7.4 节和 7.5 节。

6.4.4 正交频分复用 PON（OFDM-PON）

下一代光接入网要求同时分配多种业务给多个用户，这些业务包括历史上遗留下来的 T1/E1 业务、蜂窝基站信号等。现行的 EPON 和 GPON 结构需要复杂的调度算法和成帧技术，以便支持各种业务。这些 TDM-PON 的性能对分组传输的延迟很敏感，很容易受到通过同一链路的其他数据流量的影响。另外，WDM-PON 可以透明地分发多种业务，因为每种业务可以使用专用的波长，然而多个波长可能要求多个收发机和阵列波导光栅（AWG）或光滤波器，以便分配波长给相应的接收机，这样就增加了系统费用和成本。此外，WDM-PON 也缺乏在不同业务间动态分配资源的灵活性。为了克服以上 PON 的缺陷，科学家们就提出了 OFDM-PON 的方案。

在这种 OFDM-PON 应用中，OFDMA 作为一种多址接入技术，可以采用动态分配不同的副载波给多个用户，从而可以同时实现时域和频域的资源分配，透明地支持各种业务，动态地在这些业务中进行带宽分配。OFDM-PON 可以与 TDM-PON 结合，提供附加的资源管理功能，例如在时域，PON 可以提供数据的突发流量；在频域，PON 可以提供精细的信道调度。

有关 OFDM-PON 的进一步介绍见文献 ［1］ 的 10.5 节。

6.5 复习思考题

6-1 简述接入网在网络建设中的作用。

6-2 简述光接入网的技术演进过程。

6-3 何谓三网融合？

6-4 接入网主要由哪三部分组成？简述其功能。

6-5 何谓无源光网络？目前有哪几种无源光网络？

6-6 有哪几种下行复用技术？简述其工作原理。

6-7 有哪几种上行接入技术？简述其工作原理。

6-8 10 G EPON 如何与 1 G EPON 兼容？

6-9 为什么 PON 系统上行方向均选用 1 260~1 360 nm 波长的发射机，而下行方向则选用 1 480~1 500 nm 波长的发射机？

6-10 为什么要提出 GPON？

6-11 GPON 与 EPON 比较有哪些优势？

6-12 GPON 有哪两种传输模式？为什么 GPON 能够提供多业务特别是实时业务支持？

6-13 对 WDM-PON 与 PS-PON 进行技术比较。

6-14 为什么要提出 WDM-PON？

6-15 什么是 WDM/TDM 混合无源光网络？

6-16 什么是正交频分复用 PON（OFDM-PON）？简述它的工作原理。

6.6 习题

6-1 GPON 无源光网络上行方向功率预算（自己设计）

使用单模光纤 G.652 的 1 Gbit/s GPON 系统，由 32 个 ONU 组成，使用 2×2 耦合器构成 1×32 分光器，每个 2×2 方向耦合器的插入损耗为 0.6 dB。下行速率 1.244 Gbit/s，波长 1 490 nm；上行速率 622 Mbit/s，波长 1 310 nm。采用单纤双向传输，如图 6.4.2 所示，采用 1×2 介质薄膜 WDM，插入损耗是 2 dB。已知连接器损耗 L_{con} 是 0.8 dB，接头损耗 L_{fus} 是 0.2 dB，1 310 nm 光纤损耗系数 $\alpha = 0.4$ dB/km，假如 OLT 距离分路器 10 km，ONU-1 距分路器 2 km，光缆盘长 2 km。ONU-1 LD 平均发射光功率 4 dBm，计算 OLT 接收到的光功率（以 dBm 表示）。

第7章　光纤通信仪器及指标测试

7.1　光纤通信测量仪器

7.1.1　光功率计

光功率计是测量光功率的仪表，用它可测量线路损耗、发射机输出功率和接收机灵敏度，以及无源器件的插入损耗等。它是光通信领域最基本、最重要的测量仪表之一。

光功率计由主机和探头组成。普通探头采用低噪声、大面积光敏二极管，根据测量用途不同，可选择不同波长的探测器（Ge：750~1800 nm，InGaAs：800~1700 nm）。光功率计采用微机控制、数据处理和防电磁干扰等措施，实现了测试的智能化和自动化，具有自校准、自调零、自选量程、数据平均和数据存储等功能。测量显示 dBm/W 和 dB，可随时按需切换。

普通光功率计的原理如图 7.1.1a 所示。在光探头内安装的光检测器将入射的光信号功率转变为电流，该光生电流与入射到光敏面的光功率成正比。如果入射光功率很小，则产生的光电流也很小，比如 1 pW（10^{-12} W）的光功率仅产生约 0.5 pA（10^{-12} A）的电流（如果探测器的灵敏度是 0.5 A/W）。这样微小的电流是无法检测的，为此采用一个电流/电压变换器，该变换器采用低噪声高输入阻抗的运算放大器，在其输入和输出端之间跨接 10 倍量程的电阻 R，如 10 MΩ、100 MΩ，甚至更大的电阻。则 I/V 变换器的输出 $V = IR$，I 为探测器产生的光生电流。当 $R = 100$ MΩ，输入光功率为 10^{-12} W 时，在 I/V 变换器的输出端可产生约 0.05 mV 的电压（0.5×10^{-12} V×100×10^6 Ω），如再采用斩光同步检测技术，还可以提高测量灵敏度。

图 7.1.1b 表示手持式光功率计的外形图，测量范围为 −70~3 dBm 或 −50~23 dBm。

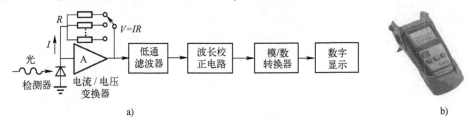

a)　　　　　　　　　　　　　　　　　　　　b)

图 7.1.1　普通光功率计

a) 普通光功率计原理图　b) 手持式光功率计外形

高灵敏度探头则采用小面积 InGaAs 探测器，主机采用斩光同步检测技术，如图 7.1.2 所示，可克服探测器暗电流随时间和环境温度变化而波动的影响，使探测灵敏度大为提高（从 −60 dBm 提高到 −90 dBm）。

另外还有校准用的光功率计，通常有 0.001 dB 的分辨率和 ±0.01 dB 的线性度，采用带制冷的 Ge 探测器。

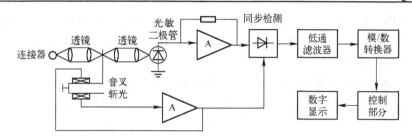

图 7.1.2　高灵敏度光功率计原理图

7.1.2　光纤熔接机

光纤熔接机是光纤固定接续的专用工具，在两根端面处理好的待连接光纤对准后，采用电弧放电的加热方式，熔接光纤端面，具有可自动完成光纤对准、熔接和推断熔接损耗的功能。光纤熔接机可根据被连接光纤的类型，分为单模光纤熔接机和多模光纤熔接机；根据一次熔接光纤芯数的多少，分为单纤熔接机和多纤熔接机。另外，还有保偏光纤熔接机和大芯径单模光纤熔接机。熔接损耗单模光纤 0.03 dB，多模光纤 0.02 dB，保偏光纤 0.07 dB。

光纤熔接机主要由高压电源、放电电极、光纤对准装置、张力测试装置、监控系统、光学监测系统和显示器（显微镜和电子荧屏）等组成。张力测试装置和光纤夹具装在一起，用来测试熔接后接头的强度，如图 7.1.3a 所示。图 7.1.3b 表示一种光纤熔接机的外形图，图 7.1.3c 是光纤熔接机专用的切割刀。

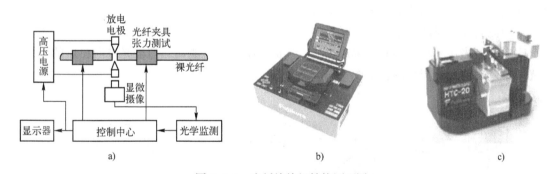

a)　　　　　　　　　　　　　　　b)　　　　　　　　　　　　c)

图 7.1.3　光纤熔接机结构原理图

a) 光纤熔接机结构原理图　b) 光纤熔接机外形图　c) 光纤熔接机专用切割刀

光纤熔接机的使用方法：

1）用多芯专用软线把熔接机的熔接部分和监控部分连接起来，然后接上电源，开启电源开关。

2）根据待熔接光纤的类型，用按钮选择好单模或多模工作状态。

3）将待熔接光纤的端面处理好，端面处理的好坏将直接影响接头的损耗，要求端面完整无破裂（不能凹凸不平）并垂直于光纤轴，一端套上保护用的热可塑套管，然后把它放在光纤平台的夹具内，盖上电极盖。

4）按下"定位/开始"按键，监控装置开始全自动工作。首先由 TV 摄像管送来某一方向（比如 X 方向）的画面，将两根待熔接光纤拉近后，开始在 X 方向对接耦合；然后自动转至 Y 方向，再在 Y 方向对接耦合，并反复几次，直至中央微处理器认为耦合达到最佳，这时开始自动点火熔接。

5）中央微处理器计算熔接损耗，并在监视屏幕上显示出来（多模光纤不显示）。

6）按复位按键，进行张力测试后认为满意，就取出光纤，将预先套上的热可塑套管移至接头处，用光纤熔接机附带的加热器，加热可塑套管，对接头进行永久性保护。

在自动熔接过程中，如果操作者认为光纤端面处理不理想或其他原因需中止熔接机工作时，可随时按复位按键。如果发生异常状态，机内蜂鸣器会响几秒钟，并在监视器屏幕上显示故障位置。

7.1.3 光时域反射仪

光时域反射仪（OTDR）是利用光纤传输通道存在的瑞利散射和菲涅尔反射特性，通过监测瑞利散射的反向散射光的轨迹，制成的光传输测试仪器。利用它不仅可以测量光纤的损耗系数（dB/km）和光纤长度，而且还可以测量连接器和熔接头的损耗，观测光纤沿线的均匀性和确定光纤故障点的位置。这种仪器采用单端输入和输出，不破坏光纤，使用非常方便，在工程上得到了广泛的使用。

OTDR 的工作原理如图 7.1.4a 所示，其中脉冲发生器用来产生不同宽度的窄脉冲信号，然后用它调制电/光（E/O）变换器中的激光器，产生很窄的脉冲光信号，经耦合器送入待测光纤。光信号在光纤中传输，由于光纤结构的不均匀、缺陷和端面的反射，信号光发生反射，这种反射光经耦合器送至光/电（O/E）变换器中的探测器，转换成电信号，经放大处理后送到显示器，以曲线的形式显示出来。

下面以后向散射法测量光纤损耗为例，说明 OTDR 的用法。

瑞利散射光功率与传输光功率成正比，后向散射法就是利用与传输光方向相反的瑞利散射光功率来确定光纤损耗的，如图 7.1.4b 所示。

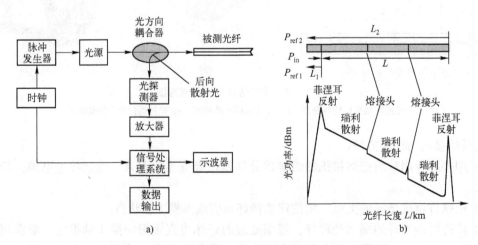

a)   b)

图 7.1.4 后向散射法（OTDR）测量光纤损耗系数

a）测试系统构成   b）后向散射功率曲线（OTDR 屏幕显示）

设在光纤中正向传输光功率经过长 L_1 和 L_2 两段光纤传输后反射回输入端的光功率分别为 P_{ref1} 和 P_{ref2}，如图 7.1.4b 所示。经分析可知，正向和反向损耗系数的平均值为

$$\alpha = \frac{10}{2(L_2 - L_1)} \lg \frac{P_{ref1}}{P_{ref2}} \, (\text{dB/mW}) \tag{7.1.1}$$

后向散射法不仅可以测量损耗系数，还可利用光在光纤中传输的时间来确定光纤长度，显然光纤长度为

$$L = \frac{ct}{2n} \tag{7.1.2}$$

式中，c 为光速；n 为光纤纤芯的折射率；t 为光脉冲在光纤中传输的往返时间。

7.1.4　误码测试仪

脉冲编码调制（PCM）PCM 通信设备传输特性中重要的指标是误码和抖动，为了测量这项指标，有许多 PCM 误码和抖动测试仪表，而且两者往往合在一起，通称为 PCM 传输特性分析仪，简称误码仪。

图 7.1.5 表示误码测试仪原理框图，误码仪发送部分主要由时钟信号发生器、伪随机码/人工码发生器，以及相应的接口电路组成。它可以输出从 $2^7 - 1$ 至 $2^{23} - 1$ 比特的各种不同序列长度的伪随机码和人工码，以满足 ITU 对不同速率测试序列长度的要求。发送电路伪随机码发生器输出 AMI 码、HDB$_3$ 码、NRZ 码和 RZ 码，经被测信道和设备传输后，再由误码仪的接收部分接收。接收部分产生一个与发送码发生器图案完全相同且严格同步的码型，以此为比对标准。如果被测设备产生任何一个错误比特，都会被检测出一个误码，并送到误码计数器显示。

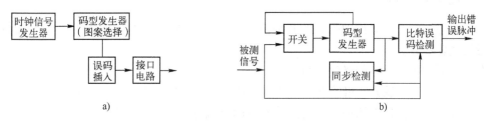

图 7.1.5　误码测试仪原理框图

a）误码测试仪发送部分　b）误码测试仪接收部分

7.1.5　PCM 综合测试仪

PCM 综合测试仪是一种数字传输系统测试仪，用于 PCM 线路的开通测试、工程验收、设备维护和产品研发，主要针对 E1（2 Mbit/s）速率等级线路进行通道误码测试、报警分析、故障定位查找和信令分析等。这种仪器集误码测试、帧结构分析、信令/信号分析、时延测试等多种功能于一体，可方便地完成帧/非成帧误码测试、在线测试、时隙分析、$N \times 64$ kbit/s 通道测试、音频测试和 PCM 仿真等应用。按照 ITU-T G.821、G.826 和 M.2100 规范进行误码分析。

图 7.1.6 表示 PCM 综合测试仪应用举例。图 7.1.6a 是模拟 PCM 端机发送和接收信号，完成误码插入、报警插入、信令编程、音频插入等功能，用于 PCM 端机的性能测试。

图7.1.4b表示中断业务的误码测试。

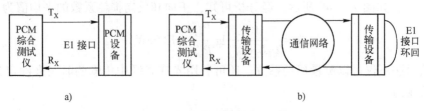

图 7.1.6   PCM 综合测试仪应用举例

a）仿真测试   b）中断业务误码测试（远端环回）

7.1.6   SDH 测试仪

SDH 测试仪具有标准的 SDH 和 PDH 线路接口，可以工作在终端复用器（TM）、分插复用器（ADM）或 E1 测试模式，可实现 PDH E1、SDH STM－1、STM－4、STM－16 或 STM-64 中断业务测试和在线监测。提供各种报警和误码信号的产生和分析，在面板上显示收到的报警和误码信号，并可记录报警产生的时间和持续时间、误码产生的时间和每秒收到的误码个数。它是电信传输日常维护、开通验收、故障查找的专用测试仪表。

SDH 测试仪可进行映射和去映射测试，实现 PDH 到 SDH 信号的映射与去映射。可在仪表的发送端对 SDH 所有的开销（段开销和通道开销）进行设置，在接收端对其监测，以便进行通道跟踪。按 ITU–T 的 G.821、G.826 和 M.2100 建议，进行 SDH 设备和系统的误码和抖动性能分析和评估。

7.1.7   光谱分析仪

在光纤通信中，从光谱中得到的各种信息是评价光通信无源/有源器件特性、光传输系统质量的重要参数。

在光纤通信中，基本的光谱测量有：

- 测量激光器、发光二极管等发光器件的中心波长、峰值波长、光谱宽度和光功率。
- 测量光纤的波长损耗特性、光滤波器等的衰减特性、透射特性和截止波长。
- 分析光纤放大器的增益特性和噪声指数。
- 分析光传输信号的光信噪比。

目前，有的光谱仪采用内置参考可调激光器，可对 DWDM 信号特性进行分析，可自动测试 1 250~1 650 nm 波长范围内的有源和无源器件的光谱特性；不仅能够测量调制光信号的功率和波长，同时还能测量其相位，通过傅里叶变换，计算得到啁啾和脉冲强度信息。

图 7.1.7a 表示光谱分析仪测量信号光谱的原理，光带通滤波器采用光学棱镜（见3.1.4节）或衍射光栅（见4.1.3节）对输入光进行分光，通过旋转光带通滤波器对波长范围进行扫描。光带通滤波器的带宽越窄，光谱分析仪的分辨率就越高；其中心波长的精度越高，光谱仪测量波长的精度就越高。输入光被光带通滤波器分割成多个狭窄的频段，通过光敏二极管转换成电信号。在扫描光带通滤波器中心波长的同时，测量并分析分光后不同波长光的光功率，就可以得到输入光信号的光谱。

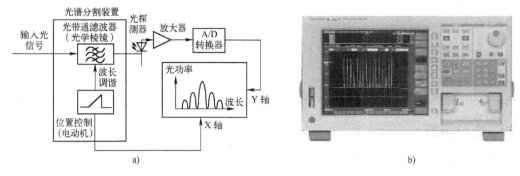

图 7.1.7 光谱分析仪

a）光谱分析仪原理框图　b）光谱分析仪外形图

7.1.8 多波长光源

多波长光源也称宽带光源，有好几种方法可以实现。

一种多波长光源采用一个高输出功率的超发射 LED（SLED），其波长可满足所有通信波段的要求。在单模光纤中，它提供比白光源更宽的光谱范围和更高的功率密度。使用这种光源满足多种应用，如粗波分复用（CWDM）网络测试、CWDM 和 DWDM 元件生产和测试、光纤传感器测试等。

使用 980 nm 波长光对掺铒光纤泵浦，利用铒光纤受激辐射（ASE）可制成无极化光源，输出功率大于 11 dBm，在 1 532~1 560 nm 波长范围内具有良好的平坦性（<2 dB）。可应用于滤波器、WDM 耦合器和布拉格光栅等器件的特性测试。

采用改进的反射式 M-Z 干涉滤波器或阵列波导光栅（AWG），对掺铒光纤的放大自发辐射（ASE）信号光进行光谱分割，然后对其放大和平坦，并采用自动功率控制和精密温度控制技术，可制成 WDM 多波长光源。该光源的优点是波长和功率稳定性高，比采用 DFB 激光器的多波长光源性价比和可靠性高。

将阵列波导光栅（AWG）和半导体光放大器（SOA）集成在一起，还可以制成 WDM 光源（见 4.1.4 节），它可提供 ITU-T 规定的通道间隔 25 GHz、50 GHz 或 100 GHz，输出光功率 10 dBm，波长范围 1 528~1 600 nm。

多波长光源可用于掺铒光纤放大器（EDFA）、半导体光放大器（SOA）和拉曼（Raman）光放大器以及 WDM 系统的测试。

一种功率稳定可调的 16 个波长（C+L 波段）光源，其技术指标如表 7.1.1 所示。这种光源采用了高性能的自动功率控制（APC）和自动温度控制（ATC）技术，从而保证了输出光功率极高的稳定性。

表 7.1.1 稳定激光光源技术指标

	高稳定光源	功率可调光源		16 波长光源	
工作波长/nm	850/980/1 310/1 480/1 550	976±5	1 480±5	1 570~1 595	1 536~1 560
输出功率/dBm	≥0	25		−40~−15	
输出功率稳定度/（dB/8 h）	±0.05	<5%		<0.5	
中心波长稳定度/nm	/	≤±0.5		中心波长符合 ITU-T 标准	
功率调谐范围/mW	/	50~300	65~300	/	

（续）

	高稳定光源	功率可调光源	16 波长光源
调谐步进/mW	/	5	/
波长间隔/GHz	/	/	200
调制速率	/	/	50 Mbit/s ~ 2.5 Gbit/s

7.1.9　光衰减器

光衰减器是对入射的光功率进行衰减的器件。使用它可使光接收器件和设备的响应特性不至于失真或饱和。在调整和校准装置时，接入衰减器调整其衰减量等于实际使用光纤的传输损耗，模拟其实际使用的情况。

对光衰减可采用吸收一部分光，反射一部分光，空间遮挡一部分光或用偏振片调整光的偏振面来实现。光衰减器分为可变光衰减器和固定光衰减器两种。可变光衰减器又可分连续可变衰减器和分档可变衰减器。最大衰减可达 65 dB，插入损耗一般为 1~3 dB，允许最大输入功率 25 dBm。

单模/多模光衰减器分固定式、在线固定式和连续可调式三种，如图 7.1.8 所示。通常，固定式有 5、10、15 和 20 dB 可选，在线固定式有 1~30 dB 可选，连续可调式有 1~20 dB 可选，精度均为±0.5 dB。

a)　　　　　　　　　　　　b)　　　　　　　　　　　　c)

图 7.1.8　光衰减器

a) 阴阳固定光衰减器　b) 小型可变光衰减器　c) 在线固定式光衰减器

7.1.10　综合测试仪

目前已有一些综合测试仪器和系统，用于测试无源器件和波分复用系统。有的器件光谱分析仪除有光功率测量的功能之外，还内置固定波长光源和偏振控制器，可以测量损耗（IL）、偏振相关损耗（PDL）以及回波损耗（ORL）。

有一种基于扫描激光干涉技术的仪器，通过一次激光扫描，除完成器件的 IL、PDL、ORL 损耗测试之外，还可进行色散（CD）、偏振模色散（PMD）的测量，同时该仪器还可以扩充为光频域反射仪（OFDR），它类似于传统的 OTDR，能对器件、系统内部的缺陷、故障进行诊断，定位并测量这些因素引起的损耗。

还有一种 DWDM 无源器件测试系统，它内置了可调波长激光源、多通道光功率计、波长参考模块和偏振状态调节器，能够测试 DWDM 无源器件的 IL、PDL 和 ORL 损耗。

一种集成了光源和光功率计功能的光万用表，既可用于光功率测量，也可用于光线路损耗测量，如图 7.1.9 所示。一种手持光时域反射仪，如图 7.1.10 所示，光源使用 1 310 nm 和 1 550 nm 激光器，测量动态范围 25 dB，最大测试距离 100 km，操作界面简单友好，触摸屏与按键面板均可实现对 OTDR 的操作,具有单键测试功能。用于现场维修,寻找故障,使用很方便。

图 7.1.9 手持光万用表图

图 7.1.10 手持光时域反射仪

7.2 光纤传输特性测量

7.2.1 损耗测量

光纤损耗测量有两种基本方法,一种是测量通过光纤的传输光功率,称为剪断法和插入法;另一种是测量光纤的后向散射光功率,称后向散射法。现以剪断法为例,说明光纤损耗的测量原理和过程。

光纤衰减(损耗)系数(单位:dB/km)由式(2.3.3)决定

$$\alpha_{dB} = \frac{1}{L} 10 \lg \left(\frac{P_{in}}{P_{out}} \right) \tag{7.2.1}$$

式中,L 为被测光纤长度(用 km 表示);P_{in} 和 P_{out} 分别为光纤的输入和输出光功率(用 mW 或 W 表示)。由式(7.2.1)可知,为了测量 α_{dB},只要测量 P_{in} 和 P_{out} 即可。首先测量长度 L_2 的输出光功率 P_{out};其次,在注入条件不变的情况下,在离光源 2~3 m 附近剪断光纤,测量长度 L_1 的输出光功率,如图 7.2.1a 所示,当 $L_2 \gg L_1$ 时,可以认为该功率就是长度 $L = L_2 - L_1$ 光纤的输入光功率 P_{in},这样由式(7.2.1)就可以计算出光纤的衰减系数。

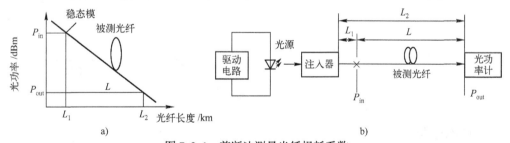

图 7.2.1 剪断法测量光纤损耗系数

a)光功率和光纤长度的关系 b)剪断法测量光纤损耗系数的系统配置

图 7.2.1b 为用剪断法测量光纤损耗系数的系统配置图,光源通常采用谱线足够窄的激光器。注入器的作用是,在测量多模光纤的损耗系数时,使多模光纤在短距离内达到稳态模式分布;在测量单模光纤的损耗系数时应保证全长为单模传输。多模光纤用的注入器即为扰模器,通常使用与被测光纤相同的光纤,以比较小的曲率半径周期性地弯曲,以便充分引起模变换,使光功率在光纤内的分布,即模式分布是稳定不变的,以模拟多段光纤接续起来的情况。因为单模光纤的传输模只有一个,所以不用多模光纤的扰模器,而是只用 1~2 m 的

单模光纤作激励。

剪断法是根据损耗系数定义直接测量传输光功率而实现的，所用的仪器简单，测量结果准确，因而被确定为基准方法。但这种方法是破坏性的，不利于多次重复测量。在实际应用中，可以采用插入法作为替代方法。

插入法是在注入条件不变的情况下，首先测出注入器（扰模器）的输出光功率，然后再把被测光纤接入，测出它的输出光功率，据此计算出损耗系数。这种方法使用灵活，但应对连接损耗作合理的修正。

7.2.2　带宽测量

由式（2.3.10）可知，高斯色散限制的 3 dB 光带宽（FWHM）为

$$f_{3\text{dB,op}} = \frac{0.440}{\Delta\tau_{1/2}} \tag{7.2.2}$$

式中，$\Delta\tau_{1/2}$ 是光纤引起的脉冲展宽，单位是 ps，所以只要测量出 $\Delta\tau_{1/2}$ 即可。$\Delta\tau_{1/2}$ 由光纤输入端的脉冲宽度 $\Delta\tau_{1/2\,\text{in}}$ 和输出端的脉冲宽度 $\Delta\tau_{1/2\,\text{out}}$ 决定，即

$$\Delta\tau_{1/2} = \sqrt{\left(\Delta\tau_{1/2\,\text{out}}\right)^2 - \left(\Delta\tau_{1/2\,\text{in}}\right)^2} \tag{7.2.3}$$

根据以上的分析，可用时域法对光纤带宽进行测量，测试系统如图 7.2.2 所示。测试步骤如下：先用一个脉冲发生器去调制光源，使光源发出极窄的光脉冲信号，并使其波形尽量接近高斯分布。注入装置采用满注入方式。首先用一段短光纤将 1 和 2 点相连，这时从示波器上观测到的波形相当于输入到被测光纤的输入光功率，测量其脉冲半宽 $\Delta\tau_{1/2\,\text{in}}$。然后将被测光纤接入到 1 和 2 两点，并测量此时示波器上显示的脉冲半宽，该带宽相当于 $\Delta\tau_{1/2\,\text{out}}$。然后，利用式（7.2.3）和式（7.2.2）就可以得到高斯色散限制的 3 dB 光纤带宽。

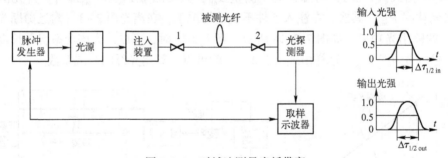

图 7.2.2　时域法测量光纤带宽

7.2.3　色散测量

对于单模光纤，色散与光源的谱线宽度密切相关。光源的谱宽越窄，光纤的色散越小，带宽越大。光纤色散测量有相移法和脉冲时延法，前者是测量单模光纤色散的基准方法，所以这里只介绍相移法。

用角频率为 ω 的正弦信号调制波长为 λ 的光波，经长度 L 的单模光纤传输后，其时间延迟 τ 取决于波长 λ。不同的时间延迟产生不同的相位 ϕ。用波长为 λ_1 和 λ_2 的受调制光，分别通过被测光纤，由 $\Delta\lambda = \lambda_2 - \lambda_1$ 产生的时间延迟差为 $\Delta\tau$，相位移为 $\Delta\phi$。根据色散定义，长度为 L 的光纤总色散为

$$D(\lambda)L = \frac{\Delta\tau}{\Delta\lambda}$$

把 $\Delta\tau = \Delta\varphi/\omega$ 代入上式, 得到光纤的色散系数为

$$D(\lambda) = \frac{\Delta\phi}{L\omega\Delta\lambda} \tag{7.2.4}$$

图 7.2.3 表示相移法测量光纤色散的系统, 要求光源 LD 具有稳定的光功率强度和波长。相位仪用来测量参考信号与被测信号间的相移差。为避免测量误差, 一般要测量一组 λ_i 和 ϕ_i, 再计算出 $D(\lambda)$。

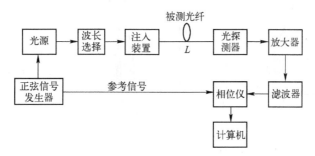

图 7.2.3 相移法测量光纤色散系统框图

7.3 光器件参数测量

7.3.1 光源参数测量

光源包括 LD 和 LED, 但测量内容和方法相同, 这里以 LD 为例来介绍。LD 的参数测量有输出光功率随注入电流的变化 (P-I) 曲线、发射波长和发射光谱的测量以及调制响应特性的测量。

1. P-I 特性测量

P-I 特性如图 7.3.1a 所示, 其测量系统如图 7.3.1c 所示, 连续改变注入电流的大小, 就可以得到激光器的 P-I 特性。改变激光器的温度, 在不同温度下测量 LD 的 P-I 特性, 就可以得到 P-I 特性随温度变化的关系, 如图 7.3.1b 所示。

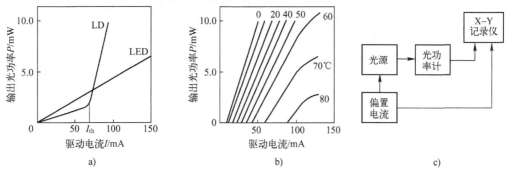

图 7.3.1 LD 的 P-I 特性及其测量系统

a) 光源的 P-I 特性曲线 b) LD P-I 特性的温度特性 c) LD 的 P-I 特性测量系统

2. LD 的光谱特性测量

LD 的光谱特性如图 7.3.2 所示，通常采用光谱分析仪直接测量 LD 的光谱特性，可以注入直流，也可以在一定的偏置下加不同的调制信号。从光谱特性曲线，可以得到 LD 的峰值波长（中心波长）、光谱宽度和边模抑制比。中心波长定义为最大峰值功率对应的波长。光谱宽度定义为峰值功率下降 3 dB（50%）所对应的波长宽度。边模抑制比定义为峰值波长功率与相邻次高峰值波长功率之比。

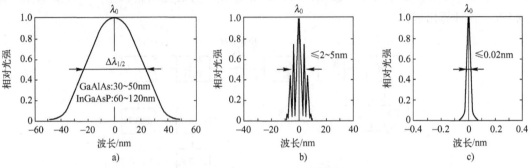

图 7.3.2　LED 和 LD 的光谱特性

a) LED 的光谱特性　b) 多模 LD 的光谱特性　c) 单模 LD 的光谱特性

3. LD 的调制响应特性测量

调制响应有时域测量法和频域测量法。时域法用来测量 LD 的脉冲响应特性，从中可以得到上升时间和下降时间。上升时间定义为输出功率从幅值的 10% 上升到 90% 所需的时间如图 7.3.6b 所示。下降时间与上升时间的定义正好相反。

频域法用来测量 LD 的频率响应特性，该特性用 3 dB 调制带宽表示。测量采用网络分析仪和高速光探测器，网络分析仪也可以用高速信号源和频谱分析仪代替。测量系统如图 7.3.3a 所示。网络分析仪输出的扫频信号加在 LD 上，LD 的输出经光探测器转换成电信号，再输入到网络分析仪的输入口，以便进行频谱分析。在网络分析仪上就可以直接观察到 LD 的调制响应。

图 7.3.3b 表示测量到的 1.3 μm DFB 激光器在不同偏流下的小信号调制响应曲线，当 DFB 激光器偏置电流是阈值的 7.7 倍时，3 dB 调制带宽 f_{3dB} 约增加到 14 GHz。

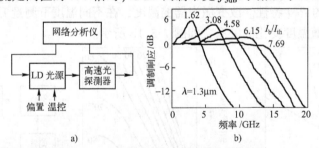

图 7.3.3　频域法测量 LD 的调制响应特性

7.3.2　探测器参数测量

1. 响应度和量子效率测量

响应度 R 和量子效率 η 已在 4.2.1 节作了介绍，其表达式分别如式（4.2.2）和式（4.2.3）所示。响应度和量子效率的关系由式（4.2.4）联系在一起。只要测量出探测器的入射光功率 P_{in}、光生电流 I_P 就可以用式（4.2.2）求得响应度。光生电流等于有光入射时流经电阻 R_L 上电流减去暗电流 I_d，即光生电流 $I_P = V_{2有光}/R_L - I_d$，这里 $V_{2有光}$ 是有光入射时电阻 R_L 上的电压，如图 7.3.4a 所示。改变电位器 R_2，可以调节施加在探测器上的偏压 V_1。

测出响应度 R 后，用式（4.2.3）就可以算出量子效率，它与 R 成正比，所以响应度 R 和量子效率 η 与波长的关系曲线如图 7.3.4b 所示。

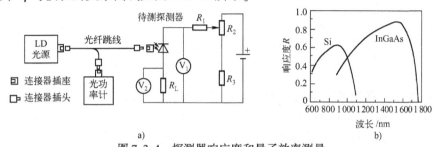

a)   b)

图 7.3.4 探测器响应度和量子效率测量

a) 探测器响应度和量子效率测量系统框图   b) 探测器响应度和量子效率

测量响应度和量子效率时，应注意以下几点：

1）被测器件为 PIN 时，测量时反向偏压一般为器件击穿电压的 1/5 到 1/3。

2）被测器件为 APD 时，则以倍增因子 $M = 1$ 时的响应度测试其量子效率。

3）当入射光功率过大时，探测器的输出电流与入射光功率不成线性关系，因此，输入光功率不要过大，一般以微瓦量级为宜。

4）R_L 上的电压包括暗电流所产生的电压，计算时应扣除。

2. 探测器暗电流测量

无光照射时，反向偏置下外电路流过的反向电流称为暗电流（I_d），其大小与外加反向偏压有关。偏压越低，暗电流越小。当偏压接近击穿电压 V_{br} 时，暗电流急剧增加。暗电流定义为无光照时，PIN 管在规定的反向电压下，或 APD 管在 90% 击穿电压下（$V_1 = 0.9V_{br}$），把探测器全部屏蔽遮挡后，流经电阻 R_L 上的电流，其值为 $I_d = V_{2无光}/R_L$。测量原理图如图 7.3.4a 所示。

3. 探测器光谱响应特性测量

光谱响应特性是在规定的反向偏压和恒定的入射光功率条件下测得的。一般定义光谱响应范围为响应度峰值的 10%（10 dB）所对应的两个波长之间的范围。图 7.3.5a 表示探测器光谱响应特性测量系统框图，它是用波长可调光源取代图 7.3.4 中的 LD 光源，并在光路中插入分光镜，测出不同波长下对应的探测器响应度，然后画出响应度–波长特性（R–λ）曲线，如图 7.3.5b 所示，从该曲线就可以求出探测器的光谱响应范围。如果分光镜对所有波长的分光比都相同，那么只要知道分光镜的分光比，就可以知道送入探测器的光功率，比如分光比为 1:1，则认为光功率计读出的光功率就是送入探测器的光功率。

4. APD 反向击穿电压 V_{br} 测试

APD 的倍增作用是随反向偏压增加而增大，但偏压增加到一定值后，暗电流将急剧增加，此时工作状态不稳定，管子有击穿的危险。因此，我们可以利用暗电流的变化特性来测试 APD 的击穿电压 V_{br}。

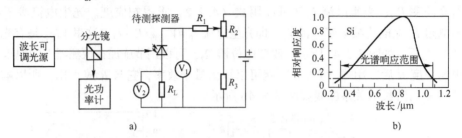

图 7.3.5　探测器光谱响应特性及其测量用图

a）探测器光谱响应特性测量系统框图　b）探测器光谱响应特性

对于 Si-APD，在无光照射时，逐步增加反向偏压，使反向电流（即暗电流）增加到 $10\mu A$ 时所对应的偏压，即为反向击穿电压；对于 Ge-APD，增加反向偏压，使暗电流为 $100\mu A$ 时所对应的偏压即为反向击穿电压。图 7.3.5a 表示其测量原理图，测试时，调节电位器 R_2 改变 APD 的偏置电压，并由 V_1 测出，暗电流由 R_L 上的电压来计算。APD 的击穿电压一般为数十伏到数百伏。应该指出，击穿电压并非破坏电压，是指当撤去外电压时，器件还能恢复正常工作的电压。

5. APD 倍增因子 M 的测量

平均雪崩增益 M 由式（4.2.7）给出，即 $M = I_M/I_P$，式中 I_P 是初始的光生电流，I_M 是倍增后的总输出电流的平均值，M 与结上所加的反向偏压和入射的光功率有关。所以在测量时，先给 APD 一定的光功率，比如 $1\mu W$，测出 R_L 上的电流，如果忽略暗电流，则认为该电流就是初始的光生电流 I_P；然后，置偏压 $V_1 = (1/8 \sim 1/4)V_{br}$，测出 R_L 上的电流，如果忽略暗电流，则此时的电流就是 I_M。然后由 I_M 和 I_P 计算出该偏压下的 M。多测几次就可以做出 M 和偏压的关系曲线。图 7.3.3a 表示测试 M 的原理图。

6. 探测器响应带宽测量

在 4.2.1 节我们已介绍了光敏二极管的响应带宽 Δf，并定义为在探测器入射光功率相同的情况下，接收机输出高频调制响应 P_{HF} 与低频调制响应 P_{LF} 相比，电信号功率下降50%（3 dB）时的频率，如图 4.2.1b 所示，并且已知 Δf 可由上升时间 τ_{tr} 表示，见式（4.2.6），即

$$\Delta f_{3dB} = \frac{0.35}{\tau_{tr}} \qquad (7.3.1)$$

式中，上升时间 τ_{tr} 定义为输入阶跃光脉冲时，探测器输出光电流最大值的 10% ~ 90% 所需的时间，如 7.3.6b 所示。所以，只要测出探测器对高速脉冲响应的上升时间 τ_{tr}，就可以用式（7.3.1）计算出响应带宽。

响应带宽时域法测量系统如图 7.3.6a 所示，脉冲源产生的窄脉冲信号送入外调制器，对 LD 产生的连续光进行调制，调制器的输出信号经 EDFA 放大，滤除 ASE 噪声后送入光探测器接收，其响应输出送入取样示波器，在这里与脉冲源送入的时钟信号比较，就可以得到探测器对窄脉冲的响应，从曲线可以求得上升时间 τ_{tr}，如图 7.3.6b 所示。

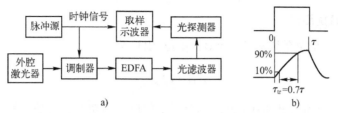

图 7.3.6 时域法测量响应带宽

a) 时域法测量系统原理图　b) 脉冲响应上升时间定义

图 7.3.7a 表示频域法测量响应带宽原理图，图 7.3.7b 表示探测器响应带宽定义。

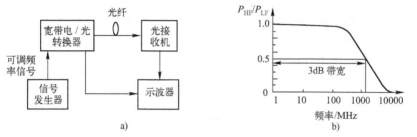

图 7.3.7 频域法测量响应带宽

a) 频域法测量响应带宽原理图　b) 探测器响应带宽定义

7.3.3 无源光器件参数测量

无源光器件种类很多，如 3.1 节已介绍的那样，但较为典型的器件是 WDM 器件。WDM 器件的主要参数有插入损耗和偏振相关损耗、中心波长和通道特性、信道间隔和隔离度等。

1. 中心波长和带宽测量

通道特性是指 WDM 器件各信道的滤波特性，ITU-T 规定可用 1 dB、3 dB、20 dB、30 dB 带宽表示，3 dB 带宽中心点对应的波长为信道的中心波长，这些参数均应符合 ITU-T G. 692 的要求，测量系统如图 7.3.8 所示。宽谱光源的输出送入 WDM 器件的输入端，用光谱分析仪测量 WDM 器件每个输出信道的滤波特性，从中可以得到中心波长和 3 dB 带宽。

2. 插入损耗测量

WDM 器件的插入损耗（IL）测量系统如图 7.3.9 所示，当测某一信道，如 λ_1 信道时，首先要使波长可调光源的输出为 λ_1 信道，用光功率计测出其光功率，然后再测出波分解复用器 λ_1 信道的输出光功率，二者之差就是该信道的插入损耗。重复前面的过程，就可以测出其他波长信道的插入损耗。

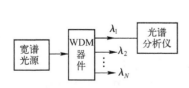

图 7.3.8 波分复用器中心波长和带宽测量系统

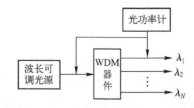

图 7.3.9 波分复用器插入损耗测量系统

3. 隔离度和串扰测量

定义 y 信道对 x 信道的隔离度（ISO，单位 dB）为

$$ISO = 10\lg \frac{P_x}{P_{yx}} \qquad (7.3.2)$$

式中，P_{yx} 是 x 信道功率通过 WDM 器件耦合到 y 信道上的功率，它是在解复用器输出端测量到的；P_x 是解复用器 x 信道上的输出信号功率。在理想的 WDM 器件中，一个信道的功率不应该耦合到其他信道，即 $P_{yx}=0$，所以由式（7.3.2）可知，隔离度为无穷大。所以隔离度越大越好。

串扰是由一个信道的能量转移到另一个信道引起的。这种串扰是因为解复用器，如实际调谐光滤波器的非理想特性，引起相邻信道功率的进入，从而产生串话，使误码率增加。

用分贝表示的串扰由下式给出：

$$\delta_{CT} = 10\lg \frac{P_{yx}}{P_x} \qquad (7.3.3)$$

式中，P_{yx} 是在 y 信道上测量到的 x 信道串扰到 y 信道的功率；P_x 是 x 信道上的信号功率，它们都是在解复用器的输出端测量到的。由这两个公式可知，隔离度和串扰是一对相关联的参数，绝对值相等，符号相反。

隔离度和串扰的测量用图和测量插入损耗的图 7.3.9 相同，只是测量信道功率的位置有的不同，如图 7.3.10 所示。比如测量信道 1 对信道 2 的隔离度，将波长可调光源的输出波长调到信道 2 的标称波长上，分别测量信道 1 和信道 2 的输出光功率，由式（7.3.2）就可以计算出信道 1 对信道 2 的隔离度。一般要求相邻信道的隔离度大于 25 dB，非相邻信道的隔离度大于 22 dB。

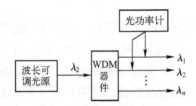

图 7.3.10　波分复用器隔离度和串扰测量系统

4. 偏振相关损耗测量

偏振相关损耗（PDL）体现了一个器件对不同偏振态的敏感度，比如某个器件，由于入射光的偏振态不同，其插入损耗也不同。PDL 定义为不同偏振态的光通过器件后最大光功率 $P_{\max}$ 与最小光功率 $P_{\min}$ 的比值，以对数表示为

$$PDL = 10\lg \frac{P_{\max}}{P_{\min}} \qquad (7.3.4)$$

理想情况下，各向同性器件对各个偏振态的损耗相同，即 PDL=0。理想情况下的起偏器，对一个偏振方向没有损耗，而在正交方向损耗为无穷大，PDL 趋近于无穷大。

PDL 的测试方法很多，但是最大值/最小值搜寻法系统简单，使用方便，测试速度快，测试数据准确，是性价比极高的 PDL 专业测试技术。我们只介绍这一种。

最大值/最小值搜寻法测量系统如图 7.3.11 所示，比如测量 WDM 器件某一信道的偏振相关损耗时，将波长可调光源的输出波长调整到该信道（λ_1）的标称波长上，通过偏振控制器改变测试光信号的偏振状态，测量不同偏振光对应的插入损耗。计算出不同偏振状态下的插入损耗的最大和最小值的差，即为该信道（λ_1）的偏振相关损耗。改变光源的输出波长，可以测出各个信道的偏振相关损耗，其中最大者为波分复用器的最大偏振相关损耗。

目前已有一些可以同时测量器件插入损耗、回波损耗、偏振相关损耗、色散和偏振模色散的仪器。

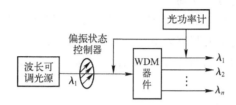

图 7.3.11　波分复用器偏振相关损耗（PDL）测量系统

7.4　光纤通信系统指标测试

光纤通信系统指标测试主要有光路指标和设备指标测试，现分别加以介绍。

光路指标是衡量一个光通信系统优劣的重要参数。光路测试需要的测试仪表有 PCM 传输特性分析仪、光功率计和光衰减器。测试时，要求设备至少工作半小时无误码，才能开始测试。

7.4.1　平均发射光功率和消光比测试

平均发射光功率$\overline{P}$是设备正常工作条件下，送入光缆线路的平均光功率。平均发射光功率与信号的占空比有关，对于 NRZ 码，当占空比为 50% 时，则$\overline{P}$为峰值功率的 1/2，而对于 RZ 码则为 1/4。实际工作的输入信号都可以认为是占空比为 50% 的随机码。

发射光功率指标比较灵活，它随工程的要求而定。一般在满足线路要求的情况下，尽可能使发射光功率小些，以便延长光源的使用寿命。

工程中不能采用剪断法来测量实际进入线路的光功率，一般是用替代法。即用一根两头带活动连接器的光纤短线（跳线），分别接在光端机发送端活动连接器插座和光功率计上，此时测出的光功率作为实际进入光线路的光功率。由于各光活动连接器之间存在偏差，测量结果与实际值略有误差。单模光纤误差为 ±0.2 dB，多模光纤误差为 ±0.4 dB。

平均发射光功率和消光比测试按图 7.4.1 连接。下面介绍其测试方法。

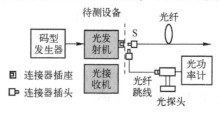

图 7.4.1　光端机平均发射光功率和消光比的测试示意图

1. 光端机平均发射光功率测试

1）将码型发生器的输出连接到待测设备的输入端。根据 ITU-T 建议，不同速率的光纤通信系统要求送入不同的 PCM 测试信号：2 Mbit/s 和 8 Mbit/s 系统送长度为 $2^{15}-1$ 的 HDB3 伪随机码，34 Mbit/s 系统送 $2^{23}-1$ 的 HDB3 伪随机码，140 Mbit/s 系统送 $2^{23}-1$ 的 CMI 伪随机码。

2）用光纤跳线把待测设备发送端连接器插座和光功率计探头连接起来，此时光功率计显示器上的读数就是待测设备的平均发射光功率（包括连接器的损耗）。在连接光功率计前，应将探头帽盖好，对光功率计调零。

这种测试方法对 LED 光源测试误差较大，因为 LED 发散角大，部分小于临界角的光也会耦合进入光纤，但这种光在短距离内就会衰减掉，这是无用的光。为了防止这部分光进入光功率计，可在待测设备 LED 光源和光功率计之间接入一定长度的光纤，或者在光源和光功率计之间接入扰模器。

2. 消光比测试

定义消光比（EXR）为

$$\text{EXP} = P_0 / \overline{P_1} \text{ 或 } \text{EXR} = 10\lg\left(P_0 / \overline{P_1}\right) \tag{7.4.1}$$

式中，$\overline{P_1}$ 是发射全"1"码时的平均发射光功率；P_0 是发射全"0"码时的平均发射光功率。所以消光比的测试就是测试 $\overline{P_1}$ 和 P_0。因为码型发生器是伪随机码发生器，基本上认为发送"1"码和"0"码的概率相等。因此，全"1"码时的光功率应为测出平均光功率 $\overline{P_1}$ 的 2 倍，则消光比表示为

$$\text{EXP} = P_0 / 2\overline{P_1} \text{ 或 } \text{EXR} = 10\lg\left(P_0 / 2\overline{P_1}\right) \tag{7.4.2}$$

测试原理图仍是图 7.4.1，码型发生器根据相应的速率送出 2^N-1 伪随机码测试信号，测出发射机的 $\overline{P}$。然后断开光端机的输入信号，再测出此时的发射光功率，即为 P_0，根据式（7.4.2）就可以算出 EXR。

7.4.2 光接收机灵敏度和动态范围测试

1. 光接收机灵敏度

在 4.2.6 节，我们已定义了光接收机灵敏度，即比特误码率（BER）低于指定值使接收机可靠工作所需要的最小接收光功率 $\overline{P}_{\text{rec}}$，通常要求 BER = 10^{-9}，对于长途干线则要求 BER = 10^{-11}。如果 $\overline{P}_{\text{rec}}$ 的单位是 W，则用 dBm 表示的接收机灵敏度为

$$\overline{P}_{\text{rec}} = 10\lg \frac{\overline{P}_{\text{rec}}}{10^{-3}} (\text{dBm}) \tag{7.4.3}$$

比如 $\overline{P}_{\text{rec}} = 10^{-6}$ W（1 μW），则用 dBm 表示的接收机灵敏度为 -30 dBm。

在实验室和工厂测试时，因发射机和接收机在一起，可按图 7.4.2 连接测试。如果在现场测试，收发端机一般分于两地，灵敏度测试一般对远端设备环回测试，如图 7.4.3 所示。

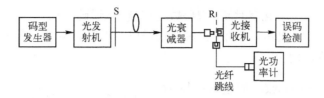

图 7.4.2　光接收机灵敏度实验室测试示意图

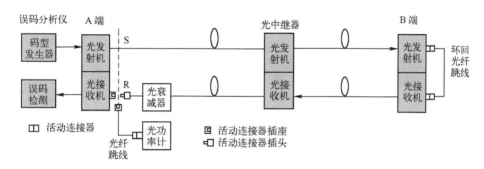

图 7.4.3　光接收机灵敏度现场测试示意图

光接收机灵敏度现场测试步骤如下：

1）将连接光接收机的线路光缆从机架上取下，按图 7.4.3 接入可变光衰减器。

2）按图 7.4.3 接入误码分析仪，并将远端的收发机连接在一起。

3）让码发生器发送测试信号给光端机，测试信号的选择与平均光功率的测试相同。

4）误码检测器在接收端检测误码，调整光衰减器使其衰减量增大，使输入光接收机的光功率逐步减小，直到系统处于误码状态。然后向相反方向调节光衰减器，使其衰减量减小，即增加接收机的光功率，使系统的误码率减小。当能够满足在一定观察时间内误码数少于额定值时，断开接收端活动连接器，用光纤跳线改接到光功率计上，测试环回光纤在 R 点的光功率，此时测得的光功率即为光接收机的灵敏度。

误码率是一个统计平均值，不同传输速率的系统，统计误码的时间也不同，如表 7.4.1 所示。为了使测试的误码率更准确，实际上测试时间要比表中列出的时间长些。

表 7.4.1　灵敏度测试的最短观察时间

误 码 率	2 Mbit/s	8 Mbit/s	34 Mbit/s	140 Mbit/s	156 Mbit/s	622 Mbit/s	2 448 Mbit/s
$\leq 10^{-8}$	50 s	12 s	3 s	0.7 s	0.6 s	0.2 s	0.04 s
$\leq 10^{-9}$	8.3 min	2 min	29.1 s	7 s	6 s	2 s	0.4 s
$\leq 10^{-10}$	83 min	21 min	4.8 min	71 s	64 s	16 s	4 s
$\leq 10^{-11}$	×	×	49 min	12 min	11 min	2.7 min	40 s

观察时间可从 7.4.3 节介绍的误码率的定义式（7.4.6）得到

$$观察时间 = 误码数 / (码速率 \times 误码率) \tag{7.4.4}$$

例如 4 次群 139.264 Mbit/s 光通信系统要求误码率小于 1×10^{-10}，若要求观察时间内记录到一个误码，则观察时间为

$$观察时间 = 误码数 / (码速率 \times 误码率) = \frac{1}{139.264 \times 10^6 \times 1 \times 10^{-10}} \, s = 71.8 \, s$$

2. 光接收机动态范围测试

光接收机动态范围 D_{rec} 定义为，在保证误码率指标的情况下，能接收的最大光功率 P_{max} 和最小光功率（即接收机灵敏度 $\overline{P}_{\text{rec}}$）之间的范围。光接收机动态范围 D_{rec}（单位：dB）用下式表示：

$$D_{\text{rec}} = 10 \lg \frac{P_{\text{max}}}{\overline{P}_{\text{rec}}} \tag{7.4.5}$$

接收光功率过大时，会引起接收放大器过载，从而引起误码。

接收机灵敏度 $\overline{P}_{\text{rec}}$ 已在 7.4.2 节介绍过，所以要想得到光接收机动态范围，就只测量接收的最大光功率 P_{max} 即可。为此，增大光功率到开始误码，再略减小光功率到误码在允许的范围内时，测量此时的光功率 P_{max} 即可。

光端机和光中继器光接收机的动态范围测试框图如图 7.4.4 所示。

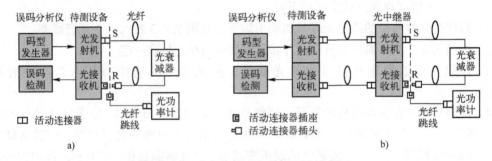

图 7.4.4 光接收机动态范围测试示意图

a) 光端机动态范围测试 b) 光中继器动态范围测试

7.4.3 光纤通信系统误码性能测试

在 4.2.6 节中，我们已介绍了比特误码率（BER）的概念，定义 BER 为码元在传输过程中出现差错的概率，工程中常用一段时间内出现误码的码元数与传输的总码元数之比来表示。

误码率是一个统计平均值，不同传输速率的系统，统计误码的时间也不同（见表 7.4.1）。误码率可表示为

$$误码率 = 误码个数 / (码速率 \times 观察时间) \tag{7.4.6}$$

图 7.4.5 表示用误码仪测量系统误码的连接框图，工程测试时，一般采用图 7.4.5b 所示的远端环回测试。误码仪向被测光端机送入测试信号，PCM 测试信号为伪随机码，长度为 $2^N - 1$，根据测试系统的速率选择长度 N。例如 4 次群 139.264 Mbit/s 光通信系统，设定测试信号长度为 $2^{23} - 1$，要求观察时间为 71.8 s，在该时间间隔内记录到 2 个误码，则误码率为 2×10^{-10}。

图 7.4.5　用误码仪测量系统误码的连接框图

a）近端测试　b）远端环回测试

7.5　复习思考题

7-1　简述光功率计的工作原理和用途。

7-2　简述光纤熔接机的工作原理和用途。

7-3　简述剪断法测量光纤损耗的原理和过程。

7-4　简述后向散射法测量光纤损耗的原理和过程。

7-5　简述光时域反射仪（OTDR）的工作原理和用途。

7-6　简述用光时域法测量光纤带宽的原理和方法。

7-7　简述多波长光源的几种原理。

7-8　简述光接收机灵敏度的定义及其测试步骤。

7-9　简述光纤通信系统误码率的定义及其测试步骤。

第8章 光传输网络管理

8.1 网络管理概述

8.1.1 网络管理协议和体系结构

网络管理的目的是保证网络正常、经济、可靠、安全地运行。网络管理系统是网络的重要组成部分，网络管理技术也一直是通信网络技术中的热点和重点之一。常用的网络管理技术有面向数据网的简单网管协议（SNMP）等。

传统的网络管理体系结构主要包括管理者（Manager）、代理（Agent）和网络管理协议三大要素。管理者采用标准的SNMP，通过代理者访问被管理系统信息库（MIB）实现对网元节点的监控和操作，如图 8.1.1 所示。

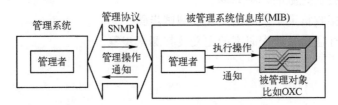

图 8.1.1 传统的网络管理体系结构

8.1.2 对网络管理体系的要求

新一代网络管理体系要求具有以下功能。

（1）强大的管理功能

除了电信管理网络（TMN）规定的配置管理、故障管理、性能管理、安全管理、计费管理外，资源管理、业务管理、故障与性能的相关性分析与趋势预测等智能化管理功能将成为网管系统不可缺少的管理功能。

（2）分布式处理能力

采用公共对象请求代理结构（CORBA）等分布式技术建设的网管系统，不仅可以提供强大的网管功能，而且可以对地域上分散、结构上松散的网络进行分布式的多级管理，从而更好地利用现有网络资源来进行高效管理。

（3）提供实时管理服务

现代的网络管理不仅要求为网络运行提供众所周知的五大管理功能，而且要求提供实时的可监控、可管理的能力，及时迅速地反映网络资源的使用和运行状况，并对网络中可能出现的故障和通信质量劣化做故障分析和预测，以各种方式提示网络维护人员，在网络出现问题时应尽快修复和维护，实现无人值守、实时监控、人性化管理。

（4）适应跨平台环境

随着因特网的迅速发展，基于 Web 的网管系统已经成为网络发展的趋势之一。将 Web 技术引入网管中，不仅可以改变以往只能在机房进行管理的限制，使用户能在任何时候任何地点使用浏览器接入网管系统，进行监控和管理，而且可以方便地集成运用各种网络技术和工具，实现新的管理应用，彻底实现网络的跨平台管理。

（5）具有可扩充性和自适应性

网络的不断扩大和提升，要求网管不断地升级，然而开通运行的网络不可能终止运行来升级。结构化的软件设计，组件、插件的使用，使在线网管升级成为可能。

（6）用户界面功能人性化

现在用户对网管的要求是操作简单方便，易学易用；另一方面，丰富美观、样式多变的工具条、菜单项，以及动画、音效的运用，使得新颖的界面极富吸引力，又方便了使用者。

（7）具有多种接口

为了满足用户的组网需要，网络管理系统特别是网元级管理系统必须具有多种接口，例如 CORBA 接口、Q3 接口等。

以上这些要求，自动交换光网络（ASON）就可以满足，关于 ASON 用于光传输网（OTN）的管理和控制，本书将在 8.5 节介绍。

8.1.3 光网络的分级管理

当今网络管理的大多数功能是通过一个分级管理系统实现的，如图 8.1.2 所示，被管理的网元包括光线路终端（OLT）、光分插复用器（OADM）、光放大器（如 EDFA）和光交叉连接器（OXC）。每一个网元通过它的网元管理系统（EMS）管理。EMS 通常通过一个信令传输的数据通信网（DCN）连接一个或多个网元，与网络中的其他网元通信。这个 DCN 通常是一个标准的 TCP/IP 或开放系统互联（OSI）网络。在 ASON 网络中，DCN 用于管理平面和控制平面中的信令及管理信息传输。网元之间需要一个快速的通道来发送实时监控信息，该通道称为光监控信道（OSC），该信道使用一个单独的波长完成监控功能。通常用一个网元管理系统（EMS）管理同一个厂家的不同网元。在图 8.1.2 中，因为 OXC 是另一个厂家的产品，所以用一个单独的 EMS 来管理。而网络管理系统（NMS）则可以管理来自不同供应商的不同网元。

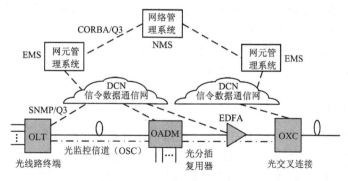

图 8.1.2 光网络的分级管理

8.2　光学层管理

8.2.1　对光学层的要求

光学层为 SDH、IP、ATM 用户层提供光学通道，对波长进行复用/解复用、交换和路由选择，对光信号进行光/电/光放大，或全光放大，对光通道产生的色散累积进行补偿，并提供光监控的功能，所以它是一个服务层。

光通道要根据客户层的要求和网络维护的需求建立和取消，通常用户层指定需建立的光通道带宽、传输比特速率和所支持的协议。

如果用户层送来的光信号与光学层不一致，比如用户使用波长与光层 WDM 设备使用的波长不一致，则需要一个转发器，即波长转换器来适配。

用户要求光通道提供满意的服务等级，通常用比特误码率来度量，一般是 10^{-12} 或更低。

光通道要提供生存性保护，比如 1+1 或 1:N 设备保护，也可以进行波长、光纤和节点备份，采用何种保护要由用户层决定，并通知光学层。有关内容见第 9 章。

光通道网元间距离较长时，由于线路损耗和色散的存在，会使光信号波形畸变，误码率增加。为此，必须考虑在线路中间增加再生中继器。中继器有光/电/光 3R 中继器和光放大中继器。

光通道要能支持大规模的错误管理，某个网元和网元部件的故障可能引起其他网元的故障报警，此时要能确认并报告故障的根源所在，并隔离它，同时也要抑制其余的报警。

8.2.2　设备的互操作性

WDM 系统的设备接口是复杂的模拟接口，在光层上实现互操作是非常困难的。光通道上有很多设备，通常不可能采用同一个公司的产品，这些不同公司的产品互联在一起可能就会出现不匹配的情况，比如公司 A 的光线路终端（OLT）发射机对激光器采用直接强度调制，并在网络内部进行色散补偿；而公司 B 的 OLT 发射机对激光器则采用外调制器，并在网络外部进行色散补偿，而且两家公司 OLT 光发射机又采用互不相同的波长。假如两家公司的设备放置在 WDM 系统中继段的两端，互联起来就非常困难。为此，ITU-T 已对 WDM 系统的光接口参数进行了规范，这些参数包括发射机光波长及波长间距、发射光功率、比特率、接收机灵敏度和监控信道波长等。

一种解决同一厂家不同设备的互联，或不同厂家同一设备的互联问题，可以采用光/电/光转发器（中继器）来解决，如图 8.2.1 所示。

8.2.3　光监控信道

在光线路放大器（OLA）系统中，通常使用掺铒光纤放大器（EDFA）对在光纤中传输的光信号进行放大，这就有必要对 EDFA 的工作状态进行监控，为此需要在 OLA 前端用 WDM 器件取出监控波长 λ_{osc} 信道，而在其后端用光耦合器再插入光监控信道波长信号，如图 8.2.2 所示。光监控信道也对 EDFA 进行控制，比如接入或关闭该 EDFA，以便用于测试。该信道也用于传输测试和监控系统用的管理信息。

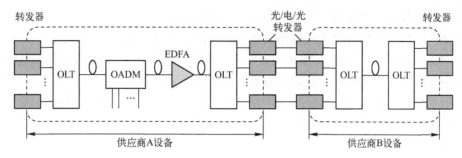

图 8.2.1 采用转发器使不同厂家同一设备互联

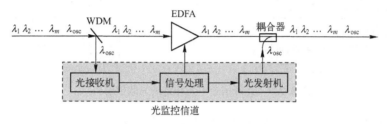

图 8.2.2 光监控信道的取出和插入

光监控信道波长 λ_{osc} 的选择要综合考虑各方面的因素，λ_{osc} 既不能占用 WDM 信号所占用的 C 波段，也不能与 EDFA 泵浦波长 1 480 nm 和拉曼泵浦波长占用的波段重合，为此 ITU-T 建议使用 1 510 nm 作为光监控信道波长。不过这个波长可能与 L 波段的拉曼泵浦波长重叠，因为拉曼泵浦波段范围很宽，这要视所需要的拉曼增益范围而定。此外，有些设备供应商选择 1 620 nm 波长作为 λ_{osc}。

8.2.4 光学安全管理

虽然激光器的发射功率有限，但它的发光强度仍然可以对人眼产生烧伤，甚至造成永久失明的损害。激光器波长越接近可见光范围，它造成的损害就越大，因为眼角膜对这些波长的光更透明。因此，光纤通信系统必须遵循特定的光学安全标准。

根据光纤通信系统激光器的发射功率电平不同分成几类，其中 1 类系统不能发射有损害的辐射，规定波长在 1.55 μm 发射功率不能大于 10 mW（10 dBm），而在 1.3 μm 发射功率不能大于 1 mW（0 dBm）。

等级 3a 系统允许更高的发射功率，在 1.55 μm 发射功率可达 17 dBm，但是只允许专业人员操作使用，这样高的功率只要不射入眼睛，通常也是安全的。

通常激光器的发射功率不是很大，一般为 -3~3 dBm，所以不必过分担心激光安全问题。但是，对于 WDM 系统，当多个波长的信号复用到一根光纤中时，或者虽然只有一个激光器的功率进入光纤，但是经光放大器放大后，其功率电平就很大，就不得不引起人们的足够防备。

可以采用几种激光安全机制，一种是如果激光器的活动连接器被拔出，系统应能立即发现，自动关闭激光器或光放大器电源；另一种是检测出光放大器输入端没有光信号输入（比如输入光纤断裂或前端工作失效），就应关闭该放大器的泵浦激光器电源；最后一种机制是利用光时域反射仪（OTDR），探测传输光纤线路上的后向散射光，当该光强突然增大，说明该段光纤已损坏，就立即关闭相关设备或部件的电源。

图8.2.3给出光纤信道中光纤链路失效控制协议示意图，协议工作如下：

在正常工作情况下，节点A和B均处于激活状态。如果从A到B的链路失效，则节点B就检测不到光信号，此时它就立即关闭本节点的发射激光器，进入不连接状态。随后，A节点接收机也检测不到光信号，它也关闭自己发射机的激光器，也进入不连接状态。与此类似，假如从节点B到节点A的链路也失效，或者两条链路同时都失效，那么A和B就都进入不连接状态。

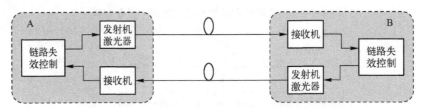

图8.2.3　光纤信道中光纤链路失效控制协议

在不连接状态过程中，节点A每T秒钟发射一个持续时间为τ的脉冲，如果节点B接收机接收到A的光信号，B就直接从不连接状态进入激活状态。与此类似，B也一样。

8.3　性能和故障管理

性能管理的目标是使服务提供者为其网络中的用户提供服务质量（QoS）的保证。故障管理是当检测出网络某处发生故障时，向网络管理系统发出报警。例如，当检测到某个节点的输入信号光功率低于规定值后，就发出信号丢失报警。又比如当网络节点中的一个电路插卡发生失效时也发出报警。

在光纤通信网络中，通常能够测量到的性能参数是光功率电平、光信噪比和误码率。但是测量到的这些参数是否满足要求，要由信号类型决定。不同的信号速率，接收机要求的光功率电平不同，高比特率信号要求接收到的光功率要比低比特率信号的高，以保证每个比特接收到足够多的光子。副载波模拟信号用载噪比（CNR）表示，数字信号用比特误码率表示。不同的调制方式，对载噪比的要求也不同，调幅副载波要求 CNR = 50 dB，而调频副载波则只要求 16～17 dB。在接收机中，是否使用超强前向纠错（SFEC）和电子色散补偿技术，对比特误码率的要求也不同。当不使用这些技术时，要求比特误码率为 $10^{-11} \sim 10^{-9}$；当使用时，则只要求 10^{-2} 即可。如果网络管理系统预先不知道网络用户的这些信息，那它就很难进行性能和故障的管理。

考虑到光学物理层的复杂性，基于光功率电平和光信噪比参数的非直接测量方法，要想准确计算误码率是困难的，它只能用于估计信号质量的好坏，或者控制一个触发器，启动保护切换报警等。

8.3.1　误码率测量

误码率是数字信号光通道的关键性能参数，但它只能在电域测量，通常是在光中继器或转发器位置测量。

SDH 帧净荷中的通道开销字节用于性能检测、控制、维护和管理，其中部分奇偶校验字节用于计算误码率，进行误码检测。

另外，利用光学层的数字包封程序字节也可以测量误码率。当用户层信号进入光学层时，加入这些数字包封程序字节到光通道中；而当光信号离开光学层要返回用户层时，再把这些数字包封程序字节从光通道中去除，只留下用户信息给用户层（见 ITU–T G.709）。采用数字包封程序字节不仅可以测量 SDH 信号的误码率，也可以测量光纤信道和千兆位以太网的误码率。这种测量误码率的技术已用于许多 WDM 产品中。数字包封程序字节也可用于路径追踪、故障指示、自动保护切换（APS）、前向纠错（FEC）和数据通信网络（DCN）。

8.3.2　报警管理

在光通道中，某个网元（节点）和网元部件的故障可能引起其他网元进行不正确的故障报警，此时要能确认并报告故障的根源所在，并隔离它，同时也要抑制其余不正确的报警。

报警抑制是通过使用一组前向故障指示（FDI）信号和后向故障指示（BDI）信号来完成的，如图 8.3.1 所示。当网元 B 和 C 间的一条链路发生故障时，失效链路下面的网元 C 检测到送来的光功率电平突然变小，或者误码率突然增大。当这种情况持续一定的时间后（一般是几秒钟），网元 C 就发出报警信号。紧接着该网元将 FDI 信号插入下传的信息流中，当网元 D 收到该信号后，知道是网元 C 发生了故障，它就不会再发出报警信号。同时，网元 C 也向其上游发送后向故障指示（BDI）信号，当网元 B 收到该信号后，知道是网元 C 发生了故障，它也不会再发出报警信号。从而就不会发生联锁报警的情况。

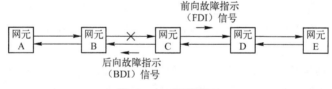

图 8.3.1　报警管理

故障指示信号也被用来触发保护切换，例如，与一个失效节点相邻的节点检测到了这个失效故障，就触发一个保护切换，以便在失效的地方重新进行路由选择。

8.3.3　控制

管理系统的一个功能是监控用户信号波长和光功率电平，以满足网络正常工作的需要。我们知道，光功率电平由信号类型和传输速率决定，并由用户指定，网络所能做的就是为每一种类型设置适当的参数阈值，并据此监控它们。在设置阈值时也要考虑到激光器件因老化而导致的输出光功率的下降。

网络管理系统的另一个重要功能是监控用户实际使用的服务，以便收费。

8.4　配置管理

8.4.1　设备管理

设备管理要跟踪网络中的设备，如光线路放大器（OLT）、光交叉连接器（OXC）和光放大器的位置、数量和性能状态。性能包括最多可以使用的波长数、目前使用的波长数，以及光放大器是前置放大器还是功率放大器等。

使用激光器或接收机集成阵列器件，可以减小体积，节省费用。但是当其中的一个激光器或探测器失效时，就不得不更换整个器件。这样就降低了系统的可用性，又增加了系统的成本。所以我们不得不权衡其利弊，做出选择。

在 WDM 系统中，为了提高系统的可靠性，需要为每一个波长做出备份，但这样就增加了系统的成本。一种解决办法是，在提供多个波长的插件卡上，只配置一个可调谐激光器，如果有一个波长发生失效，就把可调谐激光器调谐到这个失效激光器的波长上，替换这个失效的波长。不过也只能替换一次，如果两个以上波长同时发生失效，这种办法也无能为力。

8.4.2 波长管理

在 DWDM 系统中，每个信道分配一个波长，所以必须考虑发射机到接收机间的光通道上所有的光发射机、3R 光中继器和光放大器等的可靠性。例如，当一个 LD 或探测器不工作时，网络要能够探测到它，并通知管理者。也就是说，网络应该有监控功能，因为通道上有众多贵重的光学元部件，说起来容易，但做起来难。假定该功能存在，网络就应该隔离故障恢复业务。在 DWDM 系统中，假如一个光学部件发生故障，它将影响一个或多个波长，所以应指派保护波长取代故障波长。

除硬件故障外，可能有的波长传输的信号 BER 小于可接收的程度（10^{-9}）。在 DWDM 系统中，监控光信号质量要比只探测好/坏更复杂。在任何速率下，当信号质量下降时，网络应该能够动态地切换到保护波长或备份波长，也可以切换到另外的波长。也就是说，网络必须对系统性能进行连续监控，为此需要进行性能监控、波长切换的硬件（备份波长）和软件（支持动态波长分配协议）。

在 DWDM 系统或网络中，切换到另外的波长要求对波长进行管理，然而在 DWDM 系统的端对端通道中，包含许多节点和段（节点与节点间的线路称为段）。假如在一个段内波长进行了切换，那么通道上的其他段必须能够知道这种改变，假如波长已进行了转换或再生中继，通道上的其他段也必须转换到新的波长上。

在全光网络中，改变一个波长到另一个波长已成为一个还需继续研究的多维问题。在一定的情况下，由于缺乏可用的波长，必须寻找另外的路由以便建立端对端的连接。这就要求新的路由不能影响通道上的功率预算。

目前波长管理刚刚开始研究，处于方案阶段，网络管理和保护也仅停留在简单的 $1:N$、$1:1$、$1+1$ 等模式。

8.4.3 连接管理

光传输网为它的用户提供一条到达目的地的光通道，该通道中可能有光中继、光放大、光交叉连接，甚至还有波长转换。连接管理就是处理连接的建立、跟踪和取消。

目前的光传输网已变得非常庞大和复杂，连接的建立和取消也变得更加动态化。网络服务提供者更喜欢为其客户提供快速的连接，通常为几秒钟到几分钟，并且服务提供者并不承诺这些连接会长时间存在。也就是说，用户将根据需要，像拨号联网一样提出带宽需求。

为此，服务提供者采用了一种分布式连接管理控制协议，该协议已广泛应用于 IP 和

ATM 网络中。在光学层也利用与此类似的协议，进行连接管理。分布式连接管理控制可分为拓扑管理、路由计算、信令传输协议和数据传输网络（DCN），下面分别进行介绍。

1. 拓扑管理

网络中的每个节点都存储着网络拓扑数据库和目前可用的资源，如波长、带宽和路径，并且周期性地（或在发生变化时）将这些更新信息广播发送到所有节点。我们可以使用一个互联网路由选择和拓扑管理协议来实现这个功能。

2. 路由计算

当网络需要为用户建立一个连接时，就需要找到一个支持该连接资源的路由。利用网络拓扑数据库，借助一种路由选择算法就可以找到一条合适的路由。计算路由时要考虑网络所施加的各种限制，比如波长转换能力、所能提供的容量大小等。同时，也要考虑一旦已选好的路由发生失效时的备用路由。

3. 信令传输协议和数据传输网络

当路由计算好后，就需要建立连接。在建立连接的过程中，需要节点与节点间交换信令。为此，可以利用多协议标记交换（MPLS）或通用多协议标记交换（GMPLS）来交换信令。

信令传输可利用数据传输网络（DCN）实现（见 8.1.3 节）。

建立或取消一个连接的过程中也要避免发生不期望出现的报警和保护切换，其避免的方法和 8.3.2 节介绍的相同。

8.4.4　带宽和协议管理

在 DWDM 网络中，通常节点具有许多输入口，也就是说它要连接到许多其他节点，能够以不同的比特速率，不管是恒定的还是变化的，支持不同种类或质量水平的业务，汇集从所有其他节点来的带宽。所以，节点相当于一个集线器，它要识别与它相连的其他节点支持的所有类型的业务，提供带宽管理和网络管理功能。在 DWDM 网络中，汇集到节点的总带宽可能超过 Tbit/s。

节点或集线器必须能够处理每种业务要求的所有协议。SDH/SONET、ATM、帧中继、IP、视频、电话和信令等的协议又各不相同，例如电话要求呼叫即处理，以便保证实时通信；而 ATM 要求呼叫接入控制（CAC）和业务质量保证。所以，对业务的优先权要求也不同，电话要求最高的优先权，而一些数据包业务可能只有最低的优先权。通常，所有这些通信协议对许多 WDM 网络，在光层（发射端和接收端间的光链路）上是透明的。而且，光层还要支持和完成故障管理、故障恢复和网络生存功能。

DWDM 网络要与整个通信网络通信，它也要接受远端工作站的管理。

8.4.5　适应性管理

适应性管理是将那些输入与光层要求不一致的用户光信号转换成与光层要求一致的光信号。适应性管理包括：

- 把那些与 ITU-T WDM 波长标准不一致的用户波长转换成标准波长，如图 8.4.1 所示。这里，波长转换使用光/电/光转发器，因为它成熟，尽管比较费力。另外也可以使用全光转换器，不过现在还不太成熟。

- 把输入信号的光功率电平等参数转换成满足 WDM 系统要求的参数。

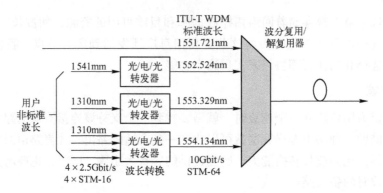

图 8.4.1　用户使用波长不符合 ITU-T WDM 波长标准，需要进行波长转换

8.5　自动交换光网络（ASON）

8.5.1　ASON 概述

ASON 在 ITU-T 文献中定义为，通过能提供自动发现和动态连接建立功能的分布式（或部分分布式）控制平面，在光传输网（OTN）或 SDH 网络之上，实现动态的、信令控制的网络。ASON 概念最早是在 2000 年 3 月由 ITU-T 的 Q19/13 研究组正式提出，并由此形成了 G. ason 的建议草案。目前，已有 ASON 的体系结构、网络功能、路由框架、分布式连接管理以及自动发现机制等建议，多个 ASON 网络在国内外已投入使用。

早年，人们提出了全光网络的概念，即用一些中间不含光/电转换器的光纤，连接不同节点的透明网络。在这种网络中只有在接收机和发射机里进行了光/电或电/光转换。一个节点只包含本节点的电子信息，而与其他节点的信息无关，同时并不受硅和镓砷器件的速度限制，它能充分利用光纤带宽和低差错率特性。这种传输带宽大、误码率少及传输延迟小的全光网络，寄托了人们的美好理想。但是依照目前的技术水平，要想实现全光网络是非常困难的，在全球或全国广域网上，进行波长调度和传输也难以实现，只能在有限区域的子网内进行透明传输和处理。

考虑到这些因素，ITU-T 2003 年 3 月倾向于暂时放弃或搁置全光网络的概念，转向更为现实的光传输网（OTN）概念，从半透明开始逐渐向全透明演进。在现有传输网络只有管理平面和传输平面的基础上，引入控制平面，从而构成自动交换光网络（ASON），实现网络资源按需分配的智能化，以便提高网络的生存性、安全性和网络资源的利用率。目前所说的光传输网（OTN）是由高性能的光/电转换设备连接众多透明的全光子网的集合。ASON 不限定网络的透明性，也不排除光/电转换。ASON 中的"自动"主要指在 ASON 网络中，引入高度智能化的控制平面，根据网络运行的种种需要，遵循标准化的协议，进行交叉或交换。

ASON 是指在信令系统或管理平面的控制下，完成环状或网状拓扑结构的光传输网节点内不同光通道的自动交换。它支持电子或光交换设备，根据需要动态地向光网络申请带宽资源，通过信令系统或管理平面，自主地建立或拆除光通道，而不需要人工干预。

ASON 网络由控制平面、传送平面和管理平面组成，如图 8.5.2 所示。ASON 采用多协议标记交换（MPLS）作为路由和信令协议。ASON 有 3 种不同的连接：永久连接、软永久连接和交换连接。永久连接是由网管系统指配的连接，与传统光网络相同。软永久连接由管理平面和控制平面共同完成，用户到网络的连接由管理平面直接配置，而网络部分的连接则由控制平面完成。交换连接是由用户发起呼叫请求，由控制平面实现的一种全新的动态连接。普遍认为，ASON 是下一代光网络的最重要的技术之一。

在 5.4.5 节已介绍了通用多协议标记交换（GMPLS），在该建议提出之后，又出现了 ASON，因此 ASON 大量采用了 GMPLS 许多行之有效的成果，特别是信令、路由、链路管理协议。GMPLS/ASON 支持分组交换、TDM 交换、波长交换和光纤交换等多种交换，所以基于 GMPLS 的 ASON 控制平面可以实现多粒度的调度。

ASON 是对传统光网络的重大突破，它是从 IP、SDH、WDM 环境中升华而来的，它将 IP 的高效灵活、SDH 的超强生存和 WDM 的超大容量，通过分布式控制系统有机地结合在一起，形成以软件为核心，能感知用户对网络的需求，能按需直接从光层提供服务的新一代光传输网。

图 8.5.1 表示用 GMPLS/ASON 控制和管理的 IP/SDH/WDM 网络与传统网络的区别。从以上的介绍可知，ASON 也像一个光传输网（OTN）的管理系统。

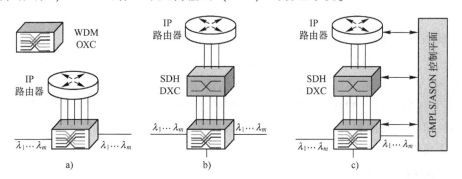

图 8.5.1　光传输网络的 3 种节点结构

a）IP/WDM　b）IP/SDH/WDM　c）用 GMPLS/ASON 控制和管理 IP/SDH/WDM 网络

8.5.2　ASON 的体系结构

在 ASON 提出之前，传统的光传输网管理体系只有传输平面和管理平面，没有控制平面。在 ASON 中，引入分布式智能化的控制平面和信令数据通信网（DCN），用于支持各种控制操作，诸如网络的保护/恢复，网元连接的快速配置、插入和拆除，客户带宽需求的动态配置等，使光传输网变成了一个分布式智能化管理的网络。按照 ITU-T G.8080 建议，ASON 由控制平面（Control Plane，CP）、传输平面（Transport Plane，TP）和管理平面（Management Plane，MP）组成，各平面之间通过相关的接口相连，如图 8.5.2 所示。

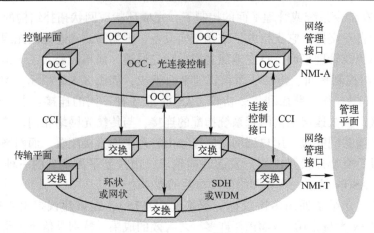

图 8.5.2　ASON 的体系结构

1. ASON 传输平面

传输平面负责数据信息的传送，主要完成连接/拆卸、选路交换和传输功能。ASON 可以用基于 ITU-T G.803 规范的 SDH 传输网实现，也可以用基于 ITU-T G.872 规范的光传输网（OTN）实现。ASON 既可以用网状拓扑结构，也可以用环状拓扑结构。光节点由光分插复用器（OADM）和光交叉连接（OXC）设备构成。传输平面以分层构成，支持多粒度（如 155 Mbit/s、2.5 Gbit/s 等）光交换技术，以适应带宽的灵活配置和多种业务接入的需要。

2. ASON 控制平面

在 ITU-T G.807 建议草案中，定义 ASON 为，通过控制平面（CP）来实现配置连接管理的传输网，所以控制平面是 ASON 的核心。控制平面由通信实体、光连接控制单元（OCC）及相应的接口（NMI、CCI）组成，负责完成网络连接和网络资源的动态分配，提供与连接的建立、维持和拆除（释放网络资源）有关的功能。控制平面通常是网状结构，由信令网络支持。

3. ASON 管理平面

管理平面通过 T 形网络管理接口（NMI-T）对传输平面进行管理，而通过 A 形网络管理理接口（NMI-A）对控制平面进行管理。管理平面和控制平面功能互补，两者结合可以实现对网络资源的动态配置、性能监测、故障管理、路由规划、计费管理、安全管理等。

8.5.3　ASON 提供的 3 种连接

ASON 控制平面和管理平面都可以对资源进行管理，配置连接资源。根据匹配过程的不同，可以分成 3 种不同类型的连接：永久连接（PC）、交换连接（SC）、软永久连接（SPC），如图 8.5.3 所示。在 ASON 中引入交换连接，使 ASON 成为交换式智能光网络的核心。图中的网元可以是 OADM、OXC、OLT 等。

永久连接（PC）是管理平面直接配置资源给传输平面，这种连接的发起者和配置者都是管理平面，控制平面不参与其中。一旦建立起连接，在管理平面下达拆除命令前，连接就一直存在。管理平面独自进行连接的维护管理。

交换连接（SC）的建立和对传输平面资源的配置均由控制平面应用户的请求产生，一旦用户撤销请求，这条连接就在控制平面的控制下自动拆除。

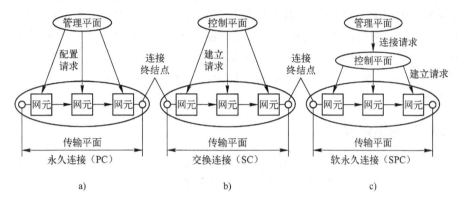

a)　　　　　　　　　　　　　b)　　　　　　　　　　　　　c)

图 8.5.3　ASON 支持的三种连接

a）永久连接（PC）　b）交换连接（SC）　c）软永久连接（SPC）

软永久连接（SPC）介于永久连接和交换连接之间，这种建立连接的请求、资源的配置和在传输平面的路由均从管理平面发出，但具体实施却由控制平面完成。控制平面也要把实施情况报告给管理平面，对这种连接的维护要控制平面和管理平面共同完成。

8.5.4　ASON 网络结构模型

根据光传输网（OTN）与电子交换设备间相互关系的不同，ASON 定义了两种网络模型，即层叠模型和对等模型，如图 8.5.4 所示。

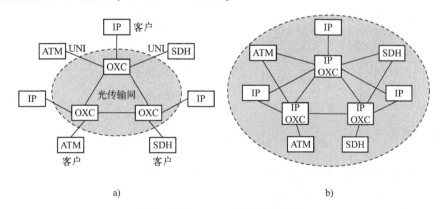

a)　　　　　　　　　　　　　　　b)

图 8.5.4　ASON 网络结构模型

a）层叠模型　b）对等模型

在层叠模型中，底层光传输网是一个独立的智能网络层，为用户提供服务。而电子交换设备，如 IP 交换机和 ATM 交换机是客户，所以该模型被称为客户-服务者模型。光网络层和客户层相互独立，分别选用不同的路由、信令和地址，它们只能通过用户网络接口（UNI）交换非常有限的控制信息。客户层对传输网内部的拓扑结构信息一无所知，通过 UNI 接口，IP 路由器、ATM 交换机和 SDH 数字交叉（DXC）设备可以动态地向光传输网

（OTN）申请带宽资源。

在层叠模型中，UNI 和网络到网络接口（NNI）是分开的，其主要优势是它很容易投入商用，使网络运营者可以拥有自己的 UNI 和 NNI，从而参与市场竞争。

在对等模型中，IP、ATM 和 SDH 等电层设备和光层设备的地位是平等的，控制平面也只有一个，均由它对两层设备进行控制。电层设备和光层设备之间不存在明显的界限，因此层叠模型中的 UNI 接口在对等模型中没有存在的必要。实现对等模型的最大困难是光网络服务和 IP 服务不同，每一个电层设备必须了解全网的拓扑结构，独立地计算贯穿整个网络的端对端路由。

8.5.5　ASON 网络管理

传统的光传输网管理体系只有传输平面和管理平面，在 ASON 中引入分布式智能化的控制平面和信令数据通信网（DCN），用于支持网络的保护/恢复，网元连接的快速配置、插入和拆除，客户带宽需求的动态配置等操作，使光传输网变成了一个分布式智能化管理的网络，从而使光传输网发生了根本性的变化。

遵循 TMN 对管理平面的分层结构规范，将 ASON 网络管理系统分为 4 个层次，从上到下分别为业务管理系统、网络管理系统、网元管理系统和网元，如图 8.5.5 所示。

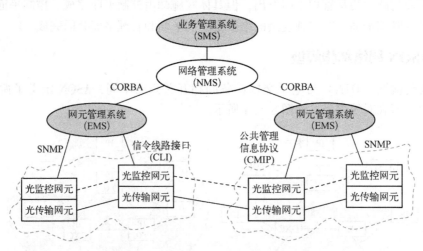

图 8.5.5　ASON 网络管理系统总体结构

业务管理系统（SMS）的功能有网络配置管理、带宽按需分配、计费管理、安全管理、业务等级协议（SLA）、性能和故障监测等。

网络管理系统（NMS）有配置、连接、报警、性能、安全等管理功能，网络管理系统与网元管理系统的接口一般采用 CORBA 协议。

网元管理系统（EMS）对光传输网元和光监控网元进行管理，支持不同类型的设备，它与光传输网的接口采用的协议通常为 SNMP，此外还可以采用信令线路接口（CLI）和公共信息协议（CMIP）。光传输网网元除光传输网元，如 IP 交换网元、OADM 网元、OXC 网元之外，还有光监控网元。

网元（NE）处于 ASON 网络管理体系的最底层，网元设备有光传输用的 IP 路由交换机、OADM、OXC 等，另外还有用于监控信令传输的光监控网元。

ASON 网络管理系统遵从 TMN 体系架构，分别对控制平面、传输平面和信令数据通信网络（DCN）进行管理。ASON 网络管理除完成传统的配置管理、性能管理、故障管理、计费管理、安全管理等五大网络管理功能之外，由于控制平面的引入，还能实现连接的动态建立、带宽和拓扑资源的动态获取和分配等。对于安全管理，由于 UNI 和 NNI 的引入，可以进行安全与策略的控制管理。

8.6　复习思考题

8-1　网络管理的目的是什么？

8-2　简述对网络管理体系的要求？

8-3　光网络分几级进行管理？

8-4　为什么说光学层是一个服务层？

8-5　简述对光学层的要求。

8-6　试画出光监控信道从光传输通道中分出和插入的示意图。光监控信道用什么波长？为什么？

8-7　为什么要对光传输网注意光学安全？简述几种激光安全机制。

8-8　如何进行报警抑制？

8-9　当用户使用波长不符合 ITU-T WDM 波长标准时，如何进行适应性管理？

8-10　什么是 ASON？为什么说它是下一代光网络的最重要的技术之一？

第9章 光纤通信网络的生存性

9.1 网络生存性基本概念

9.1.1 生存性定义和措施

高速网络中一次通信中断有可能使几百万用户受到影响，所以提供中断的快速修复是许多高速网络的重要需求。通常要求运营商提供的可用性为99.999%，即相当于每年通信中断的时间少于5 min。网络的生存性（Survivability）是当网络失效时能够继续为用户提供服务的能力，保护切换是确保网络生存性的关键技术，保护通常以分布式方式执行。

保护和恢复均是在网络故障条件下使受损业务得以重新运行的具体措施，两者均需要重新选择其他路由来替代故障路由。保护路由是在故障发生前就预留的，这些路由不能为其他业务所占用，不过低优先级业务可临时使用，一旦故障发生时这些路由必须让位给保护业务使用。恢复路由不是预留的，而是在故障发生时，依据网络拓扑结构和一定的优化算法为受损业务选取的一条可替代路由。保护要求时间短，一般为50 ms；而恢复完成时间长，一般要求在200 ms或数秒内实现。

当今的网络智能化很高，使用了很多软件，软件故障所引起的可靠性（Reliability）问题已非常突出。在大多数情况下，通信故障是人为引起的，如光缆被切断、工作人员的误操作等。与架空光缆或掩埋光缆相比，油气管道内的光缆不易损坏。另一个最常见的故障是节点内光发射机或接收机器件或设备的损坏或失效。

提高网络生存性的方法之一是在网络设计时采用备份制或迂回路由制，如备份路由、备份端机等。

SDH网络故障修复（或保护切换）时间最多允许50 ms，这是因为如果超过这个时间，网络中的某些设备将丢弃音频呼叫。当业务中断时间超过2 s时，所有电路交换连接和2 Mbit/s拨号业务都将失去连接。如果业务中断时间达到5 min，则数字交换机将出现严重阻塞。而IP网络采用尽力而为策略，并不保证网络的可用性和质量，不能保证数据包及时到达目的地，甚至也不能保证它一定能够到达目的地，因为网络阻塞时，它就被丢弃。

生存性措施可以在网络的多个层次采取，但保护通常只在物理层（L1）进行，物理层包括SDH层和光传输层。保护也可以在链路层（L2）进行，包括ATM层和多协议标记交换（MPLS）层。保护还可以在网络层（L3），比如IP层进行。每一层的保护可以阻止一定类型的故障发生，但并不能有效阻止所有类型的失效。

通常IP网络恢复需要几分钟的自愈恢复时间，如此低的切换速度会造成大量高速数据的丢失，无法满足通信质量的要求。

ATM网络使用了虚通道（VP）路由和分级通道复用技术，加入了操作、管理与维护（OAM）信元，采用了动态带宽分配、流量管理和调度技术，使得ATM层能够有效、快速地为用户服务，检测出故障，使网络的可靠性大大提高。

SDH 网络采用线路保护方式和具有自愈功能的环网，与 ATM 层的恢复技术相比，其恢复速度更快。

WDM 网络是一个分层的网络，WDM 的恢复方案有保护切换和 OXC 重选路由两种。WDM 的保护切换既可以在光通道层进行，也可以在光复用段层实施，适用于点对点系统和环网；OXC 的重选路由在网状拓扑的光通道层实现。

9.1.2　工作路径和保护路径

工作路径是网络在正常运行时携带信息的通道，保护路径是在网络失效时提供的另一条备份通道，如图 9.1.1a 所示。保护有专用保护和共享保护之分，前者是只为一个工作路径备份的，而后者是为多个路径共享的。共享保护是基于这样一个事实，即不可能多个路径同时发生故障，这可以保证多个路径共享备份路径的带宽，节省费用。另外，通常给共享路径安排一个低优先级的业务，一旦有一条路径发生故障，它就丢弃低优先级业务，替换故障路径。

保护路径设计可以是不可逆的，也可以是可逆的。不可逆保护路径设计是指，当工作路径被修复后，必须由网络用户通过网络管理系统进行手动切换；而可逆保护路径设计是指，一旦工作路径被修复好，保护路径上传输的信号就自动切换到工作路径上传输。这种可逆设计使保护带宽尽可能快速释放，以便为另一个工作路径可能发生失效让路。

9.1.3　单向保护切换和双向保护切换

保护切换可以是单向的，也可以是双向的，如图 9.1.1 所示。在正常工作时，工作路径携带用户信息，而保护路径可以不工作，如图 9.1.1a 所示。在单向保护切换情况下，一旦工作路径上有一条光纤失效，则只有该光纤上的信息切换到保护路径的一条光纤上，如图 9.1.1b 所示。在双向保护切换情况下，一旦工作路径上有一条光纤失效，则工作路径上两条光纤的信息均切换到保护路径上相对应的光纤上，如图 9.1.1c 所示。

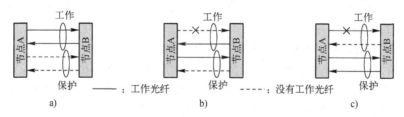

图 9.1.1　单向保护切换和双向保护切换比较

a）正常工作时　b）单向保护切换　c）双向保护切换

通常，单向保护同时使用专用保护，即工作路径和保护路径同时工作，接收机同时接收两个路径上发送过来的光信号，选择使用信号质量较好的一个，所以它不需要任何协议。

然而，若使用双向保护切换，接收机就需要一个协议，通知对方我没有收到你发送过来的信号。这种协议叫自动保护切换（APS）。一个简单的 APS 协议工作过程如下：在图 9.1.1c 中，如果节点 B 没有收到节点 A 工作路径上的信号，那就说明该条路径失效（PF），它就关闭自己工作路径上的发射机，然后将信号切换到保护路径上发射；节点 A 当然在工作路径上就收不到信号，而信号出现在保护路径上，因此它也切换到保护路径上发射信号。从而完成保护切换。

当工作路径失效时，保护切换有路径切换、跨度切换和环状切换，如图9.1.2所示。

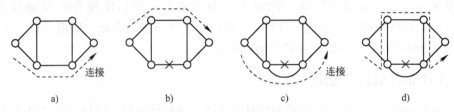

图9.1.2 保护切换的种类

a）正常工作路径 b）路径切换 c）跨度切换 d）环状切换

9.2 SDH 网络的保护

如果 SDH 网络出现故障，将会导致局部甚至整个网络瘫痪，所以网络必须具有自愈功能。所谓自愈功能是指，当网络出现故障时，能够在无须人为干预的条件下，在极短的时间内从失效状态自动恢复到工作状态，使用户感觉不到网络已出现了故障。要想使网络具有自愈功能，网络必须具有备份终端和路由。SDH 的自愈保护分为线路保护切换、环路保护切换、格状网保护恢复及混合保护恢复等方式。

9.2.1 路径保护

除用备份终端保护外，还有线路保护。线路保护有路径保护和路由保护两种结构。

通常，光缆线路系统具有保护切换功能，能提供路径保护和环路保护，如图9.2.1所示。路径保护有 1+1 保护和 1:n 保护。

1+1 保护时，保护系统和工作系统在发送端同时一直工作，接收端则对收到的两路信号进行择优选取，如图9.2.1a所示，在两端之间不需要协议信号发送协议。这种保护方式可靠性较高，对于高速、大容量系统（例如 STM-16）经常采用，但其成本较高。应该指出，因为连接是全双工的，所以工作光纤和保护光纤各用一对光纤。

1:n 保护时，n 个工作系统共用一个并列的保护系统，如图9.2.1c所示。当 n 个工作系统中有一个失效时，STM-N 信号可以切换至保护路径传输。平时，不使用保护光纤，所以保护系统可以用来传送低等级的额外业务。一旦发生切换，则主用工作系统的信号将转向备份保护系统传输，备份保护系统原来传输的低等级业务将自行丢失。现在这种应用已经不常使用，不过可以用于尽力而为的 IP 业务。在这种保护方式中，信号发送需要一个自动保护切换（APS）协议。

除 1+1 保护外，还有 1:1 保护。1:1 是 1:n 保护的特例，如图9.2.1b所示，由于 1:1 保护路径可以提供低优先等级的额外业务，因而系统效率高于 1+1 方式。

在 SDH 网络中，输入到 ADM 或 DXC 的信号一直被监视，如果监测到某条路径的信号光功率低于阈值，则保护切换立即被启动。如果允许修复的时间是 50 ms，那么从监测到失效到完成保护切换要在 10 ms 内完成。

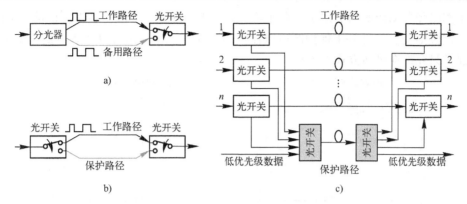

图 9.2.1　点对点系统的路径保护
a) 1+1 保护　b) 1:1 保护　c) 1:n 保护

9.2.2　环路保护

SDH 使用环状拓扑已非常流行，在这种应用中，任何一对节点之间提供两条独立分开的路径。

环路保护有双纤环保护和四纤环保护，如表 9.2.1f 和表 9.2.1g 所示。

图 9.2.2a 和图 9.2.2b 分别表示 SDH 环路径保护和复用段保护的原理图。路径保护（图 9.2.2a）时，工作正常情况下，A 节点的输入信号经光纤 1 到节点 B，然后再到节点 C 的输出端；当 BC 间路径失效后，A 节点的输入信号切换到光纤 2，经光纤 2 到节点 E 和 D 到节点 C 的输出端。复用段保护（图 9.2.2b）时，当 BC 段失效后，B 节点将失效段环回（用灰色线表示），输入信号经光纤 2 返回到节点 A，经节点 E 和 D 到节点 C 的输出端。

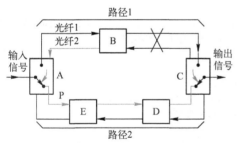

路径保护：BC 间光纤断开后，从路径 1 切换到路径 2
a)

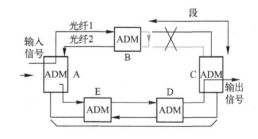

复用段保护：BC 间光纤断裂后，对 B、C 终端间进行段保护
b)

图 9.2.2　SDH 环路保护
a）路径保护　b）复用段保护

图 9.2.3 表示目前常用的单向环（Uni-directional Ring）路径保护的工作原理。单向环通常由两根光纤构成，一根光纤为工作光纤，用 S 表示；另一根为保护光纤，用 P 表示。输入的光信号同时在工作光纤和保护光纤传输。保护切换是用一个倒向开关完成的。

除单向路径保护双纤环外，还有双向路径保护四纤环（见表 9.2.1g）。但分析表明，从节点成本、系统复杂性及产品兼容性等方面考虑，单向路径保护双纤环是最优的。

工作方式分可逆方式和非可逆方式。在可逆方式中，当工作段已经从失效状态恢复到正常时，工作路径自动切换回工作段；在非可逆方式中，即使工作段已经恢复正常，工作路径仍然在保护段不变。一般1+1保护既可以在可逆方式下工作，又可以在非可逆方式下工作，而1:n保护只允许在可逆方式下工作。

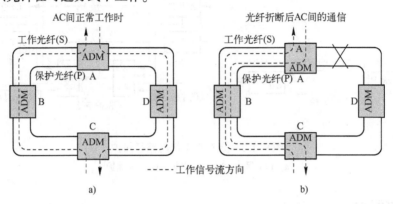

图 9.2.3　SDH 分插复用器（ADM）单向环路径保护

a）AC 间正常工作时（保护环电流方向没有画出）　　b）AD 间被切断，保护切换后 AC 间的信号流方向

表9.2.1 给出各种保护的类型和特点。

表 9.2.1　保护的类型和特点

	保护类型	拓扑结构	特　点
a)	无保护 （0:1）		终端失效引起系统中断
b)	设备保护		不管路径情况如何，总是配置2套终端设备，终端失效引起系统中断的概率小，但路径无保护
c)	1+1 保护		保护路径也热备份（工作） 如果工作路径失效，热备份路径对此保护 保护切换速度很快
d)	1:1 路径保护		如果工作路径失效，保护路径对此保护 平时，热备份保护系统用来传送低等级的额外业务。一旦发生切换，备份保护系统原来传输的低等级业务将自行丢失；需要 APS 协议，保护切换速度比1+1慢
e)	1:n 路径保护		在几条路径中有一条用于保护，即 n 条工作路径共享一条保护路径。平时，热备份的保护系统可以用来传送低等级的额外业务。一旦发生切换，则主用工作系统的信号将转向备份保护系统传输，备份保护系统原来传输的低等级业务将自行丢失

（续）

	保护类型	拓扑结构	特　　点
f)	双纤 单向环 路径保护		单向环由两根光纤构成，一根为工作光纤，另一根为保护光纤。输入的光信号同时在工作光纤和保护光纤传输。保护切换是用一个倒向开关完成的。假如系统全部开通容量可加倍
g)	四纤 双向环 路径保护		双向环由四根光纤构成，两根为工作光纤，另两根为保护光纤。输入的光信号同时在工作光纤和保护光纤传输。保护切换是用一个倒向开关完成的。假如系统全部开通容量可加倍

9.2.3　路由保护

利用 SDH 设备具有的高阶通道连接和低阶通道连接功能，可以实现重选路由的子网连接保护（见9.4.3节）。格状（Mesh）网拓扑结构就是最典型的一种具有路由保护功能的网络。

图9.2.4 表示一个 4×6 曼哈顿街区网络（MSN），它是一个标准的格状形网络，由 N 行 M 列组成，行与列相交处为一个节点，所有节点由单向通信线路连接而成。假如01 号节点和02 号的路径断裂，它们之间就无法进行通信，为此01 号节点可以选择灰色的路由，分别通过多个节点，最后到达02 号节点，其路由是 01→31→30→35→34→33→32→02。

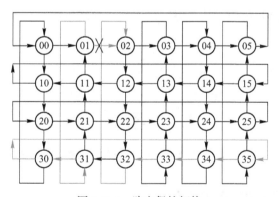

图 9.2.4　路由保护切换

9.2.4　保护切换准则

保护切换准则是当出现下列 3 种情况时进行切换：第一种是当光缆线路系统出现报警指示信号时（如信号丢失、帧丢失、高阶/低阶通道报警），第二种是超过规定的误码极限或阈值时，第三种是指针丢失时。

一旦检测到符合开始切换的条件后，保护切换应该在 50 ms 内完成，且不能产生误码。

完成切换后应向同步设备管理系统报告保护切换事件。

　　在可逆方式下，当失效工作系统已经从故障状态中恢复时，必须至少等待 5~12 min 后才能被重新使用。

9.3　IP 网络的生存性

　　IP 网络故障的恢复很慢，约需几秒钟的时间，这是由它的本质决定的，即基于一跳一跳（Hop by Hop）的分布式动态路由选择机理。IP 包的保护与 IP 层失效后在第一时间能否检测到这一失效事件有关。通常，临近的路由器在它们之间周期性地问候我发给你的数据包是否收到的信息，如果一个路由器没有收到这个数据包，说明这个数据包已经丢失，那就表明这条路由已经有故障，必须立即启动新的路由选择程序。在默认状态，路由器每10 s 发送一次问候信息。如果连续 3 次都没有收到发去的数据包，则表明这条链路失效。这样，路由器每30 s 才可以检测到一个失效。为了缩短发现失效路径的时间，目前最小的时间间隔规定为 1 s，这样路由器就可以约在 10 s 内检测到失效。

9.3.1　IP/MPLS 备用通道恢复

　　为了提高 IP 交换的速度，并为 IP 网提供流量工程（TE），多协议标记交换（MPLS）技术在 IP 网中已被广泛使用。MPLS 具有失效通道的快速修复功能，MPLS 在网络节点之间预先安排两条标记交换通道（LSP），当一条失效时，可以马上切换到备用 LSP。也可以使用一条预先建立的 LSP，保护一条或多条 LSP。使用 MPLS 让路径固定，使数据包沿着一个已知的路径通过网络，一旦该路径发生故障，就切换到预先建立的 LSP，从而加快了故障修复的进程，这种方式称为旁路（Bypass）方式，如图 9.3.1 所示。当 B、C 路由器之间的路径损坏后，立即切换到 BF 路径，从而得以快速恢复数据传输。

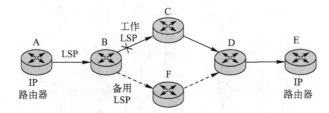

图 9.3.1　基于 MPLS 的 IP 网络的旁路保护方式

9.3.2　IP/MPLS 的 LSP 通道保护

　　IP/MPLS 使用标记交换通道（LSP）保护方式进行保护，该方式是在故障发生之前就预先安排一条备份的 LSP，当故障发生时，工作的 LSP 可以快速切换到备份的 LSP。LSP 保护有 1+1 和 1:1 两种方式，分别如图 9.3.2 和图 9.3.3 所示。

　　（1）LSP 1+1 保护

　　发送端同时向工作 LSP 和保护 LSP 发送数据，接收端选择接收信号。如果连接确认信令数据用来监测工作 LSP 和保护 LSP 的工作状况，则该信令在发送端插入，在接收端取出。在正常工作状况下，使用工作 LSP；在工作 LSP 发生故障时，就切换到保护 LSP，如

图9.3.2b所示。

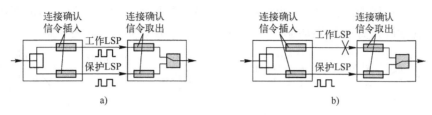

图 9.3.2   IP/MPLS   LSP 1+1 保护

a) 正常工作状态下，使用工作 LSP   b) 工作 LSP 发生故障，切换到保护 LSP

（2）LSP 1:1 保护

图9.3.3表示基于 MPLS 的 IP 网的标记交换通道（LSP）1:1 保护切换的说明，图9.3.3a 表示在正常工作状态下，使用工作 LSP；当工作 LSP 失效时，切换到保护 LSP。这种保护是在发送端用开关 S_1 进行通道选择切换，而在接收端分别用开关 S_2/S_3 对工作/保护 LSP 断开或连接操作。具体操作过程如图9.3.3b 所示：首先，接收端接收到前向故障指示（FDI）信令或者监测到工作 LSP 发生故障；接着，接收端就把 S_2 断开，而把 S_3 连接；第三，接收端发送后向故障指示信令（BDI）到发送端；最后，发送端将 S_1 开关切换到保护 LSP，从而完成通道的切换。

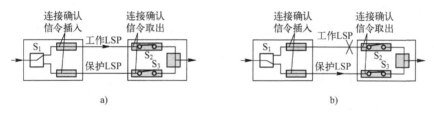

图 9.3.3   IP/MPLS   LSP 1:1 保护

a) 正常工作状态下，使用工作 LSP   b) 工作 LSP 发生故障，切换到保护 LSP

1:1 路径保护可以扩展为 $M:N$ 保护，即 M 条工作路径对应 N 条保护路径。在正常工作时，分配给保护路径的资源可以由低优先级业务使用。此外，如果若干条工作路径没有共同的路径和节点，这就意味着它们同时出现故障的可能性很小，那么它们可以共享一条保护路径。

另一种检测失效的方法是在 SDH 或光层进行，一旦检测到路由故障，就通知 IP 层。

9.4   光学层保护

9.4.1   光学层保护技术

图9.4.1表示 IP 用户 WDM 网络配置的两种不同的选择，图9.4.1a 表示工作线路和保护线路各用一套设备和线路的情况，在这种情况下，光学层不提供保护，对于光纤断裂和路由器端口故障的保护完全由 IP 层提供。图9.4.1b 表示的网络与前者具有同样的功能，路由器一个端口的失效同样用保护端口来替换，但光纤断裂的保护却由光学层实现，一个简单的

发射端网桥和接收端开关就可以完成对工作光纤对一旦断裂的保护。但是这种结构，路由器失效不能用光学层保护。通常，一个路由器端口的费用要比一个光学层端口的费用高得多。由此可见，光学层只需一个保护端口、一个保护波长，保护更有效、更节省。

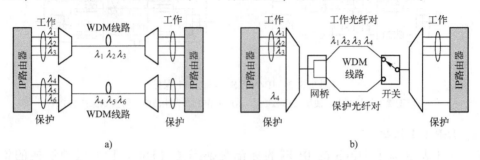

图 9.4.1　IP 层保护和光学层保护的比较

a）IP 层保护　b）光学层保护

光学层处理故障的能力比用户层更强。在 WDM 线路断裂的情况下，如果没有光学层保护，必然由用户层来修复，此时用户层不得不对每一个波长所携带的信息独立地进行修复。另外，网络管理系统由于光纤线路断裂，将立即产生大量的报警。相反，如果由光学层来修复，则不需要用户重选路由，这个过程比较快而且简单。

图 9.4.2 表示将 SDH 环的节点 B 和 D 用一条光纤连接在一起提供的额外保护，图 9.4.2a 表示工作正常时的光通道和 SDH 连接，图 9.4.2b 表示当节点 A 和 B 的连接光纤断开后，利用额外保护光纤，重新选择光通道和 SDH 连接的过程。

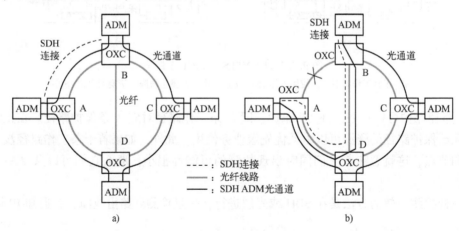

图 9.4.2　SDH 环的光学层保护

a）正常工作时　b）光纤断裂，重新进行路由选择

但是，不是所有的故障都可以用光学层进行修复，比如 OXC 端机连接用户终端的激光器损坏，就需要用户层来处理。

光学层不能测量误码率，只能监测光功率的大小，但是端机光接收机灵敏度（通常要求保证误码率不低于 10^{-9} 的情况下，要求的最小接收光功率）与信号种类和比特速率有关（见 8.3 节），所以光功率低到什么程度时才进行保护切换，是一个很难决定的问题。另外，保护路由可能比正常工作时的路由长，这也影响到光功率预算，可替换的路由就要受到很多限制。

关于无源光网络（PON）的保护见6.3.2节。

9.4.2 1+1光信道专用保护

图9.4.3表示1+1光信道专用保护，用户光信号在输入端被分成两束光，分别送到工作光纤和保护光纤用的波分复用器输入端，合路信号分别经工作光纤和保护光纤传输到达接收端，经波分解复用后分别送到光开关，该开关比较经工作光纤和保护光纤传输后的信号质量，选择质量较好的那路信号送入转发器。

这种1+1光信道专用保护方式可应用于点对点系统、环形网和格状网。

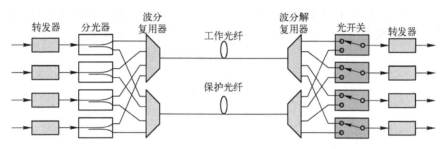

图9.4.3 1+1光信道专用保护

9.4.3 格状网的保护

格状网的故障修复与环形网的相比，虽然备用路径的利用率要高，但其操作复杂，因此人们期待出现更实用的技术。在环形网中，由于预先设定了故障修复路径，而且一个环的修复不影响其他相连环路径的设定，所以能快速简单地修复，如图9.4.4a所示。

在图9.4.4b所示的格状网中，由于共用备用路径，所以资源利用率高，而且路由选择的自由度大，成本低。但是，由于有过多的备用路径可用，在探索故障修复的过程非常费时，而且修复协议也变得复杂起来。目前使用通用多协议标记交换（GMPLS）协议进行故障恢复。

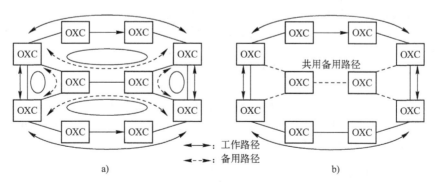

图9.4.4 环形网和格状网的保护
a）环形网路径保护　b）格状网共用备用路径保护

9.4.4 WDM网络保护、生存和互联

波分复用网络能够直接在光层上提供通信网络的生存能力。它通过 OXC 和 OADM 技术，实现光波长信道的动态重构功能，使网络资源得到最有效的利用。因此，在网络的各种生存性技术中，光层生存性技术具有响应快、简单、高效、灵活的特点，能够有效地提高网络的服务质量（QoS），减少业务的丢失。

DWDM 网络处理许多业务，具有很大的带宽容量，所以网络的可靠性非常重要。当一条或多条链路或节点发生故障时，网络仍应提供不中断的业务。许多高速和宽带系统在设计时就必须采取许多保护措施。这些措施可以在输入级采用，如进行 1+1 或 1:n 设备保护，也可以进行波长、光纤和节点备份。图 9.4.5 表示双环 DWDM 网络的保护和生存性，另外，网络可靠性和生存性也与业务类型、系统或网络结构和传输协议有关。

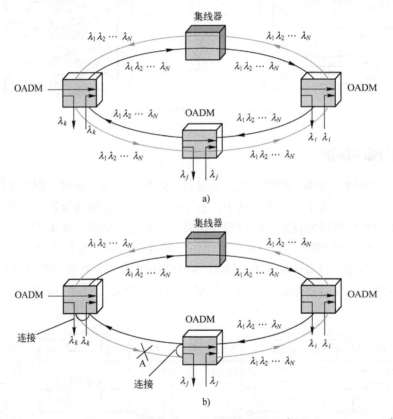

图 9.4.5 双环 DWDM 网络的保护和生存性
a）当没有发生故障时，内、外两个环同时工作　b）外环 A 处发生故障时，与故障线路相邻的 OADM 终端用光开关将发射和接收端短路，从而避开故障线路，但此时内外两个环只能当作一个环使用

网络互联时要确保业务和数据流从一个网络传输到另一个网络。一些网络具有标准的传输协议和接口，而另一些网络可能是专用网或非标准网，传输协议不同，互联就不能实现。此外，虽然系统使用的波长均符合 ITU-T 标准，但两个网络的波长及其稳定性和线宽也可能并不相同，所以当两个相似的系统互联时，必须使用波长转换器，将一个系统的波长转换成另一个系统的波长。同时也要考虑到一个系统使用的光纤类型可能与另一个的并不相同。

同时也要考虑两个网络的管理和生存性。

9.5 ASON 网络的生存性

在 8.5 节已介绍了自动交换光网络（ASON），从中我们知道，ASON 引入了控制平面，提高了光网络的智能化程度。另外，由于控制平面的引入，也改变了传统光传输网络生存性机制不灵活、资源利用率不高的现状。ASON 从 IP/MPLS 网络中借鉴了优秀的生存性机制，通过智能化的控制平面为光网络引入了快速重选路由等多种新的保护和恢复方式。

9.5.1 ASON 网络生存性新特点

在传统的光传输网中，其生存性是由管理平面在初始配置以后靠其自身来实施保证的，即生存性实施信令和业务同时一起传送。而在 ASON 中，传输层的生存性在管理平面配置以后，具体实施是由控制平面来保证的。控制平面和传输平面逻辑上完全独立，在物理上可以分属于两个不同的物理网络，也可以为同一个物理网络。不过网络的控制平面和传输平面对应独立的物理网络，比对应同一个物理网络其生存性要高。

传统的光网络，信令与信号随路传送，所以传输平面的生存性其实是由拓扑结构和算法机制决定的。而在 ASON 中，传输平面的生存性不仅取决于自身的拓扑结构和算法，而且还取决于控制网络的控制，所以控制网络自身应该具有更高的生存性。但是控制网络本身就是一个数据通信网络（DCN），其自身的生存性没有其他层次的网络来保证，必须自身保证自身的生存性。

9.5.2 基于控制平面的保护

基于控制平面的保护发生在控制平面保护域的源节点和目的节点之间，出现故障时，保护不涉及备用路由，仅仅涉及源节点和目的节点的连接控制器。

传统的生存性控制策略，如自愈控制算法，主要采用基于网管的集中式管理和配置策略，无须 DXC 之间进行通信，因而不同厂家设备间的兼容性比较容易实现。然而，基于 TMN 的动态恢复，由于 TMN 数据库在故障发生时，会出现与网络实际情况的不同步，因此会造成网络动态恢复速度慢。而基于 ASON 控制平面的保护，可以实现基于信令控制的光网络恢复策略，实现分布式恢复功能。这种机制可以对数据库进行实时更新，使恢复路径的计算更加准确；而且，路由计算和相应的连接建立在网络中断故障路径的所有边界网元上，这使得故障业务的恢复可以在以秒计算的量级内完成，而不是像基于 TMN 的动态恢复一样在几分钟内完成。

可以采用 1+1 端对端路径保护、1:1 或 $m:n$ 端对端路径保护（见图 9.5.1）。

9.5.3 基于传输平面的保护

基于传输平面的保护可以分为 SDH 网络保护和 OTN 网络保护。在 ASON 支持的 SDH 网络保护中，有以下的几种保护方式：

1）线性复用段保护（MSP），通常采用 1+1 和 1:n 保护，如图 9.5.1 所示。

2）复用段共享保护环，有两纤或四纤双向复用段共享保护环，如表 9.2.1f 和表 9.2.1g

所示。

3）子网连接保护环（SNCP），这是一种专用保护机制，可以适用于任何物理拓扑结构，如环形网、格状网和两者的混合网。在这种保护机制中，任何通道层均可以作为保护通道的一部分，也可以作为整个端对端的保护通道。由此可见，路径保护中的通道保护只是子网连接保护的一个特例，即它只对端对端业务进行保护，而子网连接保护则对所有通道进行保护。

SNCP 根据对保护路径的不同，分为 1+1 和 1:1 保护。由于 1+1 单向切换保护无须使用 APS 协议，简单易行，因而得到了广泛的应用。

SNCP 每个传输方向的保护通道与工作通道走不同的路径，如图 9.5.1 所示，节点 A 的用户业务通过桥接的方式同时通过工作子网和保护子网。在正常工作状态下，节点 B 选择通过工作子网传输来的业务；但是，在工作子网出现失效或外部发出切换指令时，节点 B 选择通过保护子网传输来的业务。

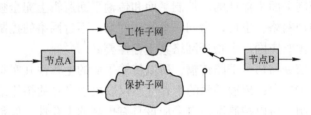

图 9.5.1　子网连接 1+1 保护环（SNCP）示意图

9.5.4　ASON 网络的恢复

在 9.1.1 节，已介绍了网络的保护和恢复的相同点和不同点，恢复是当故障发生时选择可以利用的资源来代替因为故障而失效的资源。

图 9.5.2 表示利用恢复路径对故障网络进行修复的情况，工作路由为 A→B→C→D，恢复路由为 A→E→F→G→D。在正常情况下，只有工作路径是激活的，恢复路径上不承载业务。但是当节点 B 检测到与节点 A 的通道有故障时，就通知节点 A，开始激活恢复路径。

通常不会同时出现多个故障，这就可以允许多个工作路径共用一个恢复路径，如图 9.5.3 所示。两个用户的工作路径分别是 A→B→C→D 和 H→I→J→K，各自的恢复路由是 A→E→F→G→D 和 H→E→F→G→ K，因此 E→F→G 是被两个工作路径共用的恢复路径。

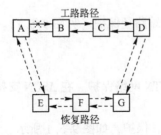

图 9.5.2　利用恢复路径对故障网络修复

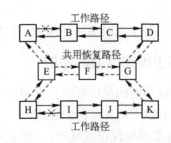

图 9.5.3　利用共用路径对故障网络修复

　　假如节点 B 检测到 A、B 间发生故障，就通知 A 激活恢复路由 A→E→F→G→D。在这种情况下，如果节点 I 也检测到 H、I 间发生故障，这时 H 就不应该再将 H→E→F→G→ K 作为恢复路由。因此，在恢复路由 A→E→F→G→D 被激活使用过程中，节点 E 就通知节点 H，共用路径 E→F→G 不再可用，如要进行故障恢复，需要控制平面再重新计算新的恢复路由。

9.6 复习思考题

9-1 什么是网络的生存性？

9-2 试画出点对点 1+1、1:1 和 1:n 路径保护的示意图。

9-3 简述 IP/MPLS 备用通道恢复的过程。

9-4 简述环形网和格状网备用路径保护的过程。

9-5 简述 ASON 网与传统的光传输网在网络生存性方面的不同。

附　录

附录A　电磁波频率与波长的换算

$$(f=c/\lambda \quad c=3\times10^8\,\text{m/s})$$

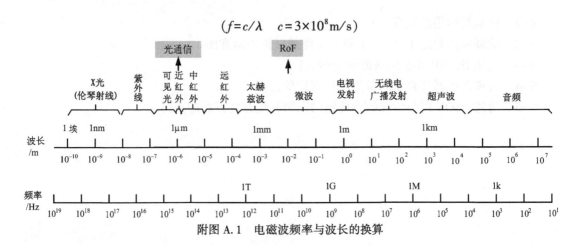

附图 A.1　电磁波频率与波长的换算

附录B　dBm 与 mW、μW 的换算

在光纤通信系统中，常以 1mW 作为参考电平，相对于 1mW 用 dB 表示的功率值用 dBm 表示。当 P 用 mW 表示时，用 dBm 表示的值就为

$$1\,\text{dBm}=10\lg P(\text{mW}) \tag{B.1}$$

当 P 用 μW 表示时，如用 dBm 表示，则

$$1\,\text{dBm}=10\lg P(\mu\text{W})-30 \tag{B.2}$$

例如 1μW，$10\lg1-30=0-30=-30\,\text{dBm}$；

又如 2.81μW，$10\lg2.81-30=4.487-30=-25.51\,\text{dBm}$。

当 P 用 nW 表示时，如用 dBm 表示，则

$$1\,\text{dBm}=10\lg P(\text{nW})-60 \tag{B.3}$$

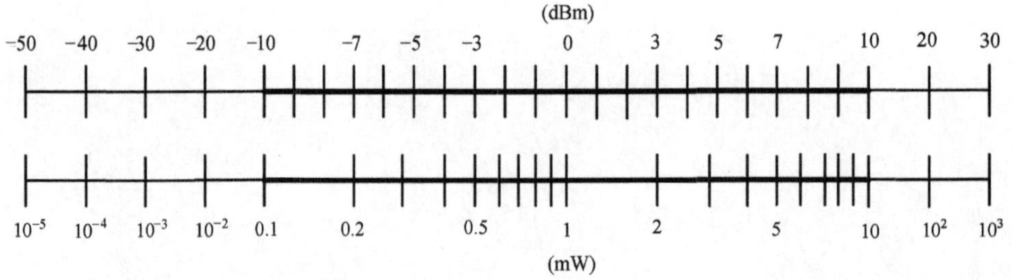

附图 B.1　dBm 与 mW、μW 的换算

附录 C　dB 值和功率比

分贝（dB）是表示通信系统中相对功率的电平，如果光源发出的功率 P_1，经光纤线路传输后，在接收端的功率是 P_2，则光纤线路的损耗是 P_2/P_1，用分贝表示就是

$$dB = 10\lg\frac{P_2}{P_1} \tag{C.1}$$

P_2 和 P_1 的单位必须相同。dB 值可正可负，这要取决于 $P_2 > P_1$ 还是 $P_2 < P_1$。令 $P_1 = 1\,mW$，即可得到以 mW 为单位的 P_2 值的 dBm 值，即

$$dBm = 10\lg P_2 \tag{C.2}$$

如果已知 P_1，则用下式求得 P_2

$$P_2 = P_1 10^{dB/10} \tag{C.3}$$

例如，要想查找 −23 dB 的功率比 P_2/P_1，因为 −23 dB = −20 dB − 3 dB，附图 C.1a 给出 −20 dB 对应的损耗是 0.01，而附图 C.1b 给出 −3 dB 对应的损耗是 0.5，这两个值的乘积就是总损耗，即 0.01×0.5 = 0.005。

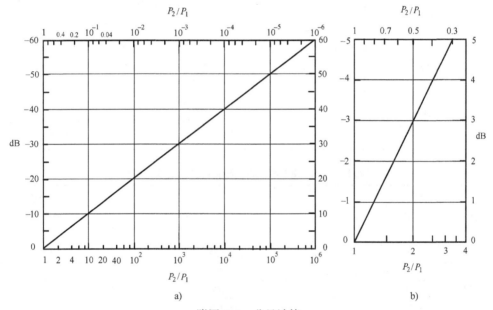

附图 C.1　分贝计算

a）分贝的粗略计算　　b）放大的分贝尺度，用于精确的分贝计算

注：右侧的纵坐标刻度与底端刻度对应（$P_2 > P_1$），左侧的纵坐标刻度与顶端刻度对应（$P_2 < P_1$）

利用附图 C.1 也可以进行 dBm 计算，只要 P_2 的单位是 mW，用其代替图中的 P_2/P_1，此时读到的纵坐标刻度值就是 dBm 值。

附录 D　百分损耗（%）与分贝（dB）损耗换算表

如果百分损耗是 $x\%$，则用 dB 表示的损耗是

$$dB = 10\lg \frac{100-x}{100} \qquad (D.1)$$

例如百分损耗是 40%，则用 dB 表示的损耗是 dB = 10 lg［（100-40）/100］=-2.218。

如果已知 dB 值，则

$$(100-x)/100 = 10^{-dB/10}$$

$$x = 100 - 100 \times 10^{-dB/10} \qquad (D.2)$$

附表 D.1　百分损耗（%）与分贝（dB）损耗换算表

百分损耗	8%	7%	6%	5%	4%	3%	2%	1%
分贝（dB）	-0.362	-0.315	-0.268	-0.222	-0.177	-0.132	-0.088	-0.044

百分损耗	100%	90%	80%	70%	60%	50%	40%	30%	20%	10%	9%
分贝（dB）	∞	-10	-7	-5	-4	-3	-2.2	-1.5	-1	-0.457	-0.390

附录 E　PDH 与 SDH 速率等级

附表 E.1　中国、欧洲 PDH 数字电话系统传输速率

		电 接 口			光 接 口			
		基群 EI	二次群 E2	三次群 E3	四次群 E4	五次群 E5		
PDH	比特速率（Mbit/s） 话路数	2.048 30	8.448 120	34.368 480	139.264 1 920	564.992 7 680		
SDH	比特速率 （Mbit/s）话路数			STM-1 155.52 1 920	STM-4 622.08 7 680	STM-16 2 488.32 30 720	STM-64 9 953.28 122 880	STM-256 39 813.12 491 520

附表 E.2　SONET 和 SDH 同步数字电话系统对比

SONET（北美）		SDH	比特速率（Mbit/s）	E1 口数量	话路数 （每路 64 kbit/s）
电信号	光信号				
STS-1	OC-1	STM-0	51.840		
STS-3	OC-3	STM-1	155.520	63	1 920
STS-9	OC-9		466.560		
STS-12	OC-12	STM-4	622.080	252	7 680
STS-18	OC-18		933.120		
STS-24	OC-24		1 244.160		
STS-36	OC-36		1 866.240		
STS-48	OC-48	STM-16	2 488.320	100 830 720	
STS-192	OC-192	STM-64	9 953.280	4 032	122 880
		STM-256	3 9813.12	16 128	491 520

附录 F　WDM 信道 $\Delta\lambda$ 和 $\Delta\nu$ 的关系

从给定的中心波长 λ 和该 λ 附近的波长范围 $\Delta\lambda$，可以求出与 $\Delta\lambda$ 相对应的频率范围

Δv。波长和频率的基本关系是

$$\lambda v = c \qquad (F.1)$$

式中，c 是真空中的光速。对式（F.1）微分得到

$$\Delta v / v = -\Delta \lambda / \lambda \qquad (F.2)$$

在式（F.2）中用 c/λ 取代 v，可得到

$$\Delta v = -c\Delta \lambda / \lambda^2 \qquad 或 \qquad (F.3)$$

$$\Delta \lambda = -\lambda^2 \frac{\Delta f}{c} \qquad (F.4)$$

例如，在 $\lambda = 1.55\,\mu m$ 附近，信道间隔 $\Delta v = 100\,GHz$，其波长间隔是 $\Delta \lambda = 0.8\,nm$。C 波段在 $1\,530 \sim 1\,565\,nm$，总带宽为 $35\,nm$，因此可容纳的信道数是 $35/0.8 \approx 43$。其他频率间隔对应的波长间隔和可容纳的信道数如附表 F.1 所示。

附表 F.1　C 波段 WDM 信道间距

$\lvert \Delta v \rvert$ /GHz	$\lvert \Delta \lambda \rvert$ /nm	可容纳信道数量
25	0.2	175
50	0.4	87
100	0.8	43
200	1.6	21

附录 G　物理常数

常数	符号	数值
真空中的光速	c	$2.9979 \times 10^8\,m/s \approx 3 \times 10^8\,m/s$
电子电荷	e 或 q	$1.6022 \times 10^{-19}\,C$
静止电子质量	m_o	$9.109 \times 10^{-31}\,kg$
自由空间静电常数	ε_o	$8.8542 \times 10^{-12}\,F/m$
自由空间磁导率	μ_o	$4\pi \times 10^{-7}\,H/m$
普朗克常数	h	$6.6261 \times 10^{-34}\,J \cdot s$
电子伏特	eV	$1.6022 \times 10^{-19}\,J$
玻尔兹曼常数	k_B	$1.3807 \times 10^{-23}\,J/k$
自由空间阻抗	$z_o = \sqrt{\mu_0/\varepsilon_0}$	$376.7\,\Omega$

附录 H　名词术语索引

IP（Internet Protocol）　　　　　　　　　因特网协议（5.4）

ISO（Isolation）　　　　　　　　　　　　隔离度（3.1.5，7.3.3）

ISP（Internet Service Provider）　　　　IP 业务提供者（5.3.6）

L

Laser　　　　　　　　　　　　　　　　　激光器（4.1）

LASER（Light Amplification by Stimulated Emission of Radiation）　激光（1.1.4）

LAN（Local Area Network）　　　　　　　局域网（1.3.2，1.4.1，5.4.2）

LDP（Label Distribution Protocol）　　　标签分发协议（5.4.5）

LSP（Label Switched Path）　　　　　　　标记交换通道（8.3.1，8.3.2，9.3.1，9.3.2）

LSR（Label Switched Router）　　　　　　标记交换路由器（5.4.4）

LD（Laser Diode）　　　　　　　　　　　激光二极管（4.1）

　　　DFB（Distributed Feedback）Laser　　分布反馈激光器（4.1.2）

LED（Light Emitting Diode）　　　　　　发光二极管（4.1）

LTE（Long Time Evolution）　　　　　　长期演进（5.7）

M

MAC（Media Access Control）　　　　　　媒质接入控制（6.3.4）

MAN（Metropolitan Area Networks）　　　城域网（1.3.2，1.4.1）

Manchester Code　　　　　　　　　　　　曼彻斯特码（5.1.2）

Mesh Topology　　　　　　　　　　　　　格状网（9.2.3，9.4.3）

MEMS（Micro Electro Mechanical System）微机电系统开关（3.1.5）

MIB（Management Information Base）　　　管理信息库（8.1.1）

Modulation Format　　　　　　　　　　　调制方式（3.1.6）

　　　AM（Amplitude Modulation）调幅　　IM/DD　　强度调制/直接探测

　　　Modulation of Light　　光调制　　NRZ（Non-Return-To-Zero）　非归零码调制（2.3.4）

　　　OOK（On-off Keying）　通断键控　PCM（Pulse Code Modulation）　脉冲编码调制（5.1.1）

　　　PM（Phase Modulation）　调相（5.1.4）　Pulse Position　　脉冲位置调制（5.1.2）

　　　RZ（Return-To-Zero）　归零码调制（2.3.4，5.1.2）　Subcarrier　副载波调制（5.5.1）

MP（Management Plane）　　　　　　　　管理平面（8.5.2）

MPLS（Multi-Protocol Label Switching）　多协议标记交换（5.3.6，9.3.1）

Multimode Fiber　　　　　　　　　　　　多模光纤（2.1，2.4）

Mux（Multiplexing　　　　　　　　　　　复用（5.1.3）

　　　Code-Division　　码分复用　　　　Electric-Domain　　电域复用

　　　Frequency-Division　　频分复用　　Optical Time-Division　　光时分复用

　　　Subcarrier　　副载波复用）　　　　Wavelength-Division　　波分复用

M-Z（Mach-Zehnder）Modulator　　　　马赫-曾德尔调制器（3.1.3，3.1.6）

N

NMS（Network Management System）　　网络管理系统（8.1.3）

NRZ（Non-Return To Zero）　　　　　　非归零（脉冲）（2.3.4，5.1.2）

NZDF（Non Zero Dispersion Shift Fiber）非零色散位移光纤（2.4.2）

O

OADM（Optical Add/Drop Multiplexers）　光分插复用器（5.6.1）

参 考 文 献

[1] 原荣. 光纤通信网络 [M]. 2版. 北京：电子工业出版社，2012.

[2] 原荣. 光纤通信技术 [M]. 北京：机械工业出版社，2011.

[3] 原荣. 光纤通信入门130问 [M]. 北京：机械工业出版社，2012.

[4] 原荣. 光纤通信 [M]. 3版. 北京：电子工业出版社，2010.

[5] 原荣. 宽带光接入技术 [M]. 北京：电子工业出版社，2010.

[6] RAMASWAMI R, SIVARAJAN K N. 光网络 下卷 组网技术分析：原书第2版 [M]. 乐孜纯，译. 北京：机械工业出版社，2004.

[7] KASAP S O. Optoelectronics and photonic: principles and practices [M]. New Jersey: Prentice-Hall, 2001.

[8] AGRAWAL G P. Fiber-Optic communication systems [M]. 2nd ed. New Jersey: John Wiley & Sons, 1997.

[9] 原荣. 认识光通信 [M]. 北京：机械工业出版社，2020.

[10] 原荣. 海底光缆通信：关键技术、系统设计及OA&M [M]. 北京：人民邮电出版社，2018.